COURS D'AGRICULTURE PRATIQUE

LES PLANTES
LÉGUMIÈRES

CULTIVÉES EN PLEIN CHAMP

PAR

GUSTAVE HEUZÉ

Membre de la Société nationale d'Agriculture
Inspecteur général honoraire de l'Agriculture

HARICOT, FÈVE, LENTILLE, POIS, GESSE,
CAROTTE, NAVET, PANAIS, POMME DE TERRE,
OGNON, ARTICHAUT, ASPERGE, CRESSON,
ENDIVE, MELON, PASTÈQUE, TOMATE,
AUBERGINE, FRAISIER, ETC., ETC.

DEUXIÈME ÉDITION. — 153 FIGURES

PARIS

LIBRAIRIE AGRICOLE DE LA MAISON RUSTIQUE
26, RUE JACOB, 26

LES PLANTES

LÉGUMIÈRES

CULTIVÉES EN PLEIN CHAMP

OUVRAGES DU MÊME AUTEUR

Typographie Firmin-Didot, et Cie. — Mesnil (Eure).

COURS D'AGRICULTURE PRATIQUE

LES PLANTES
LÉGUMIÈRES
CULTIVÉES EN PLEIN CHAMP

PAR

GUSTAVE HEUZÉ
MEMBRE DE LA SOCIÉTÉ NATIONALE D'AGRICULTURE
INSPECTEUR GÉNÉRAL HONORAIRE DE L'AGRICULTURE

HARICOT, FÈVE, LENTILLE, POIS, GESSE,
CAROTTE, NAVET, PANAIS, POMME DE TERRE,
OGNON, ARTICHAUT, ASPERGE, CRESSON,
ENDIVE, MELON, PASTÈQUE, TOMATE,
AUBERGINE, FRAISIER, ETC., ETC.

DEUXIÈME ÉDITION. — 153 FIGURES

PARIS
LIBRAIRIE AGRICOLE DE LA MAISON RUSTIQUE
26, RUE JACOB, 26
1898

AVANT-PROPOS

Nous continuons aujourd'hui par les *Plantes alimen-taires* pour l'homme l'étude générale des plantes agricoles, que nous avons entreprise, et dont sept volumes sont déjà publiés sous les titres de *Plantes fourragères* (2 vol.), *Pâturages et Prairies naturelles* (1 vol.) et *Plantes indus-trielles* (4 vol.).

Cette étude des plantes alimentaires pour l'homme com-prend quatre volumes.

Les deux premiers volumes ont pour titre :

Les Plantes céréales,

et contiennent les cultures suivantes :

Tome Ier. — Le blé.
Tome II. — Le seigle, le méteil, l'orge, l'avoine, le sarrasin ou blé noir, le millet, le panis, et le maïs ou blé de Turquie.

*

Le troisième volume a pour titre :

Les Plantes légumières cultivées en plein champ,

et comprend :

Les Légumineuses à cosses : haricot, fève, féverole, lentille, lupin blanc, pois, gesse blanche, pois chiche ; et les autres plantes légumières cultivées en plein champ : carotte, betterave, navet, salsifis, scorsonère, panais, pomme de terre ; oignon, ail ; artichaut, asperge, barbe de capucin, endive, cresson, champignon comestible ; concombre, melon, pastèque, courge, potiron, tomate, piment, fraisier, etc.

Le quatrième volume aura pour titre :

Les Plantes alimentaires des pays chauds,

et renfermera les cultures suivantes :

Riz, mil à chandelles, sorgho, teff, dolic, embrevade, sagoutier, patate douce, igname, manioc, maranta, colocase, oxalis, bananier, ananas, gombo, arbre à pain, cocotier, etc.

Ces quatre volumes sont une nouvelle édition entièrement revue de notre ouvrage publié précédemment sous le titre de *Plantes alimentaires,* en 2 volumes in-8° avec atlas.

TABLE DES CHAPITRES

———————

PREMIÈRE DIVISION

Les légumineuses à cosses

DEUXIÈME DIVISION

Plantes cultivées pour leurs racines et tubercules

TROISIÈME DIVISION

Plantes cultivées pour leurs bulbes

QUATRIÈME DIVISION

Plantes cultivées pour leurs parties herbacées

CINQUIÈME DIVISION

Plantes cultivées pour leurs fruits

FIN DE LA TABLE DES CHAPITRES.

LES
PLANTES LÉGUMIÈRES
CULTIVÉES EN PLEIN CHAMP

PREMIÈRE DIVISION

LES LÉGUMINEUSES A COSSES

Les plantes légumineuses ayant des semences alimentaires occupent annuellement de grandes étendues dans le sud et le centre de l'Europe.

Ces plantes sont toutes annuelles et de pleine terre. Les unes, comme le haricot, les dolics, la gesse blanche, le pois chiche, appartiennent généralement à la culture méridionale ; les autres, comme le pois, la lentille, la fève, sont surtout cultivées dans le centre et le nord de l'Europe.

Toutes ces légumineuses fournissent des *grains* qu'on consomme principalement en sec pendant la saison hivernale ; mais pour plusieurs, comme le haricot, le pois, la fève, les grains sont consommés frais écossés, pendant la belle saison. J'ajouterai que les *cosses ou gousses* d'un grand nombre de variétés de haricots sont mangées à l'état vert et sont très estimées. Les grains frais écossés et les gousses vertes sont aussi utilisés par les fabriques de conserves.

CHAPITRE PREMIER

LE HARICOT

Plante dicotylédone de la famille des Légumineuses.

Anglais. — Kidney bean.

Allemand. — Schmink bohne.

Hollandais. — Turcks boonen.

Égyptien. — Phasolia.

Italien. — Fagiolo.

Espagnol. — Habichuela.

Portugais. — Feijão.

Péruvien. — Frijol.

Arabe. — Al-loubiâ.

Brésilien. — Fejoes.

Historique.

Les anciens peuples n'ont pas connu le haricot. C'est pourquoi cette légumineuse, qui est originaire de l'Asie occidentale, n'a pas de nom sanscrit. Les Japonais l'appellent *Ingen.*

Dioscoride est le premier écrivain qui ait parlé du haricot; il le nomme *fasiolos.* Caton et Varron ne l'ont pas connu, parce qu'il a été importé de Grèce en Italie beaucoup plus tard. Columelle parle du *phaselus* et *faseolus,* qu'on sème en octobre, et Virgile du *faselus.* Ces noms représentent-ils le haricot? C'est très douteux. Nonobstant, Palladius dit qu'on sème le *faselus* jusqu'aux ides d'octobre. Pline, au livre XVIII, § 33, a aussi mentionné les *faseoles,* qui se mangent avec leurs gousses (1); mais au livre XVIII, § 7, il ajoute que la feuille du faséole est veinée, et dans le livre XVI, § 92, il s'est borné à parler du *dolic* et *dolichos.*

(1) « Faseolori cum ipsis manduntur granis. »

Le haricot a été introduit en France il y a fort long-temps. Charlemagne a ordonné dans ses Capitulaires (*de Villis fisci*, 800) de le cultiver dans ses domaines ; il le désigne sous le nom de *fasiolum*.

Cette plante a été introduite vers 1597 en Angleterre, en 1602, sur la côte de Massachusetts, dans l'Amérique du Nord, en 1622 à Terre-Neuve, en 1644 à New-York, et en 1648 dans la Virginie. On ne la cultive en Norvège que depuis le dix-huitième siècle. Le haricot est aussi connu depuis longtemps au Cap-Vert où il est appelé *benghé*, en Nubie, en Afrique, etc.

Toutes choses égales d'ailleurs, le haricot est aujourd'hui très connu dans l'ancien et le nouveau monde. Au milieu du siècle dernier, on le désignait en France sous les noms *fève de Rome, fève de Lombardie, faséoles, fasoles, fasioles, phasioles, favéoles, févettes, favioles, petites fèves, fèves peintes* ou *bannetos*.

De nos jours, les Provençaux appellent le haricot *fayoou*, et les Languedociens *moungeto*.

Les haricots à tiges volubiles et élevées sont appelés *haricots à rames* ou *haricots grimpants*, et ceux qui ont des tiges basses, *haricots nains, haricots sans rames, haricots en touffes*. En outre, on nomme *haricots à parchemin* ou *haricots à parche*, toutes les variétés qui ont des gousses revêtues intérieurement d'un cartilage herbacé. Les gousses qui n'ont pas cette membrane coriace ou parchemin appartiennent aux variétés appelées *haricots sans parchemin*, qu'on nomme aussi *haricots beurrés, haricots sans parche* ou *haricots mange-tout*. Les cosses de ces dernières variétés et les graines qu'elles contiennent sont très comestibles quand elles sont vertes.

Les haricots arrondis sont désignés souvent sous les noms de *mongette, mongil, mogette* ou *phaséole*.

Les haricots cultivés pour leurs *grains secs* occupent en

France chaque année 102 000 hectares, et les haricots cultivés pour leurs *gousses vertes* et leurs *grains verts*, 50 000 hectares.

Les premiers sont surtout cultivés dans les départements suivants : Dordogne (5 340 hect.), Gers (4 942 hect.), Haute-Garonne (4 895 hect.), Vendée (4 027 hect.), Lot-et-Garonne (3 502 hect.), Tarn (3 385 hect.), Nord (3 372 hect.), Charente (3 225 hect.), Haute-Vienne (2 416 hect.), Hautes-Pyrénées (2 300 hect.).

Presque tous ces départements appartiennent à la région du Sud-Ouest.

Les seconds sont principalement cultivés dans les départements de Seine-et-Oise (3 239 hect.), Seine-Inférieure (2 232 hect.), Oise (1 924 hect.), Yonne (1 515 hect.), Calvados (1 462 hect.).

Le haricot est cultivé très en grand en Italie, en Hongrie, en Valachie, en Espagne, dans les provinces de Guipuzcoa et de Santander ; en Grèce, dans le Zambèze, au Brésil, au Japon, au cap de Bonne-Espérance, dans l'Abyssinie, au Mexique, au Chili, etc.

La culture du haricot destiné à produire des gousses vertes a une grande importance dans les communes de Clamart, Arpajon, Verrières, Triel, Montlhéry, Lonjumeau, Champlan, Étampes, Herblay, Linas, Sarcelles, Triel, Lagny, etc., qui sont voisines de Paris.

Conditions climatériques.

Le haricot peut être cultivé dans toutes les contrées de l'Europe lorsqu'on ne lui demande que des *cosses vertes* ou des *haricots verts*. Il n'en est pas de même quand il doit produire des *grains secs* ou arrivés à parfaite maturité. Dans ce cas, on ne peut le cultiver que dans les contrées tempérées ou celles situées en Europe en deçà du 50e degré de latitude. Au delà de cette limite, le haricot, semé au mois de mai, végète bien, mais ce n'est que très accidentellement qu'il mûrit ses grains quand il est cultivé en dehors des jardins. C'est pour ce motif que l'agriculture anglaise cultive de préférence, comme plantes alimentaires, les fèves et les pois. Les mêmes faits sont constatés chaque année dans l'Allemagne septentrionale.

Le haricot végète rapidement ; mais pour bien mûrir ses graines il a besoin de 1 500 à 1 600 degrés de chaleur.

Cette légumineuse est une plante assez délicate. Si elle résiste bien aux chaleurs ordinaires de l'été du centre et du midi de la France, elle redoute, pendant les mois d'avril et de mai, des pluies abondantes ou des froids tardifs. Les premières font pourrir les graines, et les seconds détruisent ou rendent maladives les plantes qui viennent de naître.

Les grandes sécheresses estivales sont aussi très nuisibles au haricot. Une température élevée et prolongée fait jaunir ses feuilles, dessécher ses gousses et rider ses graines.

Mais si le haricot a besoin de chaleur pour bien végéter, il réclame aussi, pendant l'été et à l'intérieur du sol, une certaine fraîcheur, surtout lorsqu'on lui demande, dans le midi de l'Europe, des gousses vertes, nombreuses et tendres. C'est pourquoi, depuis longtemps, on le cultive à l'arrosage dans la Provence, le comtat d'Avignon, le bas Languedoc, en Italie, en Espagne et en Égypte.

Dans le midi de la France, on cultive souvent le haricot entre les lignes de maïs et sur les terrains occupés par l'olivier, le figuier, le mûrier et la vigne disposée en ouillières. Ces arbres ou ces arbrisseaux lui sont très favorables, en ce qu'ils modèrent très heureusement l'action desséchante du soleil pendant les mois de juin, juillet et août.

Les pluies continuelles à la fin de l'été et les froids hâtifs en automne sont aussi très défavorables aux haricots.

Les premières altèrent les gousses et tachent les graines; les seconds, en suspendant la vie des plantes, empêchent qu'elles mûrissent leurs cosses et leurs graines.

Le haricot ne végète donc normalement que dans les contrées où l'air, pendant l'été, est à la fois chaud et humide.

En général, dans le centre et le nord de la France, les haricots auxquels on demande des *grains frais* ou des *grains secs* doivent être cultivés à une exposition chaude. Par contre, les plantes destinées à produire des *haricots verts* de seconde saison doivent occuper principalement des terrains exposés au levant ou au nord.

Ces légumineuses ne sont pas inconnues dans les pays chauds. Leur végétation rapide permet de les cultiver avec succès en plein champ sous les tropiques. Elles ont une certaine importance en Chine, au Brésil, à Java, dans l'Inde, en Afrique, etc., quand on leur destine des milieux qui favorisent leur développement, et qu'on cultive des variétés qui supportent bien une chaleur élevée.

Le haricot auquel on demande à Alger des gousses vertes pendant la saison hivernale, est cultivé sur le bord de la mer. On lui destine principalement les coteaux les mieux exposés. Cette culture spéciale exige plus de surveillance que la culture des petits pois, parce que les haricots sont moins rustiques et plus délicats et qu'une gelée peut compromettre leur réussite.

A Alger, dans la zone littorialienne, on est parfois forcé pendant l'hiver d'abriter par des paillassons les haricots auxquels on demande des *haricots verts*.

En général, les variétés les plus hâtives accomplissent toutes leurs phases d'existence en 110 jours; les variétés les plus tardives en exigent 150.

Il est très utile de se rappeler que les feuilles protègent les fleurs contre l'action directe du soleil.

Espèces et variétés.

Le haricot se distingue des autres légumineuses alimentaires par les caractères ci-après :

Tiges glabres ou pubescentes, volubiles, de grandeur variable, grimpant de droite à gauche dans les espèces ou variétés à rames, et très basses dans les variétés naines ; feuilles pinnées à trois folioles ovales, trapéziformes, acuminées, nervées et rudes ; fleurs blanches, violacées, rouges ou bicolores, géminées, disposées en grappes au sommet de pédoncules axillaires plus courts que les feuilles ; gousses comprimées à deux valves, droites, courbées, pendantes, bosselées, mucronées ou terminées par un bec aigu ; graines aplaties, allongées ou ovoïdes de couleurs très diverses.

Les *espèces cultivées principalement en Europe* sont au nombre de trois, savoir :

I. — HARICOT ORDINAIRE.

(*Phaseolus vulgaris*, Lin.)

Tiges ordinairement volubiles, presque glabres ; folioles ovales acuminées ; légumes pendants, comprimés, plus ou moins arqués et mucronés, bossués ; graines ovales, allongées, sphériques, comprimées blanches, jaunes, rouges, mordorées, panachées, etc.

Cette espèce est originaire des Indes orientales.

II. — HARICOT LUNÉ.

(*Phaseolus lunatus*, L.)

Tige grimpante, glabre, élevée ; feuilles ovales, accuminées, lisses ou pubescentes ; gousses velues ; fleurs petites avec ailes blanches passant au jaune verdâtre, géminées, disposées en grappes pédonculées assez courtes, étendard arrondi, bractéoles petites appliquées sur le calice ; gousse lisse et arquée ; semences ovales et très aplaties.

Cette espèce est originaire des Indes. Elle est plus délicate que le *Phaseolus multiflorus*. On l'a appelée *haricot du Bengale*. Elle est très répandue dans les pays tropicaux.

III. — HARICOT D'ESPAGNE.

(*Phaseolus multiflorus*, Willd.)

Tiges volubiles, ramiées, presque glabres, folioles ovales acuminées, légumes pendants comprimés, rugueux, tortuleux et bossués ; fleurs rouges ; blanches ou bicolores en grappes pédonculées plus longues que les feuilles ; bractéoles plus courtes que le calice ; graines grosses et ventrues de même couleur que les fleurs.

Cette espèce est originaire de l'Amérique du Sud ; elle est connue aussi sous le nom de *faviole à bouquet* ou *haricot à bouquet*. Elle est plus délicate que le *Phaseolus vulgaris*.

Les *espèces cultivées principalement en Asie, en Amérique et en Afrique*, sont plus nombreuses. Voici celles qui sont les plus répandues :

1° *Phaseolus tunkinensis*, Lour.
2° *Phaseolus calcaratus*, Roxb.
3° *Phaseolus aureus*, Roxb.
4° *Phaseolus torosus*, Roxb.
5° *Phaseolus mungo*, Lin.
6° *Phaseolus lathyroïdes*, Lin.
7° *Phaseolus derasus*, Schr.
8° *Phaseolus barbadensis*, Dill.
9° *Phaseolus trilobus*, Ait.
10° *Phaseolus radiatus*, Lin.
11° *Phaseolus lignosus*.
12° *Phaseolus alysicarpus*.

Ces espèces, dont plusieurs appartiennent aujourd'hui au genre *dolic*, sont cultivées au Népaul, au Bengale, au Mysore, à Ceylan, en Chine, dans l'Inde, la Cochinchine, l'Amérique du Sud, au Pérou, etc. Le *Ph. lignosus* est appelé POIS SAVON, et le *Ph. alysicarpus*, POIS NOIR MASCATE.

Le volume ayant pour titre *Les Plantes alimentaires des pays chauds* comprend plusieurs de ces espèces.

I. — PHASEOLUS VULGARIS.

L'agriculture nabathéenne, d'après Ebn-Al-Awan, ne connaissait que 12 variétés du *phaseolus vulgaris*. Celles connues de nos jours dépassent 250.

Decaisne n'admet que trois classes du *haricot commun* (PHASEOLUS VULGARIS) :

1º Haricot comprimé (PHASEOLUS COMPRESSUS);
2º Haricot gonflé (PHASEOLUS TUMIDUS);
3º Haricot sphérique (PHASEOLUS SPHÆRICUS).

Martens, modifiant les classifications de de Candolle, de Savi et de Hayne, a admis six classes. Voici celles que j'ai cru devoir adopter pour classer ou grouper les variétés qui appartiennent réellement à l'agriculture et à l'horticulture, avec des exemples pour chacune des cinq dernières classes.

a. — HARICOT COMMUN.
(*Phaseolus vulgaris*, Savi.)

Tiges assez élevées; gousses légèrement arquées, un peu bossuées et longuement mucronées; grains oblongs, peu aplatis et très légèrement concaves du côté du hile.

b. — HARICOT COMPRIMÉ.
(*Phaseolus compressus*, Mart.)

Tiges élevées ou naines; gousses comprimées, larges, un peu mucronées; graines aplaties, espacées ordinairement dans les cosses, rarement tronquées, oblongues, très réniformes ou hile ordinairement très enfoncé (fig. 1, 2 et 3).

Fig. 1.
Haricot de Soissons
à rames.

Fig. 2.
Haricot de Soissons.
nain

Fig. 3.
Haricot flageolet.

(Exemples de haricots comprimés.)

1.

c. — HARICOT ANGULEUX.
(Phaseolus gonosperm., Sav.)

Tiges de hauteur variable; gousse un peu courbée, peu mucronée, bossuée; graines serrées ou bout à bout dans les cosses, un peu comprimées, courtes, irrégulièrement tronquées ou anguleuses (fig. 4 et 5).

Fig. 4.   Fig. 5.

Haricot nègre.   Haricot de Chartres.

(Exemples de haricots anguleux).

d. — HARICOT OBLONG.
(Phaseolus oblongus, Savi.)

Tiges ordinairement naines; gousses presque cylindriques, assez droites, très mucronées, étroites; graines légèrement réniformes, cylindracées, deux fois plus longues que larges, ordinairement rouges, rarement noires et très estimées dans les pays méridionaux (fig. 6 et 7).

Fig. 6.   Fig. 7

Haricot suisse rouge.   Haricot Bagnolet.

(Exemples de haricots oblongs.)

e. — HARICOT OVOÏDE.
(Phaseolus ellepticus, Mart.)

Tiges souvent volubiles, mais moins élevées; gousses assez droites, plus ou moins bossuées; graines assez petites, ovoïdes, renflées et répandues dans les pays septentrionaux (fig. 8 et 9).

Fig. 8.   Fig. 9.

Haricot de Chine.   Haricot de Prague rouge.

(Exemples de haricots ovoïdes.)

f. — HARICOT SPHÉRIQUE.

(*Phaseolus sphericus*, Mart.)

Tiges élevées ou naines ; gousses bossuées, presque droites ou peu arquées ; graines grosses, presque globuleuses, convexes ordinairement du côté de l'œil ou hile, le plus souvent plutôt colorées que blanches (fig. 10 et 11).

Fig. 10.
Haricot prédomme.

Fig. 11.
Haricot princesse.

(Exemples de haricots sphériques).

Toutes les variétés qui appartiennent à l'espèce *Phaseolus vulgaris*, peuvent être divisées en quatre groupes :

1° Haricots à rames avec parchemin,

2° Haricots à rames sans parchemin,

3° Haricots nains avec parchemin,

4° Haricots nains sans parchemin.

En général, les haricots nains sont moins délicats, réussissent mieux et sont plus productifs relativement que les haricots à rames.

Je ne mentionnerai que les variétés qui appartiennent à la culture de pleine terre et à la culture de primeurs en usage dans le Midi sans le concours de châssis.

§ 1. — Variétés à rames avec parchemin.

1. Haricot blanc commun.

Tige de 1ᵐ.20 ; feuilles moyennes ; fleurs blanches, cosse un peu étroite, assez courte, légèrement recourbée ; grain très blanc, un peu aplati, régulier, à peine réniforme, allongé et de moyenne grosseur.

Cette variété, que l'on appelait autrefois *phasiole blanc*

commun, est répandue, mais la qualité de son grain est bien inférieure à celle du haricot de Soissons. Elle est assez commune dans les contrées du Midi.

2. Haricot de Soissons blanc à rames.

Synonymie : Haricot romain, — à grain plat, — géant, — navarrin, de Rome, — de Picardie.

Tige de 2 mètres; feuilles grandes; fleurs blanches; cosses vertes, longues, larges, arquées, passant au jaune à la maturité et contenant rarement plus de quatre semences; grain blanc, très réniforme, long, un peu aplati, luisant, très farineux.

Ce haricot est cultivé très en grand dans le nord de la France, surtout aux environs de Soissons, de Laon, d'Angy, de Vassemy, de Ciry-Salsogne et de Noyon. Son grain en sec est le plus estimé de tous les haricots, quand il a végété dans des terres légères et fertiles, parce que son enveloppe ou peau est alors très mince ou d'une finesse remarquable.

Le grain de cette variété, qui est tardive, perd une partie de ses qualités alimentaires quand on la cultive dans des terres compactes.

On possède aujourd'hui une race intéressante appelée *haricot de Soissons vert à rames.*

3. Haricot de Liancourt.

Synonymie : Haricot de Picardie, — rognon de coq, — picard, de Caux, — de Noyon.

Tiges de 2 mètres à 2^m.50; fleurs blanches; gousses un peu arquées, très développées; grain blanc, très réniforme et très gros.

Ce haricot est une sous-variété demi-tardive du haricot de Soissons; il est rustique, vigoureux et productif; son grain sec est de bonne qualité. Sa peau, qui est un peu dure, oblige à le manger de préférence écossé frais.

4. Haricot sabre à rames.

Synonymie : Haricot blanc d'Allemagne, — à très longue cosse, sabre de Hollande, — sabre d'Allemagne.

Tiges très élevées ; feuilles grandes ; fleurs blanches ; gousse passant au jaunâtre à la maturité, large, arquée, longue de 0ᵐ.25 à 0ᵐ.35, un peu aplatie ; grain blanc de crème, réniforme, quelquefois un peu arqué, allongé, comprimé, de bonne grosseur, mais moins beau que le haricot de Soissons.

Le grain de cette variété est excellent écossé frais ; en sec il est aussi agréable que le haricot de Soissons. Ses tiges vigoureuses exigent de très grandes et fortes rames.

Le haricot sabre à rames est un peu tardif, mais il est assez productif, surtout lorsqu'il a été cultivé dans la région septentrionale sur des terres substantielles.

A la Martinique, on l'appelle *pois blanc*.

5. Haricot riz à rames.

Tige très ramifiée de 1ᵐ.50 ; fleurs blanches ; cosses vertes réunies par 4 ou 5, grain blanc jaunâtre, glacé, un peu anguleux, rond ou presque ovoïde et très petit.

Le grain de cette variété tardive est excellent en sec, mais il est moins savoureux que le haricot de Soissons. Il est originaire de la Chine.

6. Haricot lentille.

Tige de 1ᵐ.50 à 2 mètres ; fleurs rougeâtres ; grain petit, allongé, un peu aplati, légèrement réniforme et brun marron.

Ce haricot est très cultivé et très estimé au cap de Bonne-Espérance.

7. Haricot de Soissons rouge.

Tige de 1ᵐ.75 à 2 mètres ; feuilles larges mais peu nombreuses ; fleurs lilacées ou rougeâtres ; gousses longues un peu étroites ; graine comprimée, large, réniforme et d'un très beau rouge.

Cette variété est remarquable par la beauté de son grain, qu'on mange en sec. Elle est vigoureuse mais peu productive.

8. Haricot rouge de Chartres.

Tiges de 1^m.20; feuilles finement cloquées; fleurs blanches ou jaunâtres; cosses légèrement arquées, longues de 0^m.10 à 0^m.12; grain rouge brun ou rouge foncé, presque carré à ses extrémités, ayant un cercle très brun autour de l'ombilic.

Cette variété appelée aussi *haricot nain rouge* ou *haricot pourpre,* est très répandue dans le centre de la France; elle est rustique, précoce et productive. Son grain est estimé en sec, à l'étuvée ou en purée. *On ne rame pas ce haricot quand on le cultive en plein champ.*

C'est par erreur que Bosc a dit que le haricot de Chartres avait des fleurs rouges.

§ 2. — Variétés à rames sans parchemin.

9. Haricot zébré gris.

Synonymie : Haricot rubanné, — gris rayé, — pois gars.

Tige moyenne; fleurs lilacées; gousses moyennes peu arquées, très charnues; grain à fond gris marbré avec des bandes arquées noirâtres; ombilic entouré d'un cercle jaune ponctué de noir.

Cette race, comme tous les haricots zébrés, n'a pas de fixité et souvent elle produit des grains à panachures très variées. Elle est tardive et peu productive, mais son grain est de bonne qualité. Elle est cultivée au cap de Bonne-Espérance.

On cultive aux îles du Cap-Vert une variété excellente à grain assez rond et zébré qu'on appelle *Bonghé.*

10. Haricot friolet.

Tige de 1^m.30 à 1^m.70; feuilles légèrement cloquées; cosse droite devenant jaune à la maturité, longue de 0^m.08 à 0^m.09; grain blanc sale, long, épais, un peu carré à ses extrémités, souvent déprimé et marqué d'une tache jaunâtre à l'une ou à ses deux extrémités.

Cette variété est productive; elle est regardée à bon droit comme un excellent mangetout. On l'appelle aussi *haricot frisole*. Elle a beaucoup de rapport avec le *haricot prédomme*.

11. Haricot princesse à rames.

Synonymie : Haricot blanc perle, — princesse sans parchemin.

Tiges de 2 mètres; feuilles légèrement cloquées et d'un vert blond; fleurs blanches; cosses devenant jaune à la maturité, longues de 0m.12 à 0m.15, contenant seulement de 5 à 9 grains, blancs, presque ronds ou ovoïdes et plus gros que les grains du *haricot prédomme* (12).

Cette variété est excellente en vert; elle est rustique, productive et la plus hâtive des haricots mangetouts. Son grain est très fin.

12. Haricot prédomme à rames.

Synonymie : Haricot pois blanc, — perle, — prudhomme, — prédommet, — riz de Lausanne, — frisole normand.

Tiges de 1m.50; feuilles ordinairement arrondies, fleurs blanches passant au jaune; cosse droite, longue de 0m.09 à 0m.10; grain blanc légèrement grisâtre ou blanc terreux, petit et presque ovoïde.

Cette variété est assez hâtive et produit beaucoup; elle est très estimée en sec et comme mangetout. Ses cosses, dépourvues de filet, sont plus grandes que celles du *haricot friolet* (10). Sa culture est répandue en Normandie.

13. Haricot Sophie ou haricot coco blanc.

Tiges de 2 mètres; fleurs blanches; cosse droite ou légèrement arquée, longue de 0m.12 à 0m.13, passant au jaune blanchâtre à la maturité; grain blanc, de moyenne grosseur, presque rond et un peu plus développé que le *haricot de Prague rouge* (19).

Cette variété est assez tardive; son grain est peu estimé

à cause de la dureté de sa peau. Ses cosses sont excellentes quand on les mange en vert ou comme mangetouts.

La sous-race connue sous le nom de *Haricot de Prague blanc* (22), a beaucoup de rapport avec le *haricot coco blanc*, mais elle en diffère par ses cosses qui sont plus longues et plus étroites, et par son grain qui est moins ovoïde.

14. Haricot beurre du Mont-d'Or.

Tiges teintées de rouge, hautes de 1^m50 à 2 mètres ; fleurs lilas ; cosses nombreuses, longues de 0^m.10 à 0^m.15 et jaune pâle ; grains ovoïdes très marbrés de brun.

Ce haricot *mangetout* se distingue par sa précocité et l'abondance de ses cosses qui sont excellentes.

15. Haricot nègre ou haricot noir.

Tige ne dépassant pas 1 mètre à 1^m.30 ; fleur très colorée, d'un beau bleu violet ou rouge pourpre ; grain allongé, presque droit, petit et très noir.

Cette variété est très cultivée au Mexique, au Brésil, à Guatémala, etc., où elle est très estimée par la race nègre ; sa farine est excellente. Elle est aussi cultivée sur les bords de la Loire, où elle est connue sous le nom de *haricot nègre de Touraine*. Les Brésiliens l'appellent *feijao*.

On cultive au Mexique une *variété* appelée *frijoles negro*, dont le grain est plus court, plus petit et un peu tronqué.

16. Haricot géant sans parchemin.

Tiges de 2 mètres ; fleurs blanches ; cosses blanches, longues, très larges et charnues ; grains blancs, aplatis, ayant du rapport avec le haricot sabre à rames.

Cette race est franchement sans parchemin ; elle est demi-tardive, mais très productive dans les bonnes terres.

17. Haricot sabre noir.

Synonymie : Haricot de Soissons noir, — noir des Arabes, — Saulnier, d'Alger.

Tiges de 2 à 3 mètres; fleurs lilas, gousses très larges, longues de $0^m.25$ à $0^m.30$, déprimée et jaune à la maturité; grain noir brillant, très déprimé, analogue au grain du *haricot de Soissons nain* (26), sauf la couleur.

Cette variété est très vigoureuse et très productive. Elle exige de grandes rames. La couleur noire de son grain nuit beaucoup à sa propagation.

18. Haricot de Prague rouge.

Synonymie : Haricot châtaigne, — rouge sans parchemin, — sanguin, coco rouge, — pois rouge, — cardinal.

Tiges de 2 mètres à $2^m.30$; feuilles blondes, ovales et pointues; fleurs lilacées; cosse arquée, légèrement veinée de rouge pâle, longue de $0^m.13$ à $0^m.15$; grain unicolore, presque rond, rouge violet ou rouge sombre.

Cette variété est productive quand on la cultive dans de bons terrains; elle est tardive et mûrit mal dans la région du Nord. Son grain est très farineux et d'une excellente saveur, mais sa peau est un peu épaisse. On mange aussi ses gousses en vert. Elle exige des rames assez élevées.

19. Haricot cerise du Japon.

Tige très élevée; fleurs lilas; cosses très nombreuses, charnues; grains ovoïdes un peu déprimés en forme de lentille, rouge lie de vin à ombilic blanc.

Cette race est rustique et très productive; elle fournit des cosses très tendres et sans fils.

20. Haricot d'Alger noir à rames.

Synonymie : Haricot beurre noir, — d'Italie à cosses jaunes, cire, — translucide.

Tiges de $2^m.50$; feuilles allongées; fleurs lilas; cosse arquée, arrondie, longue de 0ᵐ.12 à 0ᵐ.14 et prenant promptement une *très belle teinte jaune clair* presque transparente ; grain noir brillant, régulier, ovoïde, gros et à ombilic blanc.

Cette variété est cultivée depuis longtemps en Lorraine ; elle est de moyenne saison et redoute les étés très pluvieux, mais elle produit beaucoup. Sa cosse est excellente en vert, comme mangetout ; en cuisant elle devient aussi blanchâtre. Son grain à l'état sec, est de qualité très secondaire.

Il existe une sous-race appelée *haricot beurre noir à longue cosse* qui est très appréciée. Ses cosses sont jaunes comme celles du *haricot beurre nain du Mont d'Or*, qui est franchement sans parchemin (14).

21. Haricot à cosse violette.

Tige de 2 à 3 mètres ; tiges, pétioles et fleurs violettes, gousses très longues, charnues, de couleur pourpre ou rouge violet ; grain long, réniforme, assez mince, couleur de chair, marbré ou fouetté de brun.

Cette belle race est très vigoureuse. Ses gousses deviennent vertes à la cuisson. Son grain est de qualité ordinaire. On la regarde comme la plus productive de toutes les variétés sans parchemin quand elle occupe des terrains fertiles.

On possède aujourd'hui une race naine appelée *haricot nain à cosses violettes*. Cette variété sans parchemin a aussi des cosses tendres et charnues.

22. Haricot de Prague blanc.

Tiges élevées ; fleurs blanches ; cosses longues, étroites ; grain ovoïde, un peu plat, blanc de crème.

Cette race est tardive, mais elle est très productive. Son grain est estimé en vert et en sec. Il a beaucoup de rapport avec le *haricot coco blanc* (13).

23. Haricot de Prague marbré.

Synonymie : Haricot jaspé, — coco panaché, — coco gris, — châtaigne, à la reine, — de Naples.

Tiges de 1ᵐ.50 à 2 mètres; fleurs lilas ou blanc rosé; cosse droite, très marbrée de rouge sur un fond vert pâle, mais passant au jaune blanchâtre à la maturité; grains presque ronds, rose saumoné, marbrés de rouge, avec un cercle brun autour de l'ombilic.

Le grain de ce haricot est très farineux; il est excellent en sec, quoique sa peau soit un peu épaisse; sa saveur est agréable et rappelle un peu celle de la châtaigne.

Cette variété est répandue dans la région septentrionale; elle est moins tardive et plus rustique que le *haricot de Prague rouge* (18) et le *haricot de Prague bicolore* (24).

La variété dite *haricot coco rose* est sortie du *haricot de Prague marbré*. Son grain blanc de crème est veiné ou marbré de rose.

24. Haricot de Prague bicolore.

Synonymie : Haricot coco bicolore, — à la reine.

Tiges de 2ᵐ.50; fleurs lilas et blanc rosé; cosse arquée lavée de rose pâle sur un fond jaune à la maturité, longue de 0ᵐ.12 à 0ᵐ.14; grain un peu ovoïde, panaché longitudinalement par moitié, rouge foncé du côté de l'ombilic et ponctué ou pointillé de rouge à l'opposé.

Cette variété est tardive, très rustique; elle produit beaucoup. Son grain est excellent en sec, quoique sa peau soit un peu dure; son goût est bon. Elle est très répandue dans la région méridionale.

§ 3. — Variétés naines avec parchemin.

25. Haricot du Brésil.

Tige de 0ᵐ.40 à 0ᵐ.50; fleurs blanches; gousse verte marbrée de rouge; grain allongé, gros, un peu aplati, blanc à ombilic jaune.

Ce haricot est excellent en sec. Il est cultivé dans la basse Provence et le bas Languedoc.

26. Haricot de Soissons nain.

Synonymie : Haricot gros pied, — nain couronné, — romain nain.

Tiges de 0^m.40 à 0^m.45 ; fleurs blanches ; cosses très droites, jaunes à la maturité et longues de 0^m.13 à 0^m.15 ; grains blancs réniformes, assez aplatis, un peu irréguliers, légèrement jaunâtres près de l'ombilic et de moyenne grosseur.

Cette variété est trapue, précoce et assez productive ; son grain est excellent frais écossé et en sec. Elle doit être cultivée dans des terres légères et de bonne qualité.

On possède aujourd'hui une variété dont les grains se distinguent par leur couleur verte. Cette race est appelée *haricot de Soissons nain vert.*

27. Haricot sabre nain hâtif de Hollande.

Tige de 0^m.50 ; feuilles très larges, arrondies et cloquées ; fleurs blanches ; cosses peu arquées, très larges, longues de 0^m.18 à 0^m.20, grains blancs, réniformes, aplatis, souvent bossués, irréguliers et assez larges.

Cette variété est hâtive. Elle est délicate et redoute les sols frais. Son grain est très fin, de parfaite qualité ; mais il est souvent taché quand les automnes sont pluvieux, parce que les gousses touchent ordinairement à terre. Quand ce haricot réussit, ses touffes sont fortes, très ramifiées et très productives. On le mange écossé ou en sec.

L'ancien haricot sabre nain n'est plus cultivé.

28. Haricot comtesse de Chambord.

Tiges de 1^m.50 très ramifiées ; fleurs blanches ; gousses d'abord violacées, passant au blanc jaunâtre à la maturité, longues de 0^m.10 à 0^m.12 ; grain oblong, ovoïde, un peu transparent, blanc jaunâtre.

Cette variété a beaucoup d'analogie avec le haricot riz à

rames (5), mais son grain est un peu plus gros. Il est aussi très tardif ; on mange ses grains écossés frais ou en sec.

29. Haricot flageolet.

Synonymie : Haricot nain hâtif de Laon, — flageolet blanc, de Laon, — parisien.

Tiges de 0ᵐ.35 à 0ᵐ.40 ; feuilles petites ; fleurs blanches teintées de nankin ; cosses généralement incurvées, longues de 0ᵐ.14 à 0ᵐ.15, passant au jaune à la maturité ; grains blancs, allongés, étroits, un peu aplatis et légèrement réniformes.

Cette variété est très naine, précoce et très productive. Elle fournit des cosses vertes excellentes, et des grains écossés frais qui sont très estimés. Son grain en sec est inférieur en qualité au *haricot de Soissons* (2). Elle est très répandue dans les environs de Paris ; elle demande pour bien végéter des étés à la fois chauds et pluvieux, et des terrains légers et frais.

Le *haricot flageolet à grain vert* est une sous-race du haricot flageolet blanc. Il a produit le *haricot flageolet Chevrier*, le *haricot flageolet merveille de France* et le *haricot flageolet roi des verts* qui sont tous très productifs, et dont les grains séchés à l'ombre conservent leur couleur verte. Ces divers haricots sont très recherchés par les fabricants de conserves. On les vend facilement sur les marchés comme *haricots écossés frais,* ou *haricots écossés secs.*

Le *haricot flageolet très hâtif d'Étampes* est le plus hâtif des haricots flageolets ; il est rustique, très productif, vigoureux et très nain.

30. Haricot flageolet nain hâtif à feuille d'ortie ou gaufrée.

Tige de 0ᵐ.30 à 0ᵐ.35 ; feuilles d'un beau vert foncé finement cloquées ; fleurs blanches ; cosse presque droite ; grain blanc, allongé, étroit, un peu réniforme.

Cette variété est très précoce, rustique et plus productive que le *haricot flageolet ordinaire* (29). Elle est très naine et peut être cultivée sous châssis comme haricot de primeur.

31. Haricot suisse blanc.

Synonymie : Haricot blanc gros, — rognon de coq, — un à la touffe, lingot.

Tiges de 0^m.45 à 0^m.50 ; feuilles grandes, cloquées ; cosses droites passant au jaune à la maturité, longues de 0^m.14 à 0^m.15 ; grains droits blancs, quelquefois carrés à l'une de leurs extrémités.

Cette variété est demi-hâtive, rustique, vigoureuse et productive ; son grain n'est pas très bon en sec, parce que sa peau est un peu dure et épaisse, mais il est excellent frais écossé. Elle est répandue en Europe.

32. Haricot nain de la Guadeloupe.

Tiges de 0^m.50 à 0^m.60 ; fleurs jaune pâle ; cosses nombreuses, longues, plates et presque droites ; grains petits, oblongs et blancs.

Cette race, appelée aussi *haricot nain blanc de la Réunion*, est demi-précoce ; elle est productive. Son grain est de bonne qualité.

33. Haricot rond blanc commun.

Synonymie : Haricot petit blanc, — de Bourgogne.

Tiges de 0^m.40 à 0^m.50 ; fleurs blanches ; gousses étroites, un peu aplaties ; grains blanc sale, petits, ovoïdes, un peu déprimés.

Cette race, appelée aussi *mongette,* est très rustique et très répandue dans le midi, le sud-ouest et l'ouest de la France. On consomme peu ses gousses comme haricots verts, mais son grain est assez estimé en sec. Elle est très productive. On l'appelle *escalopet* dans le bas Languedoc et *mongette* dans le Bordelais et la Bretagne.

34. Haricot suisse sang-de-bœuf.

Synonymie : Haricot indien, — de l'Inde.

Tiges de 0ᵐ.40 à 0ᵐ.50 ; fleurs rougeâtres ; gousses droites, jaune lavé de rouge à la maturité ; grains droits, allongés, légèrement comprimés, d'un beau rouge sang pointillé de blanc saumoné.

Cette variété est un peu tardive, mais elle est productive et très cultivée. Ses gousses sont tendres et son grain est de bonne qualité.

35. Haricot flageolet rouge.

Tiges de 0ᵐ.45 à 0ᵐ.50 ; feuilles très petites ; fleurs blanc rosé ; cosses étroites et droites, passant au jaune clair à la maturité, longues de 0ᵐ.16 à 0ᵐ.19 ; grains allongés, presque cylindriques, légèrement réniformes rouge lie de vin.

Cette variété est tardive, mais elle est vigoureuse, rustique et très productive. On l'appelle parfois *haricot datte pourpre, haricot rognon de coq.* Son grain est recherché en sec quoiqu'il soit inférieur en qualité au grain du *haricot flageolet blanc* (29).

36. Haricot flageolet noir.

Tiges de 0ᵐ.35 à 0ᵐ.40 ; fleurs lilacées ; cosses nombreuses, droites, presque cylindriques, d'un beau vert, longues de 0ᵐ.20 à 0ᵐ.25 ; grains allongés, légèrement réniformes, assez renflés et d'un très beau noir.

Cette race est vigoureuse ; elle est plus productive, mais un peu moins hâtive que le *haricot noir de Belgique* (37). Ses gousses, après la cuisson, conservent une belle couleur verte. Excellent en vert.

37. Haricot noir hâtif de Belgique.

Synonymie : Haricot noir de Prusse, — noir hâtif, — noir nain, nègre nain, — du Mexique.

Tiges de 0ᵐ.35 à 0ᵐ.40 ; feuilles allongées, finement cloquées ; fleurs lilas ou lilacées ; cosses droites, un peu panachées de violet noir, longues de 0ᵐ.14 à 0ᵐ.15 ; grains noirs petits, un peu allongés et un peu aplatis.

Cette variété est très naine, très précoce et très rustique. Ses cosses, comme haricots verts, sont peu productives ; mais elles sont excellentes, quoique leur couleur ne leur donne pas, après la cuisson, un aspect agréable. Son grain en sec n'est pas très bon. A cause de sa précocité et de son peu d'élévation, ce haricot peut être cultivé sous châssis. Il est très cultivé à Hyères pour ses gousses vertes.

38. Haricot ventre de biche.

Synonymie : Haricot suisse café au lait, — suisse ventre de biche, datte couleur de chair, — pois savon.

Tiges de 0ᵐ.50 ; feuilles grandes, finement cloquées ; fleurs lilas ; cosses droites, panachées de violet grisâtre et passant au jaunâtre nuancé de violet à la maturité, longues de 0ᵐ.15 à 0ᵐ.16 ; grains droits, souvent carrés à l'une de leurs extrémités, ventre de biche ou chamois clair avec un cercle brun autour du hile.

Cette variété est vigoureuse et demi-hâtive ; elle est très cultivée en plein champ. Son grain est excellent en sec. On le mange de préférence en purée.

39. Haricot flageolet jaune.

Synonymie : Haricot jaune précoce, — nain jaune hâtif, — quarantain jaune, — gros jaune, — datte jaune, — jaune de Nice.

Tiges de 0ᵐ.40 à 0ᵐ.45 ; feuilles larges, aiguës ; fleurs blanches ; cosses légèrement arquées, et longues de 0ᵐ.15 ; grains cylindriques, allongés, chamois, marqués d'un cercle brun autour de l'ombilic qui est blanc.

Cette variété est très précoce et productive, mais elle est peu répandue, quoiqu'elle soit bonne à manger écossée.

40. Haricot rouge d'Orléans.

Tige très naine ; fleurs violettes ; gousses courtes, nombreuses, un peu arquées; grains ovoïdes, petits, rouges lie de vin à ombilic blanc cerclé de noir.

Cette race est très cultivée dans les vignes appartenant à l'Orléanais.

41. Haricot saumon.

Synonymie : Haricot du Mexique.

Tiges naines; fleurs lilacées; gousses moyennes, courtes, bien remplies; grains ovoïdes, jaune saumoné avec un cercle brun autour de l'ombilic.

Cette race est remarquable par sa grande précocité. Elle est la première qui donne des haricots à écosser frais.

42. Haricot suisse rouge.

Synonymie : Haricot flagellé de rouge, — nain rouge, — lingot rouge, — de Turquie rouge, — à la reine, — datte pourpre.

Tige de 0^m.40 à 0^m.50 ; feuilles grandes, finement cloquées; fleurs lilas rougeâtre ou lilas pâle; cosses droites panachées de rose, passant à la maturité au jaune veiné de rouge, longues de 0^m.15 à 0^m.16 ; grain droit, souvent carré à l'une de ses extrémités, rouge pâle marbré rouge lie de vin.

Cette variété est demi-hâtive; elle produit beaucoup, mais elle est sujette à *filer* ou à monter. Son grain est mangé sec; il est de qualité ordinaire.

43. Haricot de la Flèche.

Synonymie : Haricot plein.

Tige de 0^m.50 à 0^m.60 ; feuilles allongées; finement cloquées : fleurs lilas pâle; cosses droites, panachées de violet foncé à la maturité, longues de 0^m.13 à 0^m.15 ; grain droit rouge brun ou rouge violacé, pointillé et marbré de fauve.

Cette bonne variété est demi-tardive, elle est très cultivée dans le Maine. Ses cosses vertes sont étroites, fines et très tendres. Elle a l'avantage de fournir des haricots verts plus longtemps que le *haricot Bagnolet* (44), mais elle ne donne pas beaucoup de haricots secs.

44. Haricot Bagnolet.

Synonymie : Haricot suisse gris, — flageolet gris, — datte turc, suisse noir, — gris de Monthléry, — de Bagnols.

Tige de 0^m.40 à 0^m.45 ; feuilles grandes ; cloquées ; fleurs lilas ; cosses vertes, droites, longues de 0^m.16 ; grains droits, presque cylindriques, violacés ou noir marbré de fauve ou fauve marbré de noir et de nankin.

Cette variété est bien naine et demi-hâtive ; elle est très productive et l'une des meilleures pour manger en vert et pour conserver. Elle est très répandue dans les environs de Paris. Elle file rarement quand elle est franche.

Le *haricot Bagnolet à feuille d'ortie* produit des gousses plus longues. Il est plus hâtif et plus trapu.

45. Haricot solitaire.

Tiges de 0^m40 à 0^m50 ; fleurs lilas ; gousses jaunâtres, marbrées de violet ; grains droits, allongés, panachés de violet sur un fond jaunâtre ou fauve.

Ce haricot est un peu plus tardif que le *haricot Bagnolet* (44) ; il est vigoureux, robuste, très productif, et il réussit bien dans les terrains un peu secs. Il est franchement nain. Son grain, écossé frais ou sec, est excellent.

46. Haricot chocolat.

Tiges de 0^m.25 à 0^m.30 ; fleurs lilas ; cosses droites, vertes, légèrement marbrées de violet ; grain petit, allongé, plat, dont la couleur varie du chamois foncé au gris ardoise.

Ce haricot, excellent en vert, se distingue par sa grande précocité ; il fournit de bonne heure des grains à écosser. On le cultive très en grand à Malaga (Espagne) où il fournit des haricots verts pendant la saison hivernale.

47. Haricot à l'aigle.

Synonymie : Haricot Saint-Esprit, — à la religieuse, — Victoria.

Tiges de 0^m.35 à 0^m.40; feuilles grandes finement cloquées; fleurs blanches, cosses droites, jaunes panachées de violet; grains blancs, cylindriques, marbrés du côté de l'ombilic d'une panachure et d'une bande noires rappelant la silhouette d'un oiseau aux ailes déployées.

Cette variété est demi-hâtive et ne file pas. Elle est cultivée dans la région du Midi. Son grain en sec est excellent.

48. Haricot jaune cent pour un.

Synonymie : Haricot de Cantorbéry.

Tige de 0^m.40 à 0^m.45; fleurs blanc jaunâtre; grain jaune café au lait marbré de jaune brun; à ombilic entouré d'un cercle brun foncé.

Ce haricot est précoce, rustique et assez productif. Son grain est délicat, très savoureux. On le mange frais écossé ou sec. Il est très cultivé dans les contrées viticoles.

§ 4. — Variétés naines sans parchemin.

49. Haricot nain blanc sans parchemin.

Tiges de 0^m.50 à 0^m.60; feuilles moyennes, assez cloquées; fleurs blanches; cosses arquées, jaunes à la maturité, longues de 0^m.15 à 0^m.17; grain blanc, allongé, aplati, un peu réniforme.

Cette variété est très ramifiée et demi-hâtive. Elle est très répandue dans l'est de la France. Elle produit beaucoup, mais elle redoute les pluies continuelles à la fin de l'été.

50. Haricot nain blanc unique.

Tige assez élevée, vigoureuse, ramifiée; feuilles amples et cloquées; fleurs blanches, grandes; cosses nombreuses, droites de 0^m.12 à 0^m.15; grains d'un beau blanc, plats et larges.

Cette race est productive et tout à fait sans parchemin. Son grain en sec est excellent.

51. Haricot princesse nain.

Synonymie : Haricot mongette, — nain anglais.

Tige de 0^m.40 à 0^m.50 ; feuilles assez petites ; fleurs blanches ; cosses arquées, vert foncé, longues de 0^m.10 à 0^m.12 ; grains ovales, arrondis, et d'un beau blanc.

Cette variété est estimée en Hollande et elle réussit très bien dans les régions de l'ouest et du sud-ouest de la France. Elle est assez hâtive. Son grain sec est de bonne qualité.

52. Haricot beurre blanc nain.

Tige de 0^m.35 à 0^m.40 ; fleurs blanches ; cosses droites, blanc de cire à la maturité ; grains blanc crème, ovales, arrondis, renflés, assez gros, mais un peu irréguliers.

Cette variété est très naine et un peu délicate. Ses cosses sont tendres et charnues. Elle est précoce, mais elle produit peu. Son grain est très bon à l'état sec.

On possède aujourd'hui une sous-race que l'on nomme *haricot mangetout roi des beurres* dont la tige est très trapue et buissonnante. Cette variété a un grain blanc ovale, à peau très mince ; elle est extrêmement productive. Ses cosses sont tendres et charnues. Comme la sous-race dite *haricot beurre nain du Mont-d'Or* (14), elle est très productive et très franchement sans parchemin.

53. Haricot lyonnais à longue cosse.

Synonymie : Haricot nain jaune d'Ampuis.

Tige de 0^m.35 à 0^m.40, fortes et ramifiées ; feuilles très amples ; fleurs lilas ; cosses très longues, très charnues ; grain long, droit, un peu aplati, chamois foncé.

Cette bonne variété est très cultivée dans le Lyonnais. Ses cosses, d'un développement remarquable, sont excellentes et recherchées.

54. Haricot jaune du Canada.

Synonymie : Haricot nankin, — monjette jaune, — jaune nankin, nain jaune sans parchemin, — prédomme jaune, — de Varèse.

Tige de 0^m.40 à 0^m.45 ; feuilles très larges et cloquées ; fleurs lilas ; cosses droites, jaunes à la maturité, longues de 0^m.10 à 0^m.12 ; grain ovoïde, jaune nankin plus ou moins foncé, avec un cercle rouge brun autour de l'ombilic.

Cette variété est très naine, vigoureuse, précoce, rustique et estimée pour la qualité de son grain sec ou écossé frais. Elle est assez répandue quoiqu'elle ne soit pas très productive.

Le haricot jaune du Canada file rarement.

55. Haricot de la Chine jaune.

Synonymie : Haricot chinois, — jaune soufre, — de la Cochinchine, jaune de la Chine, — boule jaune, — haricot pois, — pois jaune.

Tige de 0^m.30 à 0^m.35 ; feuilles grandes, un peu allongées et cloquées; fleurs blanches ; cosses droites, passant au jaune à la maturité, longues de 0^m.12 à 0^m.14; grains de grosseur moyenne, ovoïdes, réguliers, soufre pâle, quelquefois jaune verdâtre, ayant un petit cercle foncé autour de l'ombilic.

Cette variété est demi-hâtive et d'un grand produit. Son grain est excellent écossé frais et sec; il blanchit à la cuisson. Ce haricot est très répandu en France et en Amérique.

56. Haricot d'Alger noir nain.

Synonymie : Haricot nègre hâtif.

Tiges de 0^m.35 à 0^m.40 ; feuilles petites ; fleurs lilacées ; cosses moyennes, vertes, mais devenant jaune clair à la maturité, longues de 0^m.10 à 0^m.12 ; grains noirs, ovoïdes, à ombilic blanc, mais un peu plus petits que les grains du haricot beurre noir à rames.

Cette variété est franchement naine. Elle est précoce et productive. On doit la classer parmi les meilleurs mange-tout.

La sous-race appelée *haricot d'Alger noir nain à longue cosse* est très cultivée par la moyenne culture. Son grain est presque cylindrique.

57. Haricot prédomme nain.

Tige de 0m.40; feuilles petites; fleurs blanches; cosses assez droites, longues de 0m.08 à 0m.10; grains petits, blancs, presque ronds.

Ce haricot est franchement nain, très rameux, demi-hâtif et assez productif. Son grain est de bonne qualité.

58. Haricot du Bon Jardinier.

Tige courte et ramifiée; feuilles finement cloquées; fleurs rosées: cosses très longues; grain jaune cylindrique, carré à ses extrémités.

Cette variété a beaucoup d'analogie avec le haricot cent pour un (48). Elle est franchement sans parchemin.

59. Haricot de Prague marbré nain.

Tiges de 0m.45 à 0m.50; feuilles larges; fleurs lilas; cosses un peu courbées, panachées de rouge, longues de 0m.12 à 0m.13; grains blanc rosé, marbrés de rouge vineux, presque sphériques.

Cette variété, que l'on appelle quelquefois *haricot Baudin*, est demi-tardive; elle est productive, mais son rendement n'égale jamais celui du *haricot de Prague marbré à rames*. Son grain est excellent en sec.

II. — PHASEOLUS LUNATUS.

Toutes les variétés qui appartiennent à cette espèce demandent un climat très tempéré. Elles végètent bien en Espagne et en Algérie.

60. Haricot du Cap.

Synonymie : Haricot du Cap marbré, — de Madagascar.

Tiges de 3 à 4 mètres, pubescentes; feuilles à trois folioles ovales pubescentes; pédoncules axillaires, très courts, portant 4 à 6 fleurs petites et d'un blanc sale; cosses très aplaties, lisses, prenant une couleur isabelle en mûrissant; graines grandes, ovales, aplaties, blanches, tachetées de rouge ou de violet sur une partie de leur surface.

Cette variété est avec parchemin et très productive, mais elle ne mûrit son grain (fig. 12) que dans les parties tout à fait méridionales de l'Europe. Sa végétation est forte. En Espagne où elle est cultivée avec succès, elle résiste très bien à la sécheresse à cause de sa longue racine et de ses tiges qui y deviennent presque ligneuses.

Fig. 12.
Haricot du Cap.

Le haricot du Cap est originaire du Bengale. Sa culture est très répandue dans l'Amérique méridionale, au Cap, à Bourbon, dans les colonies néerlandaises, à Maurice, Madagascar, à la Réunion, etc., contrées où sa tige devient tout à fait ligneuse et s'élève sur les arbres. A la Martinique on l'appelle *pois souche*.

61. Haricot de Lima.

Synonymie : Haricot lunulé, — fève créole.

Tiges de 3 à 4 mètres, volubiles; feuilles lisses luisantes; fleurs très petites, jaunâtres; cosses larges, très courtes, un peu chagrinées; grain jaune verdâtre, assez gros, mais en rognon raccourci et marqué de rides.

Cette variété sans parchemin est tardive et d'un grand produit. Elle exige de très hautes rames. Son grain est farineux et excellent en sec ou écossé frais. Elle est très estimée au Bengale, aux États-Unis, dans l'Inde, en Cochinchine, à Nossi-bé, au Pérou où elle est très ancienne. On ne peut la cultiver en Europe que dans les contrées méridionales, mais elle réussit bien en Algérie dans la zone chaude.

A la Martinique, on l'appelle *pois souche* et à la Guyane *pois de sept ans*.

On connaît une variété à ombilic violet que l'on a appelée *haricot de Lima taché de violet*, *haricot de Lima à ombilic noir*, *pois souche panaché*.

La variété dite *haricot de Lima nain* est très cultivée en Amérique.

Le *Phaseolus lunatus* est vivace à Lima.

62. Haricot de Siéva.

Tige de 3 à 4 mètres : feuilles lisses luisantes ; fleurs très petites blanc jaunâtre ; grains blanc jaunâtre veinés de rouge ou présentant des macules rouges sur un fond blanc, très plats, en rognon raccourci plus petits que le grain du *haricot de Lima* (61).

Cette variété sans parchemin est plus hâtive et moins délicate que la précédente. Elle appartient aussi à la culture du midi de l'Europe. Son grain est excellent en sec et frais écossé.

Par exception, le grain du haricot de Siéva présente quelquefois un fond presque rouge avec des macules blanches.

III. — PHASEOLUS MULTIFLORUS.

Cette vigoureuse espèce a des fleurs très ornementales. On la nomme souvent *haricot à bouquets*.

63. Haricot d'Espagne blanc.

Synonymie : Haricot blanc du Canada, — de Perse, — de Valence, de Barcelone blanc, — à bouquet blanc.

Tiges de 3 mètres à 3ᵐ.50, un peu pubescente ; fleurs blanches ; cosses velues quand elles sont jeunes et lisses lorsqu'elles sont mûres, presque droites, longues de 0ᵐ.15 à 0ᵐ.18 ; grains blancs, très gros ou renflés, réguliers.

Cette variété, la plus productive de tous les haricots, est

très tardive ; elle exige de très fortes rames, ce qui rend sa culture coûteuse. Son produit est parfois considérable, surtout lorsque les pluies par leur fréquence ne font pas couler les fleurs. Son grain (fig. 13) est assez estimé pour sa qualité farineuse quoique sa peau soit un peu épaisse. On l'utilise principalement dans la préparation de la farine de haricot. La cueillette des gousses vertes qu'on peut écosser prolonge la fructification.

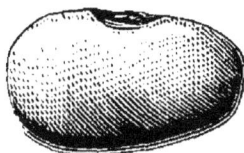

Fig. 13.
Haricot d'Espagne
blanc.

Le haricot d'Espagne est principalement cultivé dans les deux Castilles, l'Estramadure et les provinces de Valence, de Murcie et d'Aragon (Espagne). Les haricots récoltés dans le district d'Aveiro (Portugal) et dans celui de Horta (Açores) sont très beaux.

64. Haricot d'Espagne rouge.

Synonymie : Haricot à fleur rouge, — d'Espagne écarlate, — à bouquet rouge, — à fleur écarlate, — Bayard, — espagnol.

Tige de 3 mètres à 3^m.50 ; fleurs à étendard, carène et ailes écarlates ou rouge vif ; cosses presque droites, jaunâtres, plus ou moins lavées de violet sombre ; grains très gros, renflés, rouge ou rose vineux marbré de brun noir.

Cette espèce est aussi tardive. Elle est peu cultivée en Europe comme plante alimentaire, parce que son grain (fig. 14) est peu farineux et d'un goût qui n'est pas très agréable. Au Mexique où elle est très cultivée, où son grain est excellent, on l'appelle *frijol.* Dans l'Amérique méridionale, on la sème en février et on la récolte en avril.

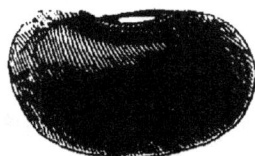

Fig. 14.
Haricot d'Espagne
rouge.

La variété dite *haricot d'Espagne noir* a des fleurs très

coccinées et un grain très noir. Elle est très peu cultivée en
dehors des jardins.

65. Haricot d'Espagne.

Synonymie : Haricot d'Espagne marbré.

Tiges de 3 mètres à 3^m.50; feuilles larges et lisses; fleurs à éten-
dards rouges et à ailes et carènes blanches; grain à fond jaune rosé
marbré de rouge vif.

Cette jolie variété est aussi tardive. Son grain n'est pas plus
alimentaire que le grain du haricot d'Espagne rouge (64).

Composition du haricot.

Le haricot, quant à sa composition, diffère peu, d'une
manière générale, de la lentille, de la fève et du pois vert à
purée.

Le haricot blanc commun cultivé et récolté en France, a
été analysé par Boussingault et par Payen. Voici les résultats qu'ils ont constatés :

	Boussingault.	Payen.
Amidon, dextrine...............	48,8	55,7
Substances azotées........	26,9	25,5
Substances grasses.............	3,0	2,8
Cellulose, ligneux..............	2,8	2,9
Sels minéraux..................	3,5	3,2
Eau...........................	15,0	9,9
	100,0	100,0

Ainsi, d'après la première analyse, le haricot renferme
75 pour 100 de parties féculentes et de substances azotées,
et, suivant la seconde, il en contient 81 pour 100. On ne
peut méconnaître que les haricots analysés par Payen contenaient 5 pour 100 moins d'eau que les grains étudiés par
Boussingault.

Voici deux autres analyses de Girardin :

	Haricot flageolet bien sec.	Haricot blanc commun.
Amidon, dextrine	60,00	55,7
Matières azotées	27,00	25,5
— grasses	2,60	2,8
Cellulose	2,00	2,9
Matières minérales	3,30	3,2
Eau	5,10	9,9
	100,00	100,0
Azote	5,90	4,65

Le haricot blanc commun, cultivé et récolté en Italie, a été analysé à Florence par M. Stefanelli. Il contenait :

Matière organique azotée	21,86 à 24,18 p. 100
— — azotée.	58,91 à 61,13
Matières minérales	2,04 à 3,64
Eau	12,68 à 14,60

Ces résultats concordent avec les faits constatés par Boussingault.

Les haricots incinérés donnent, en moyenne, de 3.20 à 3.50 pour 100 de cendres qui ont la composition suivante :

Potasse	37,07
Soude	10,82
Magnésie	10,07
Chaux	5,78
Acide phosphorique	31,73
Acide sulfurique	2,03
Silice	0,99
Chlorure de sodium	1,28
Chlorure de potassium	0,07
Oxyde de fer	0,16
	100,00

Cette analyse démontre de nouveau l'influence favorable

que les terrains contenant des phosphates et des sels alcalins doivent exercer sur le développement des haricots.

La farine des haricots est formée de globules ovoïdes ou
quelquefois sphériques. Ces grains de fécule sont fendus et
ils ont 40 à 42 millièmes de millimètre de diamètre.

Mode de végétation.

Dans les circonstances ordinaires, les grains des haricots
germent en dix ou douze jours. Alors on voit apparaître à
la surface du sol des cotylédons arrondis épais et toujours
jaune verdâtre, qui sont bientôt dominés par deux petites

Fig. 15. — Variété naine. (Haricot flageolet hâtif d'Étampes.)

feuilles primordiales qui restent pliées pendant plusieurs
jours. Ces feuilles, quand le temps est beau et chaud, prennent promptement une teinte verte. Par contre, elles restent un peu jaunâtres et se développent lentement si le
temps est froid.

Les variétés naines (fig. 15) ne s'élèvent pas à plus de

0^m.40 à 0^m.50. Lorsqu'elles ne sont pas franchement naines elles filent plus ou moins, c'est-à-dire émettent des rudiments de tige qui ont quelquefois jusqu'à 0^m.60 de longueur.

Les variétés naines n'ayant pas un grand nombre de feuilles ne peuvent végéter très espacées les unes des autres. Lorsque leurs fleurs ne sont pas protégées en partie par les feuilles de l'action directe du soleil, souvent elles *coulent* ou elles produisent des gousses qui ne constituent pas des haricots verts très tendres, parce qu'elles durcissent assez promptement.

Les variétés à rames (fig. 16) produisent des tiges plus ou moins élevées et qui s'enroulent de droite à gauche. Elles végètent, en général, avec plus de vigueur que les variétés naines. Leurs feuilles sont toujours relativement moins nombreuses que dans les variétés sans rames ; leurs gousses, celles surtout des haricots mangetout, restent vertes et comestibles pendant assez longtemps, parce que ces cosses sont en partie ombragées par les rames et les tiges volubiles qu'elles soutiennent.

Les gousses sont toutes plus ou moins bossuées. Les unes sont revêtues intérieurement d'une membrane coriace ; les autres en sont complètement privées. Enfin diverses variétés produisent des gousses sur la suture desquelles on remarque un filament appelé *fil*. Ce filament est assez résistant ; on a la précaution de l'enlever quand ces mêmes gousses doivent être mangées comme haricots verts.

Les haricots végètent pendant quatre, cinq ou six mois. Ils sont mûrs ou tous leurs organes sont atrophiés lorsque toutes leurs parties sont presque sèches et qu'elles ont pris une teinte jaune plus ou moins foncée.

J'ai dit précédemment que les variétés étaient très nombreuses. En général, celles qui se distinguent par leur précocité doivent être cultivées de préférence aux autres, dans les contrées septentrionales.

Les haricots cultivés dans les pays tempérés sont ordinairement tardifs. Ces variétés ne sont pas toutes connues

Fig. 16. — Variété à rames. (Haricot de Soissons à rames.)

en Europe; elles ont l'avantage de résister aux plus fortes
chaleurs. Toutefois, la plupart des légumineuses que l'on

désigne au Brésil, dans l'Inde, etc., sous le nom de *hari-cots*, appartiennent au genre *dolic*.

Les variétés du haricot proprement dit se modifient avec une extrême facilité ; c'est pourquoi on peut arriver avec le temps à posséder des races offrant tous les nuances voulues. Pour conserver une variété avec toutes les caractères et les qualités qui la distinguent, il est nécessaire de l'isoler des autres variétés et surtout de celles qui produisent des grains bigarrés.

En général, le haricot cultivé pour ses gousses en aiguilles ou ses graines fraîches ou sèches n'est productif que lorsqu'on lui destine des terres légères, bien fumées et un peu fraîches. Cette légumineuse est moins rustique que le pois.

Terrain.

NATURE. — Le haricot doit être cultivé sur des terres meubles, légères, profondes et substantielles.

Les terres argileuses, glaiseuses ou compactes ne lui conviennent pas. Il en est de même des sols arides, des terrains crayeux et des terres humides.

Cultivées sur de tels sols, les graines germent ou végètent très difficilement, et elles ne donnent que de très faibles produits.

Les terres où le haricot se développe le mieux sont les terrains chauds et frais, les terres calcaires graveleuses, les alluvions sablonneuses, les terres granitiques profondes et les sols silico-calcaires.

Les terres gypseuses ne lui conviennent pas. Les grains que produisent les plantes cultivées sur de tels sols sont toujours d'une cuisson difficile.

FERTILISATION. — Le haricot, quoi qu'on dise, est une légumineuse épuisante. Aussi doit-on éviter de le cultiver sur des terres pauvres ou arides.

Les terres qu'on lui destine doivent être de moyenne fécondité, et fertilisées avec des engrais qui manifestent promptement leur action.

Le fumier à demi décomposé, la poudrette, les boues de ville qui ont fermenté et qu'on nomme *gadoues*, le superphosphate de chaux, etc., sont d'excellents engrais pour le haricot.

Ces matières fertilisantes sont généralement appliquées quelques jours avant la semaille, ou en même temps que les semences.

PRÉPARATION. — La préparation des terres qu'on destine aux haricots doit être aussi parfaite que possible.

Dans les circonstances ordinaires, on donne au sol deux labours et les hersages nécessaires. L'expérience prouve chaque année qu'on ne saurait trop ameublir, diviser et nettoyer les terres sur lesquelles on a l'intention de cultiver le haricot.

Le sol est toujours labouré à plat ou en planches plus ou moins larges.

Lorsque les terres sont un peu fortes ou argileuses, on divise ou détruit les mottes qu'on y observe avant les semis, en opérant un ou deux roulages, suivis par un ou plusieurs hersages.

Enfin, il est très important d'opérer tous les travaux préparatoires que réclame la couche arable pour que celle-ci, au moment de la semaille, soit meuble et surtout exempte de racines appartenant à des plantes vivaces et traçantes.

Dans la grande et la moyenne culture, la préparation du sol se fait toujours à l'aide des instruments aratoires. Dans la petite culture, on l'opère à l'aide de la bêche ou de la houe plane ou fourchue.

Lorsqu'on se propose de semer des haricots sur des coteaux bien exposés, on dispose le sol en petites planches dirigées transversalement à la pente du sol. Les raies qui séparent ces planches arrêtent les eaux pendant les pluies et les empêchent de raviner la couche arable si, à un moment donné, elles deviennent très abondantes.

Semailles.

ÉPOQUE. — On sème ordinairement les haricots lorsque les pommiers sont en pleine fleurs, quand ces légumineuses sont cultivées sur des terres de consistance moyenne et perméables et lorsqu'on n'a plus à craindre de gelées. Ainsi, on sème le haricot en *Égypte*, en janvier et février; en *Italie*, en février ou mars; en *France*, en avril, mai et juin.

Semé trop tôt, dans ces diverses contrées, le haricot pourrit au lieu de germer.

Les provinces méridionales sont les seules contrées en France dans lesquelles on sème encore pendant le mois de *juillet* et *août* les haricots qu'on doit récolter en sec. Les semis qu'on y opère jusqu'à la fin d'août fournissent des haricots verts ou des haricots frais écossés qu'on livre à la vente en octobre ou novembre. C'est aussi à la fin de l'été qu'on sème en Algérie les haricots qui fournissent des gousses vertes en novembre et décembre.

En général, en France, on sème les haricots plus tôt dans le Midi et le Sud-Ouest que dans les régions du Centre et du Nord.

Les haricots qu'on sème en pleine terre de très bonne heure dans la Provence et le Sud-Ouest, dans le but d'avoir des *haricots verts précoces*, doivent être abrités souvent par des paillassons contre la froidure des nuits.

Dans la petite et aussi souvent dans la moyenne culture, on exécute des semis successifs tous les douze ou quinze jours, depuis la fin d'avril jusqu'à la fin de juin ou à la mi-juillet. Ces semis sont faits dans le but de pouvoir livrer à la consommation, d'une manière continue, pendant plusieurs mois, soit des *haricots verts*, soit des *haricots frais écossés*, jusque vers la fin de l'été, c'est-à-dire en août et septembre.

La moyenne et la grande culture, qui cultivent le haricot pour vendre son grain sec, font leurs semis en temps ordinaire, c'est-à-dire en avril et en mai, suivant la nature du sol, quand on n'a plus à craindre de gelées. Dans les provinces méridionales, les semis se font ou avant ou après la récolte du froment, qui a lieu vers la fin de juin.

Les gousses des haricots semés très tardivement, dans le nord de la France, mûrissent difficilement, et elles sont sujettes à être altérées, à la fin de l'été ou au commencement de l'automne, par des pluies abondantes et continuelles ou des froids précoces.

A Hyères, on opère des semis en avril pour pouvoir récolter des haricots verts de mai à la fin de juillet. Les semis qu'on exécute en août fournissent des gousses vertes pendant l'automne. Tous ces semis sont exécutés sur des terrains arrosables.

SEMENCES. — Les semences de haricot conservent très longtemps leur faculté germinative lorsqu'elles restent dans leurs cosses. On a fait germer des graines qui étaient restées dans l'herbier de Tournefort pendant près d'un siècle.

Quoi qu'il en soit, dans les circonstances ordinaires, on ne doit pas faire usage de graines ayant plus de deux à trois années.

Il importe, en outre, de bien choisir les semences, eu égard à la variété qu'on veut cultiver ; bien peu de variétés conservent tous les caractères ou les qualités qui les distinguent, surtout lorsque plusieurs variétés sont cultivées les unes à côté des autres.

Enfin, on ne doit pas oublier que les graines qui ont été altérées par la pluie avant la récolte et qui ont des taches brunes, ne germent pas toujours très facilement.

EXÉCUTION DES SEMIS. — La culture du haricot varie suivant le but qu'on se propose.

On peut demander aux haricots : 1° Des haricots verts et des haricots secs; 2° des haricots verts et des haricots écossés frais; 3° des haricots écossés frais et des haricots secs.

On sème le haricot de deux manières : 1° en poquets, ou en touffes, ou en augets; 2° en lignes ou en rayons.

La culture en rayons n'est pas celle qu'il faut adopter quand on veut récolter des haricots verts. Dans cette circonstance, on doit semer les haricots en poquets.

Lorsque les *haricots nains* semés en *touffes* ou *augets* ont bien végété, les plantes, à cause de leur nombre, se protègent mutuellement par leurs feuilles et fournissent de l'ombre aux gousses, ce qui permet à celles-ci d'être plus fines et surtout plus tendres. Les touffes faibles se défendent mal de la sécheresse ou des grandes chaleurs, et elles sont toujours moins productives en haricots verts que les touffes fortes et bien garnies.

Mais si les touffes bien fournies, comme cela a lieu, par exemple, pour le *haricot jaune de Chine* (fig. 17), sont très favorables à la production des *haricots verts* et même à celle des haricots frais écossés, elles ont de grands inconvénients quand on ne leur demande que des *haricots secs,* parce que leurs gousses mûrissent moins bien et moins promptement, privées souvent, comme elles le sont vers la fin de l'été, de l'action directe de la lumière et de la chaleur solaire.

Les *poquets*, ou *fossettes*, ou *trochées*, se font avec la binette ou la houe pleine. On les dispose en échiquier ou, ce qui vaut mieux, en quinconce, et on les éloigne en moyenne les uns des autres de 0^m.30 à 0^m.35, et quelquefois, dans les sols riches, de 0^m.40 à 0^m.50.

Chaque poquet ou *touffe*, profond de $0^m.05$ à $0^m.07$, reçoit de 5 à 6 graines, selon leur grosseur et la fertilité du sol. On a soin de les espacer les unes des autres.

▦ Dans la petite et la moyenne culture, on recouvre le premier poquet avec la terre provenant de l'auget suivant ou du poquet voisin. Lorsqu'on sème ainsi les haricots, les ouvriers vont devant eux, et les femmes ou les enfants qui les accompagnent marchent à reculons.

Les terres chaudes, bien exposées, ou les terrains en co-

Fig. 17. — Haricot jaune de Chine.

teaux situés au midi dans la région septentrionale, con viennent très bien pour les semis hâtifs.

Les *semis en lignes* ou en *rayons* sont surtout en usage dans la culture du haricot sec. Dans la moyenne culture, on trace les rayons à l'aide d'une *charrue légère* ou d'un *rayonneur*. La petite culture ouvre ces raies avec une binette à lame étroite ou une serfouette, sans se servir d'un cordeau. Les rayons, dans les circonstances ordinaires, sont distants les uns des autres de $0^m.40$, $0^m.50$ ou $0^m.65$, suivant le développement que peuvent prendre les tiges. Ces raies ont aussi de 0^m.06 à 0^m.08 de profondeur, selon la grosseur des graines qu'elles peuvent recevoir et la nature de la couche arable.

La profondeur des rayons, dans les terres les plus légères et les plus meubles, ne doit pas excéder 0^m.10 à 0^m.12.

Les femmes ou les enfants chargés de répandre les semences dans les rayons suivent la marche du rayonneur ou de la charrue, ou elles accompagnent les ouvriers. Les graines qu'elles déposent dans le fond des sillons doivent être espacées de 0^m.10 à 0^m.15 quand elles sont volumineuses, et de 0^m.07 à 0^m.08 lorsqu'elles sont petites.

On recouvre les graines avec le *râteau* ou à l'aide d'une *herse légère* à dents courtes et un peu rapprochées.

Quand, dans le midi de l'Europe, on sème des haricots après une récolte de froment, on irrigue le sol, si cela est possible, pendant deux ou trois jours. Alors on le laboure et on opère le semis. Les haricots ainsi cultivés mûrissent leurs graines pendant le mois de septembre ou octobre.

Les graines que l'on enterre trop profondément pourrissent aisément quand le temps devient pluvieux après le semis, ou lorsque des froids tardifs retardent leur germination.

Les semences de haricot de bonne qualité germent ordinairement du douzième au quinzième jour.

Quand on est forcé de semer des graines ayant deux à trois ans, on a intérêt à les faire tremper avant de les confier à la terre. Ce *trempage* rend la germination moins lente.

Les *haricots à rames* doivent être semés en lignes sur des terrains labourés en planches ayant 1^m.30 à 1^m.70 de largeur et séparés par un large sentier. Cette disposition a l'avantage de rendre la cueillette des gousses plus facile et plus prompte. Chaque planche comprend 2 à 3 lignes de haricots.

3.

Les haricots qu'on sème en pleine terre au commencement de l'automne dans la zone littoralienne de la Provence et de l'Algérie doivent être parfois protégés contre le froid durant la nuit par des abris mobiles.

Les semis des haricots destinés, à Malaga (Espagne), à fournir des *haricots verts* se font en poquets d'abord en août, puis ensuite en décembre.

On les irrigue quand cela est nécessaire. Ces haricots fournissent des produits : 1° d'octobre à décembre ; 2° de janvier à avril.

QUANTITÉ DE SEMENCES. — La quantité de semences nécessaire pour semer un hectare varie suivant la grosseur des graines, l'espacement des poquets ou des lignes et la richesse du sol.

En général, il faut pour ensemencer convenablement un hectare de 120 à 150 litres de semences.

Les haricots au point de vue agricole conservent leur faculté germinative pendant deux à trois ans.

Soins d'entretien.

HERSAGE. — Quand, après le semis, il survient des pluies battantes, on ne doit pas hésiter, si la terre se durcit superficiellement, d'opérer un râtelage ou un hersage léger sur toute la surface du champ. Par cette opération, on ameublit et on divise la couche arable et on facilite, par là, la sortie des cotylédons des haricots.

Ce hersage ne doit pas être fait avant que le soleil ait séché en partie la surface du sol.

BINAGES. — On opère le *premier binage* des haricots lorsque les plantes ont de deux à trois feuilles, ou $0^m.10$ à $0^m.15$ de hauteur.

Quand, sur les terres un peu argileuses et sur celles qui se durcissent après les grandes pluies, on n'exécute pas le râtelage ou le hersage dont je viens de parler, on opère le premier binage lorsque tous les haricots sont levés.

On donne le *second binage* quand les haricots commencent à fleurir.

En exécutant cette seconde façon, on a soin de *butter* ou de *chausser* les touffes ou les lignes. Ce buttage maintient plus de fraîcheur à la base des plantes, et il leur permet de mieux végéter pendant les grandes chaleurs.

On ne doit jamais biner les haricots quand leurs feuilles sont mouillées.

Lorsqu'on cultive le haricot pour son grain sec, on exécute quelquefois un *troisième binage* quand toutes les gousses sont bien formées.

ARROSAGES. — En Égypte, en Italie, en Algérie, dans le midi de la France, etc., on cultive très souvent à l'arrosage les haricots auxquels on demande des haricots verts ou des haricots écossés.

Ces arrosements ne se font pas par déversements. Ils ont toujours lieu par infiltration. Ainsi, on ouvre des rigoles entre les lignes des haricots et on y fait arriver l'eau en évitant qu'elle se répande sur le sol, ce qui nuirait aux plantes. L'eau qui séjourne dans les rigoles s'infiltre dans la couche arable et l'imbibe suffisamment pour que les haricots résistent aux plus fortes chaleurs. Ces arrosements sont répétés une ou deux fois chaque semaine selon la nature du sol et la température de l'atmosphère.

Il est prudent d'agir avec la plus grande circonspection ; lorsqu'on arrose trop fréquemment, les haricots *s'emportent* ou végètent avec trop de vigueur; alors ils produisent peu parce qu'ils fleurissent mal ou qu'un grand nombre de leurs *fleurs coulent* ou avortent.

A Alicante, Murcie, Valence, la culture du haricot a lieu aussi à l'arrosage. Les semis sont faits successivement depuis le mois de mars jusqu'à la fin de novembre. Ces semis successifs permettent de faire annuellement deux ou trois récoltes.

RAMES. — Si les opérations concernant l'ameublissement et le nettoiement du sol sont à peu près les mêmes dans la culture des haricots à rames et dans celle des haricots nains, on ne doit pas oublier que les variétés grimpantes ne peuvent se soutenir d'elles-mêmes et qu'elles exigent par conséquent des tuteurs plus ou moins élevés, selon la hauteur à laquelle leurs tiges parviennent normalement.

Les *rames* à l'aide desquelles on soutient les tiges volubiles des haricots sont des *gaulettes* de châtaignier, de pin maritime ou de saule, ou de petites branches de chêne, etc., ayant de 1^m.65 à 2 et même 3 mètres de longueur.

Avant de les ficher en terre on les appointille.

C'est lorsque les haricots commencent à *filer* qu'on pose les rames. Il est très utile de les implanter de manière qu'on puisse circuler librement dans les sentiers qui séparent les planches.

Fig. 18.
Haricots à rames.

On les fiche en terre comme l'indique la figure 18, c'est-à-dire les unes contre les autres.

Ainsi disposées, les rames ne s'opposent pas à l'action de la lumière et de la chaleur sur les tiges, les feuilles et les gousses, et elles ne rendent pas la cueillette des cosses plus difficile.

Les haricots grimpants qu'on cultive avec le maïs ou le sorgho n'ont pas besoin de tuteurs. Ces céréales leur servent de rames.

Récolte.

MATURITÉ. — La cueillette des *haricots verts* se fait dès que les gousses sont bien formées et avant qu'elles renferment des grains bien apparents. Alors elles sont petites, fines et très tendres, et leur valeur commerciale est beaucoup plus élevée que lorsqu'elles ont atteint un plus grand développement.

La récolte des cosses qui doivent fournir des *haricots écossés frais* a lieu quand les grains ont assez de consistance pour ne pas être écrasés très aisément entre les doigts.

Les cosses qui doivent donner des *haricots secs* sont récoltées lorsqu'elles sont jaunâtres et sèches et qu'elles renferment des graines mûres.

ÉPOQUE DE LA RÉCOLTE. — En Égypte, on récolte les haricots secs depuis le mois d'avril jusqu'en juin.

En France, cette récolte a lieu depuis le mois d'août jusqu'en septembre, suivant la précocité des variétés. En Algérie, cette récolte se prolonge jusqu'en novembre.

Les *haricots verts* et les *haricots écossés* frais sont récoltés en France pendant les mois de juillet, août et septembre. En Algérie, les premières expéditions de haricots verts pour la France commencent vers le 15 décembre.

CUEILLETTE DES HARICOTS VERTS. — La récolte des haricots verts se fait le matin après la rosée.

Il est très utile dans cette récolte de ne laisser sur les touffes que les gousses ou *aiguilles* qui sont trop peu développées pour être vendues avec avantage et celles qui sont très développées et qui s'allieraient mal avec les haricots verts fins. L'uniformité dans le produit récolté a une grande importance aux yeux des acheteurs.

Les femmes qui sont chargées de la cueillette des haricots verts ont devant elles un grand tablier relevé eu forme de poche ou elles ont à côté d'elles un panier ou vendangeoir ; elles se servent de leurs deux mains.

On renouvelle cette récolte une fois au moins chaque semaine.

RÉCOLTE DES HARICOTS ÉCOSSÉS FRAIS. — Les gousses des *haricots nains* qui sont trop fortes pour être vendues comme haricots verts continuent à végéter. Lorsqu'elles renferment des grains bien formés, on les récolte et on les vend pour être écossées et fournir des *haricots frais*.

La récolte des mêmes gousses se fait aussi successivement sur les *haricots à rames*. Ces gousses, au moment où on les cueille, sont plus ou moins développées et vert jaunâtre selon le volume des grains qu'elles renferment.

Dans les circonstances ordinaires, les gousses qui fournissent des haricots écossés frais sont arrivées aux deux tiers de leur maturité. Les *gousses des haricots beurres* ont une belle *couleur jaune*.

RÉCOLTE DES HARICOTS SECS. — La récolte des haricots secs présente certaines difficultés, parce que les gousses mûrissent inégalement.

Les *haricots à rames* sont ceux qu'on récolte plus lentement. On doit cueillir les gousses à mesure qu'elles mûrissent, en évitant de rompre les tiges. Les cosses qu'on a ainsi récoltées sont étendues sur une toile au soleil ou dans un grenier aéré. Quand elles sont sèches, on les réunit en tas en ayant le soin de les remuer de temps à autre afin de prévenir toute fermentation.

Les *haricots nains* ayant toujours une végétation plus régulière que les haricots à rames, peuvent être arrachés quand leurs dernières gousses sont en partie sèches ou presque mûres et lorsque la plupart de leurs feuilles sont tombées. Les *haricots flageolets verts* (29) doivent être récoltés avant leur complète maturité et séchés à l'ombre.

On ne doit pas oublier que les grains des gousses arrivées à maturité et qui touchent une terre humide se tachent avec une grande facilité.

Les femmes chargées d'opérer l'arrachage des haricots doivent agir de préférence le matin ou le soir, si les cosses sont assez sèches pour s'ouvrir sous l'action du soleil et laisser échapper une partie des graines qu'elles contiennent.

À mesure qu'elles arrachent les tiges, elles frappent légèrement les racines sur leurs chaussures pour en détacher la terre et elles les tiennent ensuite dans la paume de la main gauche, les têtes dirigées vers le sol et les racines en l'air.

Les tiges, après avoir été arrachées, sont réunies par *poignées*, mises en *petites bottes* avec de la paille de seigle, du roseau à demi fané ou du jonc et amoncelées ensuite en petites meules qu'on couvre de ramille ou de paille. Quand les cosses sont sèches on les rapporte à la ferme dans des véhicules garnis intérieurement d'une toile.

Ces bottes sont souvent accrochées, les racines en haut (fig. 19), à des clous fixés sur la façade de bâtiments protégée par un avant-toit très prononcé, ou on les fixe aux pointes des échalas ou des treillages formant des clôtures, ou bien encore on les met à cheval sur des perches placées horizontalement sur les poutres ou entraits des hangars, des granges ou des greniers.

Cette aération a pour but la dessiccation définitive des gousses ou la maturité complète des graines. Elle n'est parfaite que lorsque les tiges et les cosses ne subissent pas l'action de la pluie.

Les variétés qui ont des *grains verts* lorsqu'elles sont arrivées à maturité ont une grande tendance à dégénérer et à produire des haricots blancs. Pour que les grains de ces races (29) conservent une nuance verdâtre bien accusée, il est indispensable de les arracher par une belle journée *avant leur maturité* et de les soustraire à l'action de la pluie et du soleil.

EXPÉDITION DES HARICOTS VERTS. — Les *haricots verts* ne peuvent être expédiés sur les marchés que dans de grandes *mannes en osier*, dans des *paniers* ou des sacs. Il est très important que ces produits herbacés ne subissent pas de pression pendant leur transport.

Les *haricots verts* qu'on expédie d'Alger ou de la basse Provence dans le nord de la France sont emballés dans des paniers ou des corbeilles en roseaux tressés, afin qu'ils soient aérés pendant le transport. En 1894, un seul agriculteur, M. de Sainte-Foix, a expédié d'Alger en France 60 000 kilog. de haricots verts et 30 000 kilog. de têtes d'artichaut.

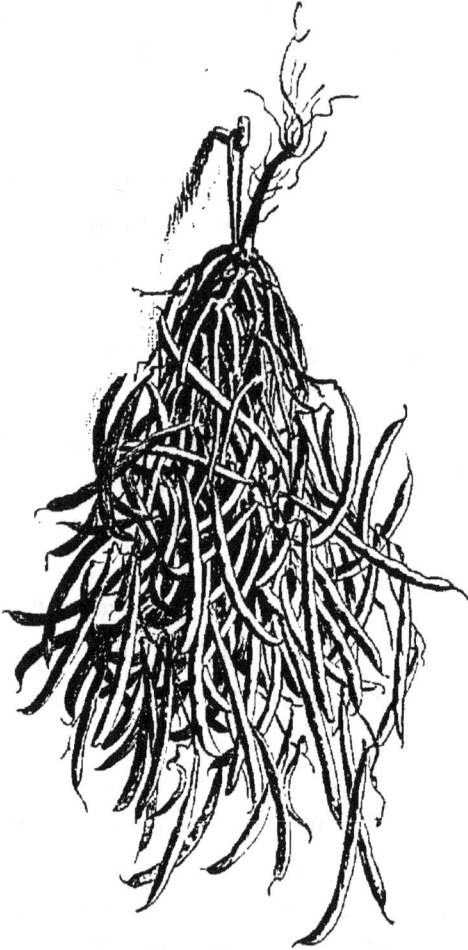

Fig. 19. — Haricot arrivé à maturité.

Les gousses vertes qu'on expédie dans des sacs ou celles qui, emballées dans de mauvais paniers, sont fortement pressées pendant les expéditions, brunissent promptement et perdent par conséquent de leur fraîcheur et de leur bon aspect pour la vente.

Enfin les haricots verts qui ont plusieurs jours de cueillette se flétrissent, deviennent un peu mous et ils ont moins de valeur commerciale. Ceux qui viennent de l'Algérie pendant l'automne et l'hiver arrivent assez souvent en mauvais état, par suite de l'action de la gelée.

Les cosses qui contiennent des haricots à écosser frais peuvent aussi éprouver des détériorations si elles subissent de très fortes pressions dans les paniers et dans les sacs.

Les haricots verts et les cosses contenant des grains frais ne doivent pas être emballés en grande masse lorsqu'ils sont chargés d'humidité.

La basse Provence produit des *haricots verts fins* jusqu'en octobre et novembre.

Un sac de haricots à écosser frais pèse 50 kilog.; il rend de 36 à 38 litres de haricots. Un sac de haricots verts pèse 55 kilog.

Battage des cosses. — Le battage des cosses sèches a lieu pendant l'automne et l'hiver sur une aire de grange aussi propre que possible. On l'opère au fléau ou à la gaule en agissant avec modération, afin de ne pas écraser les grains.

Quelquefois, au lieu de battre les gousses du haricot de Soissons ou du haricot sabre, on les écosse à la main pendant les soirées d'automne ou d'hiver.

Après le battage au fléau ou à la gaulette, on nettoie les haricots avec le van ou au moyen du tarare, puis, s'ils sont encore un peu humides, on les étend dans une chambre ou un grenier pour qu'ils achèvent de sécher.

Plus tard, on peut les mettre dans les sacs pour les soustraire à l'action de la poussière, qui a l'inconvénient de les ternir et de modifier défavorablement leur couleur normale.

On a intérêt à n'opérer le battage qu'au fur et à mesure des besoins, parce que, en général, les *haricots se conservent mieux dans leurs cosses* que quand ils ont été égrenés.

Les haricots blancs qui subissent longtemps l'action de l'air perdent toujours leur belle couleur blanche et prennent une teinte blanc grisâtre ou blanc jaunâtre terne.

TRIAGE DES HARICOTS. — Avant de livrer les haricots secs à la vente, on les trie sur une table pour séparer les grains cassés ou altérés des belles semences.

Ce *triage* n'est pas très coûteux, parce qu'il est rapide et qu'il consiste à séparer les *grains tachés*, mais il permet de livrer à la consommation des haricots ayant une plus grande valeur commerciale.

Rendement.

GRAINS. — Le haricot n'est pas très productif. Dans les circonstances ordinaires, lorsqu'il est bien cultivé, il donne par hectare de 15 à 18 hectolitres de grains secs.

Les espèces les plus productives, cultivées sur des terres légères, mais substantielles et favorisées par une température convenable, donnent, en moyenne, de 20 à 25 hectolitres sur la même surface.

La production moyenne de la France a été évaluée, en 1882, de 16 à 20 hectolitres de haricots secs par hectare.

Il faut des circonstances exceptionnelles pour espérer, comme en Italie et en Alsace, des récoltes s'élevant quelquefois jusqu'à 30 et même 40 hectolitres.

Dans les bonnes cultures de haricots nains, on récolte par hectare :

Haricots verts	800 à 1,000	kilog.
— écossés frais........	500 à 600	litres.
— secs	1000 à 1200	—

Un hectolitre de haricots de bonne qualité pèse de 75 à 82 kilogrammes.

Voici les poids moyens des diverses variétés :

Riz, Princesse, Prédomme....	830 à 840 gr.	le litre
Suisse, Orléans	780 à 800	—
Prague, coco	790 à 830	—
Flageolet divers	770 à 810	—
Bagnolet, noir de Belgique ..	850 à 765	—
Soissons, Liancourt	720 à 750	—

PAILLE. — Le rendement en paille des haricots nains varie entre 1 000 et 1 500 kilogrammes par hectare. Le poids de la paille des haricots à rames s'élève jusqu'à 4 000 et 5 000 kilogrammes.

Emplois des produits.

Le haricot est mangé en *vert, écossé frais* et en *sec*.

Les gousses des *Haricots mangetouts* sont consommées quand elles sont encore vertes et lorsque les graines qu'elles contiennent sont bien formées.

Les haricots secs durcissent toujours quand on les fait cuire dans une eau séléniteuse, par suite de l'espèce d'incrustation qui les couvre lorsqu'ils sont cuits.

On doit, autant que possible, les faire cuire dans l'*eau douce* ou l'*eau de pluie*. Quand, par nécessité, on est forcé d'employer de l'*eau crue*, ou qui ne dissout pas le savon, il faut mettre parmi les haricots un nouet contenant des cendres de bois non lessivées. Les cendres ainsi utilisées fournissent à l'eau de la potasse et de la soude, sels alcalins qui rendent la cuisson plus parfaite.

Les haricots vieux sont bien inférieurs en qualité aux haricots nouveaux.

Le commerce, dans les grandes villes, fait quelquefois

tremper des haricots vieux dans de l'eau tiède pendant 10 à 12 heures, puis dans l'eau bouillante et ensuite dans l'eau froide, dans le but de les ramollir, de les débarrasser de la poussière qui y adhère et de leur donner le brillant qu'ils ont perdu. Après ce trempage, on les fait sécher dans des couvertures de laine, et on les vend comme haricots frais écossés. Cette fraude peut donner lieu à des poursuites en police correctionnelle. Les haricots qu'on a ainsi préparés ne se gardent pas.

Les haricots vieux ainsi préparés pèsent moins que les autres par suite de leur augmentation de volume et ils doivent être livrés à la vente dans un court délai, parce qu'ils s'altèrent promptement.

Lorsqu'on veut *conserver des haricots verts*, on ôte les pointes ainsi que les fils des gousses en ayant soin de ne pas les casser, puis on les jette dans l'eau bouillante. Au bout de quelques minutes on les retire, on les laisse égoutter, et quand elles sont ressuyées, on les dessèche dans un four après la cuisson du pain. On les conserve dans des boîtes à l'abri de l'humidité. Avant de faire cuire ces haricots conservés, on les laisse séjourner quelques heures dans l'eau tiède pour qu'ils gonflent et qu'ils reprennent leur couleur verte.

La *farine* de haricot n'est pas panifiable, mais elle sert à faire d'excellents potages et des bouillies ou purées. Cette farine est impalpable.

Avant de moudre les haricots, on les fait bien sécher.

Quelquefois, on utilise la farine provenant de haricots blancs déjà vieux pour falsifier la farine de froment. Le pain que fournit la farine de blé ainsi fraudée est lourd et mat.

La *paille* de haricot est utilisée comme litière ; on en donne quelquefois aux bêtes à cornes ou aux bêtes à laine **comme aliment.**

On peut l'employer aussi comme combustible quand elle est bien sèche.

Valeur des haricots.

La valeur commerciale des *haricots secs* varie suivant les années. Au 15 novembre dernier les haricots avaient à la halle de Paris les valeurs suivantes :

Haricot de Soissons............	42 à 44 fr.	l'hect.
— de Liancourt...........	35 à 40	—
— flageolet..............	40 à 42	—
— de Chartres...........	22 à 26	—
— suisse blanc...........	35 à 38	—

Le *haricot coco rose*, le *haricot coco rouge* et le *haricot suisse rouge* valaient 27 à 30 fr. les 100 kilog.

Les haricots vieux, c'est-à-dire de trois ans, ont moins de valeur commerciale. On les vend néanmoins sur tous les marchés. J'ai dit précédemment comment on les utilisait.

Le cultivateur qui ne peut vendre les haricots qu'il a récoltés parce que les prix du commerce ne sont pas suffisamment rémunérateurs, doit les conserver dans leurs cosses. Lorsque celles-ci sont suspendues dans un bâtiment à l'abri de la pluie ou de l'humidité, les grains conservent très bien leur couleur normale et leur brillant.

En général, l'agriculteur a intérêt à vendre ses haricots vers la fin de l'automne et avant le moment où ces graines sont généralement utilisées dans les ménages. Après cette époque, à moins de circonstances exceptionnelles, leur vente est plus difficile et elle se fait toujours à des conditions moins avantageuses.

Les haricots verts et haricots écossés, dits *légumes de primeur*, ont une valeur commerciale assez élevée.

Les *haricots verts* importés de l'Algérie et de l'Espagne

à Paris ont aussi une grande valeur commerciale. De novembre à avril le prix des *haricots verts fins* varie, suivant les circonstances, de 100 à 300 fr. les 100 kilog., celui des *haricots moyens* de 80 à 200 fr. et celui des *haricots verts gros* de 50 à 100 fr. L'Algérie cesse d'en expédier vers le mois de février ou mars.

Ceux qui sont expédiés d'Hyères à la même date se vendent de 80 à 100 fr.

C'est en mai et juin qu'on voit de nouveau arriver à Paris les *haricots verts* ou en *aiguilles* récoltés à Barbantane, Aramon, Ollioules, Arles, Château-Renard, Cavaillon, Angers, Saumur, etc.

Leur valeur à la halle de Paris est plus ou moins élevée selon leur finesse. Au début elle atteint jusqu'à 100 et 120 fr. pour s'abaisser à 30 fr. les 100 kilog. à la fin de juillet. Le 4 novembre dernier les haricots provenant de l'Algérie et de la basse Provence valaient de 45 à 110 fr.

Les haricots de toute provenance y sont vendus de 25 à 40 fr. les 100 kilog. au premier août. Ceux expédiés en octobre de Barbentane et d'Hyères valent à la halle de Paris, les *fins*, de 60 à 100 fr., les *moyens*, de 50 à 60 fr. et les *gros*, de 34 à 38 fr. les 100 kilog.

Le *haricot beurre* se vend toujours un peu plus cher que les autres haricots, parce qu'il est très recherché et qu'il appartient à la catégorie des *haricots mangetout*. En juillet et août, on le vend de 30 à 32 fr. les 100 kilog.

Les *haricots frais écossés* sont vendus pendant l'été de 0 fr. 60 à 0^m.75 le litre, selon qu'ils appartiennent aux races dérivées du *haricot flageolet* ou du *haricot flageolet Chevrier* ou à celles du *haricot de Soissons*.

En général, les haricots frais écossés *blancs* ou *verdâtres* ont plus de valeur que les haricots gris, noirs ou rouges.

Les *haricots verts* qui arrivent détériorés sur les marchés **perdent plus ou moins de leur valeur.**

Les variétés les plus cultivées dans les départements voisins de Paris sont les suivantes :

1. VARIÉTÉS A RAMES.		2. VARIÉTÉS NAINES.	
2. Haricot de Soissons.		26. Haricot de Soissons.	
3.	— de Liancourt.	27.	— sabre nain.
4.	— sabre.	29.	— flageolet et ses variétés.
5.	— riz.	37.	— noir de Belgique.
11.	— princesse.	44.	— Bagnolet.
12.	— prédomme.	51.	— princesse nain.
13.	— coco blanc.	55.	— de la Chine.
17.	— sabre noir.	56.	— d'Alger noir.
22.	— Prague blanc.	57.	— prédomme.

Ces diverses variétés fournissent les gousses vertes, ou *haricots verts* ou *haricots en aiguilles*, des *gousses mange-tout*, des *haricots écossés* et des *haricots secs*.

Les haricots cultivés pour leurs grains secs occupent chaque année d'importantes surfaces dans l'Orléanais, le Nivernais, la Bourgogne, la Champagne et Picardie.

La culture des haricots qui fournissent des gousses vertes et des grains écossés frais, occupe de grandes surfaces dans les contrées où il existe des fabriques de conserves suivant la méthode Appert.

CHAPITRE II

LA FÈVE ET LA FÉVEROLE

Plante dicotylédone de la famille des Légumineuses.

Anglais. — Bean.
Allemand. — Bohnen.
Russe. — Boohii.
Italien. — Fava.
Espagnol. — Haba.

Portugais. — Fava.
Hébreux. — Phul.
Égyptien. — Foul.
Arabe. — Albâquali.
Javanais. — Kachang.

Historique.

La fève est connue comme plante alimentaire depuis la plus haute antiquité. Elle a été signalée par Ézéchiel, David et Samuel, et elle a été introduite en Chine 2822 avant l'ère chrétienne par l'empereur Chin-Nong.

Si les Hébreux ont cultivé cette légumineuse dès les premiers âges du monde, les Égyptiens, pendant longtemps, l'ont regardée comme impure. C'est pourquoi ils n'en mangeaient pas; et c'est pour le même motif qu'on n'en a point trouvé dans les catacombes de la haute et de la basse Égypte.

Les Grecs ont aussi connu la fève; mais tout le monde ne mangeait pas son grain. Pythagore et plusieurs autres philosophes en condamnaient l'usage. Ils croyaient qu'elle engourdissait les sens. Cette légumineuse, pendant longtemps, a été regardée en Grèce comme sacrée; on l'utilisait alors dans les Éleusinies, fêtes qu'on célébrait annuellement dans le magnifique temple de Cérès construit à Éleusis par Périclès, en l'honneur des dieux des fèves (*Kuamos*).

Les Romains ont aussi regardé la fève comme une plante alimentaire. Ils la reçurent de l'Asie. Sa farine, selon Pline, était appelée *lomentum fabacum*. On l'associait à celle du froment et du millet dans la fabrication du pain. Suivant Varron, ce pain était bon, mais les sacrificateurs ne pouvaient en manger.

À Rome, comme dans la haute Italie, les fèves étaient utilisées dans les cérémonies du paganisme ou les fêtes religieuses (*Fabariæ calendœ*). Ainsi, on en offrait aux dieux ou on en mangeait dans les *parentales* ou repas funèbres. On croyait alors que la fleur de cette plante renfermait les âmes des morts et qu'elle contenait des lettres lugubres ; en outre, leur tache noire et leurs ailes blanches étaient considérées comme le symbole du deuil et de la mort.

À Paris, au seizième siècle, on se disputait les petites fèves sur les marchés lorsqu'elles étaient tendres. Dans les repas importants appelés *champeaux,* on ne manquait pas d'en faire servir chez soi, particulièrement vers le temps de la foire du *landit,* ce qui faisait nommer ces petites légumineuses *fèves du landit.*

De nos jours, la fève est cultivée en Europe, en Égypte, en Chine, à Java où elle est appelée *Hachong,* au Japon, en Amérique, dans le Soudan, à Madagascar, dans les pays des Hottentots, dans le Zanzibar et le Zanguebar. Chaque année, elle occupe de grandes surfaces en France, en Angleterre, en Allemagne et en Italie. On la cultive aussi dans l'Abyssinie.

J'ai dit précédemment que les Égyptiens regardaient la fève comme impure ; ils remplaçaient cette légumineuse par la graine d'une nymphacée qui végétait alors dans les lacs et les canaux de la basse Égypte. C'est, en effet, cette belle **plante aquatique, à fleurs roses, et à laquelle on a**

4

donné le nom de *Nelumbium speciosum*, qui fournissait ces graines oblongues, noirâtres, farineuses, que les Égyptiens appelaient *fèves d'Égypte*, et qui, suivant Théophraste et Hérodote, leur servaient à faire du pain.

La *fève grecque* de Dioscoride était la graine du *micocoulier* (CELTIS AUSTRALIS, L.). Cette graine est aussi arrondie; sa grosseur égale celle du lis du Nil.

En France, la fève occupe annuellement 150000 hectares. Les départements où elle couvre les plus grandes surfaces sont les suivants : Pas-de-Calais, 27772 hect.; Nord, 9627 hect.; Vendée, 9168 hect.; Tarn-et-Garonne, 8363 hect.; Haute-Garonne, 8191 hect.; Gers, 7550 hect.; Aisne, 6556 hect.; Lot et Garonne, 6100 hect.; Côte-d'Or, 5238 hect.; Tarn, 4875 hect.

D'après ces données statistiques, la culture de la fève est surtout pratiquée dans la région du Nord et dans celle du Sud-Ouest. Sa culture a aussi une certaine importance dans les contrées méridionales.

La production totale annuelle s'élève à 3 millions d'hectolitres.

Conditions climatériques.

La fève est une plante robuste et elle peut être cultivée dans toutes les contrées où le froment mûrit ses grains.

En général, la réussite de cette légumineuse résulte plutôt de la nature du sol et de l'époque des semis que des conditions climatologiques. Ainsi, cultivée dans des terres qui lui conviennent, elle réussit aussi bien en Égypte, dans le Bolonais (Italie) et les moëres de Dunkerque (France), que dans les lothians (Écosse).

La féverole dite *féverole d'hiver* est rustique, mais elle ne résiste pas toujours aux grands froids. En général, elle ne réussit bien que sous un climat marin.

La fève commence à végéter quand la température moyenne atteint 6°, mais sa durée de végétation est d'autant plus courte, qu'elle est cultivée dans une contrée plus tempérée. Ainsi dans Provence on la sème en automne et on la récolte depuis avril jusqu'en juin; par contre, en Angleterre, les semis se font en mars et la récolte n'a lieu que vers la fin de septembre.

On cultive la fève dans le Valais, jusqu'à 1700 mètres d'altitude. Dans les Andes équatoriales, sa culture s'élève jusqu'à 3000 mètres au-dessus du niveau de la mer.

La fève est presque inconnue dans l'Indoustan.

Espèces et variétés.

La fève a une racine unique, courte, pivotante et ayant peu de chevelu. Ses tiges sont dressées, droites, creuses, quadrangulaires, rameuses et hautes de 0ᵐ.60 à 1ᵐ.50. Les feuilles sont alternes, ailées sans impaires, presque sessiles et d'un vert noir; elles sont formées de deux à quatre paires de folioles sessiles, ovales, épaisses, glauques, mucronées, munies de deux stipules ovales, larges et semi-agitées. Ses fleurs, réunies au nombre de deux à cinq, sont portées par de courts pétioles et insérées aux aisselles des feuilles; elles sont grandes, blanches avec une large tache noire au milieu des ailes. Ses gousses sont grosses, charnues, plus ou moins allongées, arrondies ou aplaties, à plusieurs renflements, pubescentes ou veloutées en dessous tant qu'elles restent vertes, et coriaces et noires quand elles sont sèches ou mûres. Ses graines sont oblongues, aplaties ou un peu arrondies, suivant les espèces et les variétés : elles ont leur hile situé à l'une de leurs extrémités; leur couleur est jaunâtre, rougeâtre, violacée ou noirâtre.

On cultive deux espèces de fève : 1° la *féverole* (FABA EQUINA), 2° la *fève* (FABA MAJOR).

Ces deux espèces étaient connues des Grecs. Théophraste les signale et il appelle la première *petite fève* et la seconde *grosse fève*. Les Romains connaissaient aussi deux sortes de fève : la *fève blanche* ou *pâle* et la *fève rouge brun* ou noirâtre. L'agriculture nabathéenne en cultivait trois : la *fève de Syrie* dont la graine était grosse et blanchâtre, la *fève d'Égypte* ou à semence grosse et rouge, enfin la *fève noire*, qui était regardée comme la meilleure.

La *féverole a des graines cylindracées*, plus ou moins développées. La *fève a des graines aplaties*, plus ou moins larges et épaisses.

Dans toutes les contrées, la fève est cultivée pour ses graines, qu'on mange en vert ou qu'on réduit en farine lorsqu'elles sont mûres.

I. — FÉVEROLE.

1. Féverole de printemps.

Synonymie : Fève chevaline, — des champs, — à cheval, — petite fève, — féverole d'été, — petite gourgane. — gourgane.

Tige de 1 mètre à 1m.50 ; gousses cylindracées et étroites (fig. 20) : graines courtes, étroites, arrondies, un peu renflées (fig. 21).

Cette féverole a des cosses nombreuses, mais sa graine n'est pas toujours d'une grosseur uniforme. Elle est très cultivée en Égypte comme plante alimentaire. On la sème en automne dans le midi de l'Europe et à la fin de l'hiver dans les régions de l'Ouest, de l'Est et du Nord.

Cette légumineuse a produit diverses races :

1. FÉVEROLE D'ALSACE. — Cette féverole a des tiges très fortes et de hauteur moyenne. Ses cosses sont longues, nombreuses et grenantes. Ses graines sont un peu oblongues, régulières, presque cylindriques, développées et d'une belle couleur blonde.

Cette race est hâtive. On l'appelle aussi *grosse fève de Strasbourg* ou *grosse fève de Hambourg*.

2. FÉVEROLE DE LORRAINE. — Cette race a des tiges un peu moins développées que celles de la féverole d'Alsace ; elle est aussi moins rustique. Ses cosses sont nombreuses ; elles renferment chacune de quatre à cinq graines, qui sont petites et rondes.

Cette féverole est souvent désignée sous les noms de *féverole du pays Messin*, *féverole de Bourgogne*.

3. FÉVEROLE PICARDE. — Cette féverole est vigoureuse et un peu tardive. Sa gousse n'est pas très cylindracée. Ses graines sont de grosseur moyenne, un peu aplaties, assez allongées et régulières.

Cette race est aussi productive que la féverole d'Alsace. Cultivée dans les riches terres de la Flandre ou dans les moëres de Dunkerque, elle produit des graines qui sont très appréciées sur les marchés du Nord.

Cette race est quelquefois désignée sous les noms de *féverole flamande*, *féverole de l'Artois* ; la *féverole de la Vendée* en dérive.

Fig. 21.
Semence
de féverole.

Fig. 20.
Gousse
de féverole.

La féverole est appelée *faverole* par les Flamands et *foul* par les Égyptiens.

100 semences de choix ont les poids suivants :

Féverole de l'Artois..............	70 grammes.
— de Lorraine..............	65 —
— de la Vendée............	78 —

2. Féverole d'hiver ou d'automne.

Tiges plus élevées que celles de la féverole de printemps ; feuillage

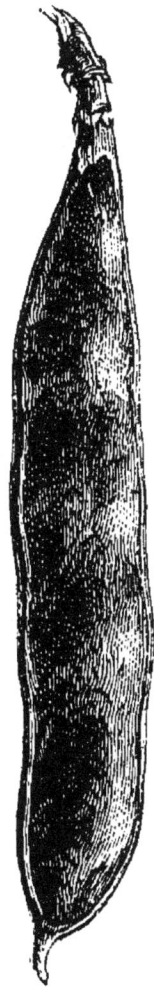

4.

aussi plus étroit ; cosses un peu longues, très cylindracées ; grains petits, arrondis, jaunes ou noirs.

Cette variété est rustique et résiste bien aux froids des hivers ordinaires. Elle est très productive et très hâtive quand elle est cultivée sur des terres un peu fortes, fertiles sans être humides à l'excès pendant l'hiver. On la récolte en juin ou juillet suivant les localités dans lesquelles elle est cultivée.

3. Féverole de Mazagan.

Tiges ayant de 1^m.20 à 1^m.30 de hauteur ; cosses cylindriques, nombreuses, dressées, longues de 0^m.10 à 0^m.14 et contenant quatre à cinq semences ; graines bien remplies, assez larges, un peu aplaties et d'une belle couleur jaune blanchâtre.

Cette race est hâtive et originaire des côtes d'Afrique. Elle est très estimée en Angleterre, où elle est cultivée avec succès sur des terrains de qualité inférieure. Jusqu'à ce jour le climat de la France ne lui a pas été favorable. On l'appelle aussi *fève de Portugal*.

4. Féverole de Héligoland.

Tiges hautes de 1 mètre à 1^m.20 ; cosses petites, très nombreuses, cylindriques, à trois ou quatre semences ; graines oblongues, arrondies et petites.

Cette variété a été très recommandée en Angleterre, mais chaque année on l'abandonne à cause de la petitesse de ses graines. Cette féverole est aussi rustique et aussi précoce que la féverole d'hiver. En Angleterre, on la sème depuis le mois d'octobre jusqu'au mois de janvier.

Le poids des petites semences varie de 31 à 47 grammes.

II. — FÈVE.

1. Fève naine hâtive.

Tiges trapues, de 0^m.40 à 0^m.50 ; fleurs blanches ; cosses étroites, dressées, longues de 0^m.07 à 0^m.09 ; graines petites, allongées, un peu arrondies et marquées au centre par une dépression.

Cette race est remarquable par sa précocité. Elle est assez productive. A cause de la faible hauteur de ses tiges, elle convient très bien pour la culture forcée. Aussi la désigne-t-on souvent sous les noms de *fève à châssis*, *fève de Nocéra précoce*.

Cette variété est désignée en Angleterre sous le nom de *fève de Marshall*.

2. Fève julienne.

Synonymie : Petite fève, — fève naine anglaise, — petite fève de marais, — fève de Portugal, — de Mazagan, — mazagane.

Tiges de 0^m.90 à 1 mètre ; fleurs blanches assez petites ; cosses dressées, étroites, nombreuses et presque cylindriques ; graines petites, allongées, plus larges que la *fève naine hâtive* (1), carrées ou tronquées à l'extrémité opposée à l'ombilic et ayant aussi au centre une dépression (fig. 22).

Cette *fève* est aussi très hâtive et rustique ; elle est cultivée de préférence dans les jardins potagers ou maraîchers. Ce n'est qu'accidentellement qu'elle est acceptée par la grande ou la moyenne culture.

3. Fève julienne verte.

Synonymie : Fève petite verte, — verte de Gênes, — naine verte de Back, — naine verte, — verte de la Chine.

Tiges de 0^m.90 à 1 mètre ; fleurs blanches, cosses longues de 0^m.10 contenant deux à trois semences ; graines petites, allongées, quelquefois comme tronquées à l'extrémité opposée à l'ombilic, conservant leur couleur verte en séchant.

Cette variété est plus tardive que la *fève julienne ordinaire* (2). Elle est productive. Ses semences sont de bonne qualité. Leur couleur verte est très belle. Les Italiens l'appellent *faveta*.

4. Fève rouge naine.

Tiges très peu élevées ; fleurs blanches et violacées ; cosses longues de 0ᵐ.07 à 0ᵐ.09 ; graines assez épaisses, quelquefois un peu cylindracées, petites, d'un beau rouge violet ou rouge foncé.

Cette variété est surtout remarquable par sa grande pré-

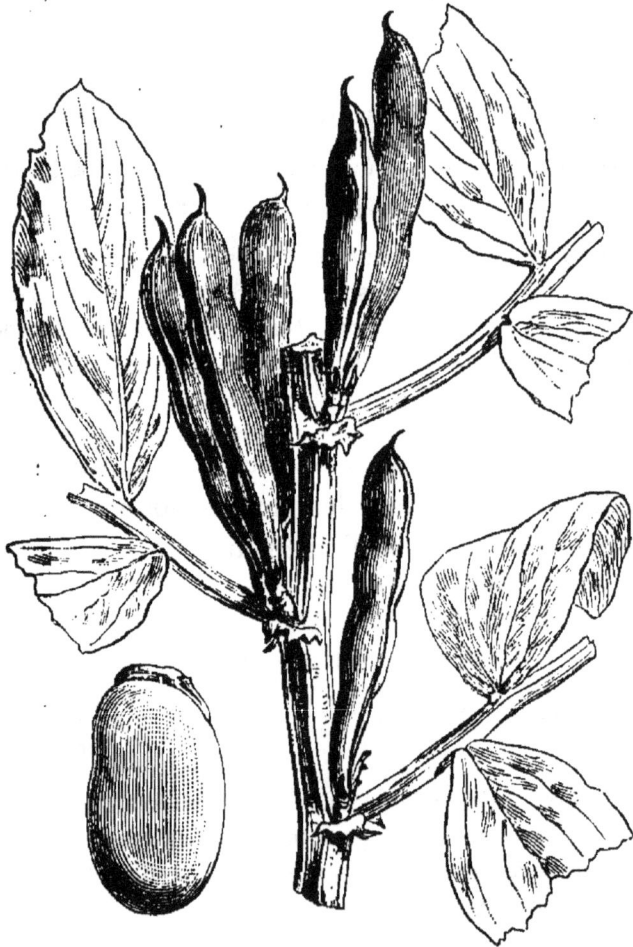

Fig. 22. — Fève julienne.

cocité. Ses semences brunissent en vieillissant. On ne la cultive que dans les jardins.

5. Fève noire.

Tiges élevées de 0ᵐ75 ;
fleurs blanches ; cosses cylindracées, longues de 0ᵐ.10 :
graines moyennes arrondies, un peu aplaties
et d'un beau noir terne ou noir bleuâtre.

Cette variété est peu connue en
France, mais elle est cultivée en Espagne, au Japon, dans la République
Argentine et en Italie où elle conserve la coloration de ses graines.
On l'appelle *fève d'Ascoli, fève noire
de Syracuse, fève catalane.* Elle est
précoce.

6. Fève de marais.

Synonymie : Fève commune, — d'abondance, — grosse fève, — ordinaire, — gourgane.

Tiges fortes et hautes de 1 mètre à 1ᵐ.30 ;
fleurs blanches ; gousses longues de 0ᵐ.10 à
0ᵐ.12, larges de 0ᵐ.025 à 0ᵐ.03 et un peu
aplaties (fig. 23) ;
graines aplaties,
oblongues, et
souvent pen-
dantes à la ma-
turité, plus lon-
gues que larges,
un peu irrégu-
lières, bossuées
et jaunâtres
(fig. 24).

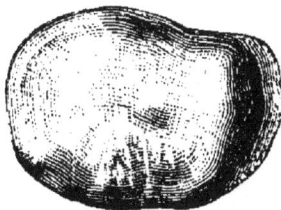

Fig. 24.
Fève de marais.

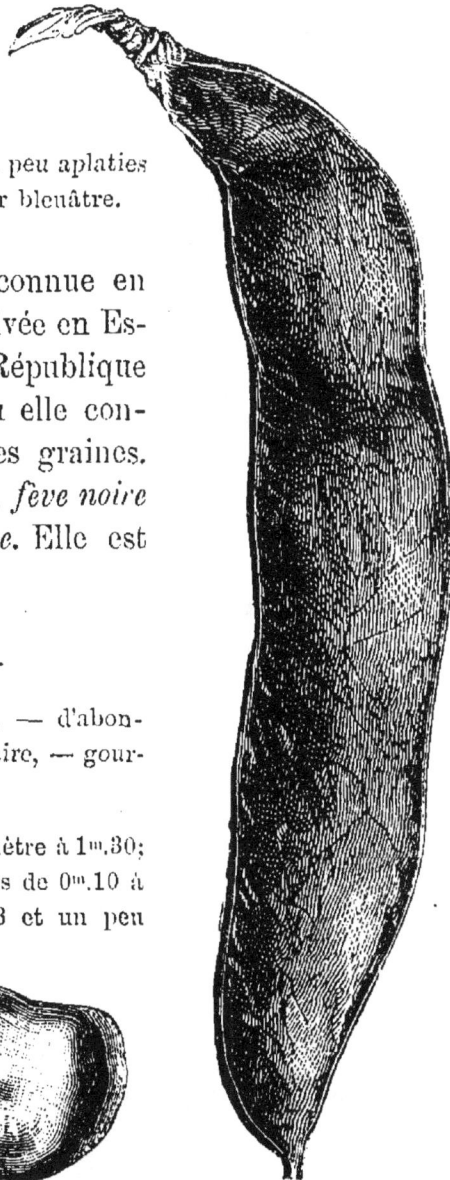

Fig. 23.
Gousse de fève de marais.

Cette fève est la plus estimée ; elle est demi-hâtive et
vigoureuse. On l'appelle quelquefois *fève domestique.*

Cette variété est très cultivée en Algérie par les indigènes, principalement dans l'arrondissement de Constantine.

7. Fève de Windsor.

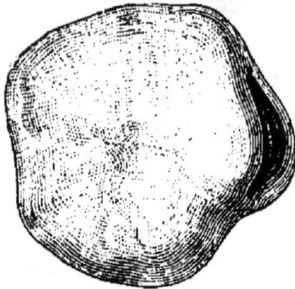

Fig. 25.
Fève de Windsor.

Synonymie : Grosse fève de Windsor, — d'Espagne, — anglaise, — d'Angleterre, — blanche de Windsor, — turque.

Tiges hautes de 1 mètre à 1^m.50; fleurs blanches; cosses grandes, pendantes, réticulées, longues de 0^m.10 à 0^m.12 et larges de 0^m.03 à 0^m.035 réunies par deux; graines larges, courtes, un peu arrondies, régulières et jaunâtres au nombre de 2 à 3 par gousse (fig. 25).

Cette fève est très cultivée en Angleterre. Elle est plus rustique et plus productive, mais moins précoce, que la *fève de marais* (6).

8. Fève à longue cosse.

Synonymie : Fève anglaise à longue cosse, — grosse fève longue, — fève hollandaise.

Tiges de 1 mètre de hauteur; fleurs blanches; cosses longues de 0^m.15 à 0^m.20, un peu renflées; graines grosses, larges, allongées et un peu déprimées au centre.

Cette variété est très productive. Elle est répandue en Angleterre. On doit la cultiver sur de bons terrains.

9. Fève de Séville.

Tiges et feuilles d'un vert blond; fleurs blanches; gousses extraordinaires pour la longueur et la largeur, dressées, un peu déprimées; graines larges, aplaties, très belles, mais ne répondant pas à la beauté des cosses.

Cette variété (fig. 26) est hâtive. Elle est surtout cultivée en Espagne, où elle est très estimée. En France, elle

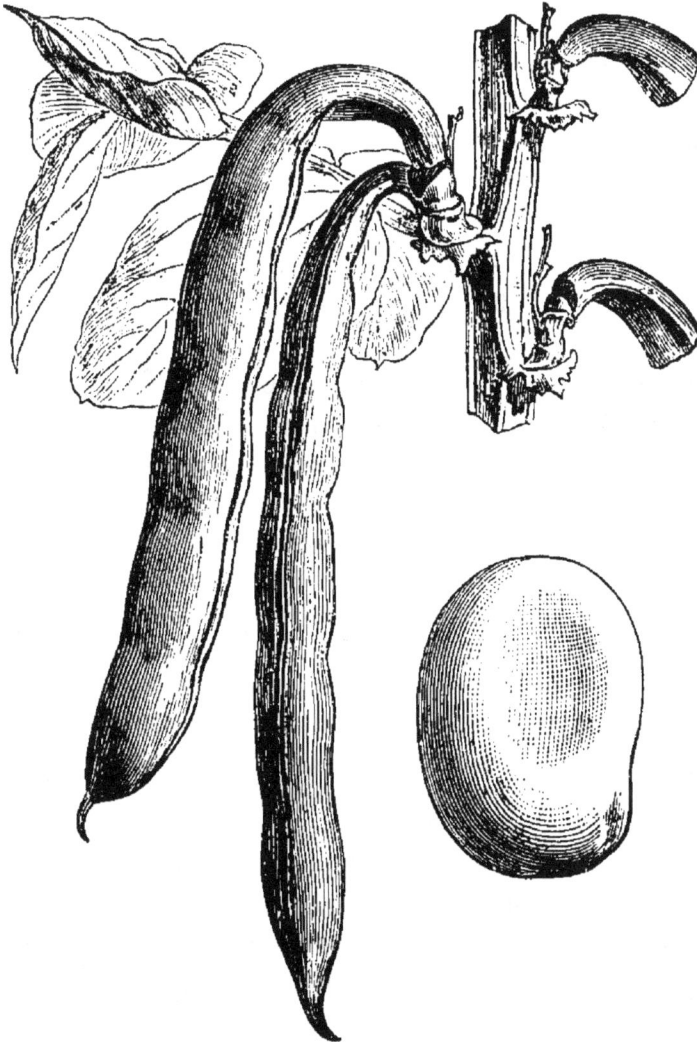

Fig. 26. — Fève de Séville à longue cosse.

n'est pas supérieure à la *fève à longue cosse* (8). On la
nomme aussi *fève d'Aqua-dulce* ou *fève d'Espagne*.

10. Fève de marais verte.

Synonymie : Fève verte, — verte de la Chine, — de Gênes, — verte
commune, — toujours verte, — grosse fève verte.

Tiges ayant en moyenne 1ᵐ.20 de hauteur; fleurs blanches; gousses longues de 0m.10 à 0m.12; larges, un peu aplaties; graines oblongues, larges, aplaties et vertes.

Cette variété est productive, mais elle a le défaut de dégénérer aisément et de produire des graines qui ont une nuance jaunâtre ou roussâtre. Elle est peu cultivée.

11. Fève de Windsor verte.

Tiges hautes de 1 mètre; fleurs blanches; gousses larges, longues de 0m.10 à 0m.12; graines aplaties, larges, arrondies et très vertes.

Cette variété est aussi productive que la *fève de Windsor ordinaire* (7), mais, comme la *fève de marais verte* (10), elle dégénère assez aisément.

12. Fève violette.

Tiges assez fortes, ayant en moyenne 1 mètre de hauteur; fleurs blanches; gousses moyennes, un peu arquées et larges; graines assez minces, larges, peu régulières, d'un beau rouge pourpre ou rouge violet lorsqu'elles sont mûres.

Cette variété, appelée souvent *fève rouge*, *fève pourpre*, est vigoureuse, mais elle est un peu tardive; elle n'est pas très recherchée à cause de la couleur de ses graines et parce que celles-ci perdent aisément leur caractère distinctif.

La sous-race dite *fève violette de Sicile* a des grains qui ont une couleur violet foncé à la maturité.

13. Fève à fleur pourpre.

Tiges de 0m.80 à 0m.90 de hauteur; fleurs rouge pourpre ou pourpre noir; cosse moyenne; graines allongées jaune verdâtre et pointillées de noir.

Cette fève est remarquable par sa fleur, mais elle est très peu cultivée comme plante alimentaire parce que sa graine a une couleur peu agréable et une saveur un peu âcre.

100 semences des variétés principales ont les poids suivants :

Fève de Windsor....................	250 grammes.
— de Séville..................	200 —
— de marais	180 —
— à longue cosse.............	166 —
— violette	140 —
— naine hâtive	125 —
— julienne	90 —

Mode de végétation.

Si la féverole d'hiver résiste bien aux froids ordinaires de l'hiver, celle de printemps et les diverses variétés de fève périssent souvent quand elles ont quelques centimètres de haut, s'il survient des gelées de 3 à 4 degrés au-dessous de zéro. Aussi est-il prudent de bien connaître le climat qu'on habite, et de ne faire les semis que quand on n'a plus à craindre de fortes gelées.

La fève met de quinze à vingt jours à lever, surtout lorsqu'on la sème de bonne heure, c'est-à-dire en février. En germant, elle montre deux cotylédons épais, larges et presque arrondis.

En continuant à végéter, la fève s'élève ; et si elle occupe un sol de bonne qualité, si elle n'a pas été semée trop drue et si elle est cultivée dans un sol bien préparé, elle talle aisément, c'est-à-dire produit une, deux ou trois tiges secondaires souvent vigoureuses.

Ses fleurs, qui sont ordinairement géminées, se développent d'abord au-dessous de la partie médiane de la tige et à l'aisselle des feuilles. Ces premières fleurs ne persistent pas toujours. Lorsque les plantes végètent avec vigueur, les tiges s'élèvent rapidement et la plupart avortent ou *coulent*. C'est dans le but de modérer le mouvement ascensionnel de la sève que dans les jardins ou dans la petite culture on pince l'extrémité des fèves. Cet écimage ne leur porte aucun préjudice, car les fleurs qui se montrent au sommet des tiges avortent aussi presque toujours.

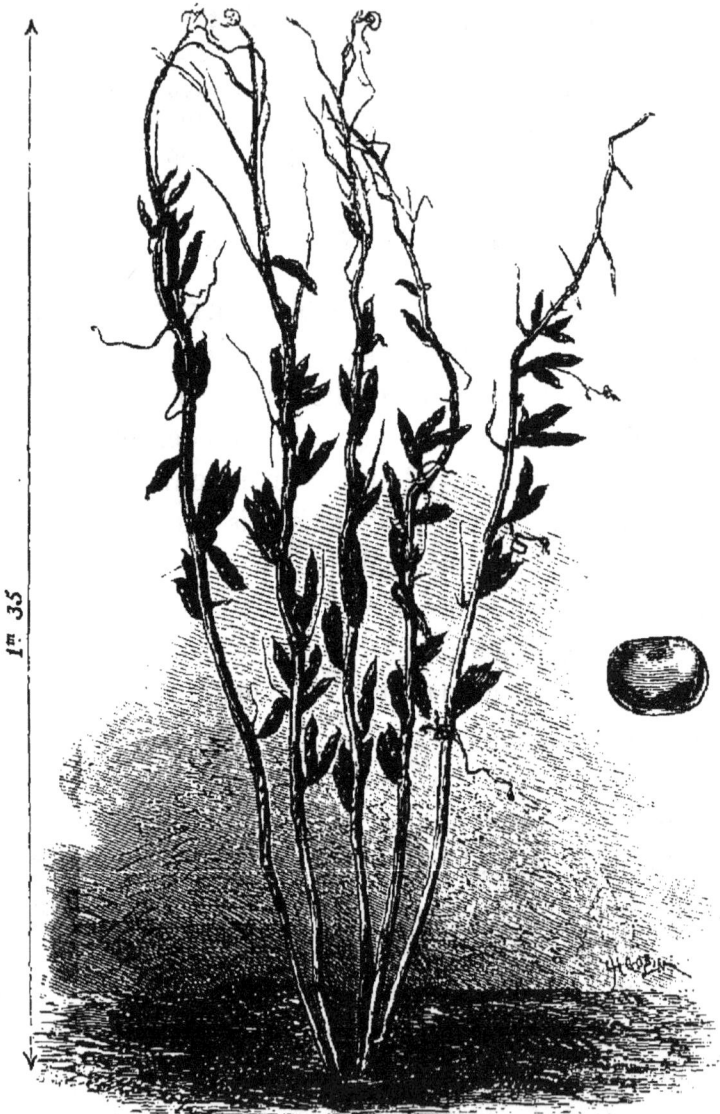

Fig. 27. — Féverole arrivée à maturité.

La fécondation une fois terminée, les gousses se développent de jour en jour ; et il arrive bientôt un moment où elles peuvent être cueillies et livrées à la consommation ou à la vente à l'état vert.

Les féveroles végètent exactement comme les fèves. C'est pourquoi ordinairement, au moment de l'arrachage, on ne remarque que des gousses sur la partie médiane des tiges.

Les féveroles cultivées sur des terres argileuses fertiles développent des tiges très élevées. Dans les Moëres de la Flandre, ces tiges ont souvent 2 mètres de hauteur.

Les plantes ont terminé toutes leurs phases d'existence quand leurs *tiges et leurs gousses sont sèches et noires, ou noirâtres* (fig. 27).

Les graines de féveroles, comme celles des fèves, prennent une teinte rougeâtre avec le temps. C'est dans le but de pouvoir livrer à la vente des graines de féveroles ayant une belle nuance jaunâtre, qu'on ne procède au battage de leurs cosses que le plus tard possible.

Composition de la fève et de la féverole.

La fève n'est pas plus riche que la féverole en principes alibiles ou nutritifs, ainsi que le constatent les analyses suivantes, faites : 1° par Payen ; 2° par Boussingault ; 3° par Girardin.

1°

	Féveroles.	Fèves.
Amidon, dextrine....................	48,3	51,50
Substances azotées..................	30,8	24,40
Matières grasses....................	3,0	2,50
Cellulose...........................	1,9	3,00
Sels................................	3,5	3,60
Eau	12,5	15,00
	100,0	100,00

2º

	Féveroles.	Fèves.
Légumine	31,9	24,4
Amidon, dextrine	47,7	51,5
Matières grasses	2,0	1,5
Ligneux et cellulose	2,9	3,0
Sels	3,0	3,6
Eau	12,5	16,0
	100,0	100,0

3º

	Fève de marais ordinaire.	Fève de marais décortiquée.	Féverole.
Amidon, dextrine	51,5	55,85	48,3
Matières azotées	24,4	29,05	30,8
— grasses	1,5	2,00	1,9
Cellulose	3,0	1,50	3,0
Matières minérales	3,6	3,20	3,5
Eau	16,0	8,40	12,5
	100,0	100,00	100,0
Azote	4,40	5,28	5,59

Voici, d'après M. Balland, l'analyse de diverses féveroles :

	Artois.	Bourgogne.	Bresse.	Lorraine.
Eau	13,00	13,30	15,30	12,00
Matières azotées	23,87	22,67	25,40	25,02
— grasses	1,18	0,94	1,50	1,18
— amylacées	52,49	53,27	48,96	52,94
Cellulose	6,76	7,16	6,64	2,46
Cendres	2,70	2,66	2.20	4,40
	100,00	100,00	100,00	100,00

	Toulouse.	Vendée.	Algérie.	Égypte.
Eau	12,40	12,90	11,60	10,60
Matières azotées	23,31	21,56	20,87	23,90
— grasses	0,90	1,50	1,14	1,12
— amylacées	53,74	54,60	58,03	55,72
Cellulose	6,95	6,50	6,30	5,82
Cendres	2,70	2,94	2,06	2,84
	100,00	100,00	100,00	100,00

Les fèves décortiquées à la main contenaient à l'état normal 24 à 30 p. 100 de matières azotées.

J'ajouterai à ces détails quatre autres analyses faites par M. Balland sur des fèves venues de Bayonne :

	Fèves entières.	Amandes.	Germes.	Enveloppes.
Eau.................	11,10	10,90	8,90	9,80
Matières azotées......	22,95	26,98	34,10	3,44
— grasses.......	0,92	1,12	2,80	0,25
— amylacées....	54,11	56,74	49,44	34,56
Cellulose............	7,68	1,16	0,76	49,70
Cendres.............	3,24	3,10	4,00	2,25
	100,00	100,00	100,00	100,00

L'amande y existait dans la proportion de 83,17 par 100, le germe dans celle de 1,73 et l'enveloppe dans celle de 15,10 p. 100.

En général, l'enveloppe est plus pesante dans les fèves que dans les féveroles. Elle ne contient pas d'amidon.

Ainsi la féverole, comme la fève, contient de 78 à 81 pour 100 de parties assimilables. M. Grandeau a constaté des faits semblables.

Les analyses faites en Angleterre ont constaté la même proportion de matières minérales, mais elles ont enregistré une plus forte proportion de matières ligneuses. Les mêmes faits ont été constatés en Amérique, par Salisbury.

Les graines donnent, en moyenne, à l'incinération, de 3,50 à 4 pour 100 de cendres ; la paille en fournit de 5 à 6 pour 100.

Voici, d'après Way et Ogston, les analyses de ces résidus :

	Grains.	Paille.
Soude...................	0,90	4,56
Potasse.................	42,13	21,26
Chaux..................	8,65	21,29
Magnésie................	6,55	4,88
A reporter.......	58,23	51,99

	Grains.	Paille.
Report.......	58,23	51,99
Oxyde de fer..................	0,36	0,90
Silice.....................:....	0,88	3,86
Chlorure de sodium...........	1,90	9,05
Chlorite de potassium..........	0,34	0,90
Acide phosphorique............	31,86	7,35
Acide sulfurique..............	4,50	3,21
Acide carbonique.............	1,93	22,74
	100,00	100,00

Dans plusieurs analyses on a constaté que **les cendres** de la paille renfermaient jusqu'à 54 pour 100 de potasse et de soude. Ce fait n'a rien qui étonne, parce que les opérateurs n'ont pas dosé séparément l'acide carbonique.

Corenwinder a trouvé 40 pour 100 d'acide phosphorique dans les cendres des graines.

Kühn a donné l'analyse de la paille et des cosses de fèves :

	Paille.	Cosses.
Matières azotées..............	12,01	10,90
— grasses	1,31	2,00
Principes extractifs	31,80	27,95
Cellulose.....................	30,67	37,25
Cendres......................	6,89	8,15
Eau	17,82	13,75
	100,00	100,00

Quoi qu'il en soit, ces diverses analyses démontrent bien que les fèves doivent végéter avec vigueur dans les marais de Dunkerque et de la Vendée, terrains qui ont été pendant longtemps couverts par la mer, et qui sont encore très riches en principes alcalins et parties phosphatées.

Considérée sous le point de vue de ses qualités alimentaires, la paille de fèves contient les éléments ci-après :

Amidon, gomme......................	31,65
Matières grasses......................	2,23
Matières albumineuses..................	16,88
Fibres..................................	25,84
Matières minérales	9,43
Eau....................................	14,47
	100,00

Les semences de fèves et de féveroles, arrivées à leur parfaite maturité, sont contenues dans des cosses sèches plus ou moins pesantes. Des observations faites en Angleterre ont constaté les résultats ci-après :

	Grains.	Cosses.
Féverole................	85,72 p. 100	14,28 p. 100
Fève de Windsor.........	84,40	15,60
Fève à longue cosse......	85,78	14,22
Fève de Windsor verte....	86,40	13,60
Fève rouge ou violette....	86,20	13,80

Tous les grains contenaient de 11 à 13 pour 100 d'eau.

Selon les faits constatés par M. Balland les *fèves entières* contiennent la matière azotée suivante : à l'état normal de 21 à 26,5 pour 100 ; à l'état sec de 23,6 à 29,7 p. 100 ; après avoir été *décortiquées* à l'état normal : de 24 à 30 p. 100 ; à l'état sec de 27 à 34 p. 100.

Le rapport entre le grain et la paille varie suivant la variété adoptée et selon aussi la nature et les propriétés physiques du terrain où les fèves sont cultivées. Dans le nord de l'Europe, le poids de la paille n'est pas tout à fait le double du poids du grain récolté. Dans les contrées tempérées, où les tiges des fèves sont toujours moins élevées et développées, le poids de la paille dépasse seulement d'un quart environ le poids du grain contenu dans les cosses.

La farine 4e, le remoulage et les brisures de fèves contiennent les matières suivantes :

	Farine.	Remoulage.	Brisures.
Matières azotées	34,00	41,25	19,85
— grasses	1,89	2,98	1,00
— hydrocarbonées	48,39	38,97	47,80
Cellulose	»	»	15,50
Cendres	4,20	5,60	3,35
Eau	11,52	11,20	12,50
	100,00	100,00	100,00

La farine est très estimée ; on l'utilise dans l'engraissement du bétail. Il en est de même des brisures et des remoulages. La farine se vend 14 à 15 francs ; les remoulages 10 à 12 francs ; les brisures 12 à 14 francs les 100 kilog.

Terrain.

La fève est productive si elle est cultivée sur des terrains bien choisis et convenablement préparés.

NATURE. — Cette légumineuse ne réussit bien, en effet, que lorsqu'on la cultive sur des terrains argileux, argilo-siliceux ou argilo-calcaires. Elle végète mal sur les sols qui manquent de consistance, sur les terrains graveleux, granitiques, sablonneux, perméables et secs, et dans les sols marécageux.

Elle vient aussi très bien dans les marais desséchés, sur les alluvions fluviales, et les fonds d'étangs qu'on a assainis ou dans les anciennes alluvions marines. Ainsi, elle végète avec vigueur dans les marais de la Vendée et de la Saintonge, dans les marais de l'Authion (Anjou), dans les petites et les grandes moëres de la Flandre, dans les terres fortes de la Toscane et celles situées sur les rives du Pô.

En général, toutes les terres argileuses, profondes et riches en sels calcaires, en parties salines et en matières organiques, sont celles qui conviennent le mieux, soit à la fève, soit à la féverole.

FERTILITÉ. — La fève ne se développe bien que quand

elle est cultivée sur des sols de bonne qualité, des terres grasses ou des alluvions fertiles.

On a dit souvent que la fève n'était pas épuisante et qu'on pouvait se dispenser de faire précéder sa semaille par une fumure, si cette plante doit occuper une terre de fertilité ordinaire. Les faits que la pratique enregistre chaque année autorisent à considérer ce principe comme peu judicieux.

Partout et toujours la vigueur et la productivité des tiges de la fève de marais ou de la féverole sont en rapport avec la plasticité, la fraîcheur et la fécondité de la couche arable. Aussi est-il utile, quand la richesse du sol laisse à désirer, de fertiliser celui-ci avec du fumier à demi-décomposé ou à l'aide d'engrais organiques, salins et azotés.

C'est en faisant précéder la semaille par une demi-fumure, ou en combinant les successions de culture de manière que la fève ou la féverole soit le plus possible rapprochée de la fumure, ou qu'elle suive un défrichement de trèfle ou de prairie naturelle, qu'on peut conserver l'espoir de récolter par hectare des produits supérieurs aux récoltes en grain que donne le froment dans les mêmes circonstances culturales.

Dans les sols riches des comtés de Lincoln, de Nottingham et de York (Angleterre), la fève suit ordinairement une avoine. Dans le comté de Bedfort, où les terres sont peu fertiles, cette légumineuse précède toujours une récolte de blé. Dans la Flandre, elle suit une fumure et précède un blé d'automne.

En général, les fèves sont placées dans les successions de culture entre deux céréales.

PRÉPARATION. — On donne aux terres qu'on destine à la fève ou à la féverole la même préparation que s'il était question de les ensemencer en froment d'hiver ou en avoine de printemps.

5.

Quand l'une de ces deux légumineuses suit un blé d'automne, on laboure la terre en juillet ou août, ou en novembre ou décembre, pour l'ameublir de nouveau par une seconde façon quelques jours avant la semaille.

Les labours exécutés avant l'hiver contribuent dans une large mesure à l'ameublissement des terres argileuses ou compactes. Ces labours peuvent être, sans aucun inconvénient, un peu motteux superficiellement.

Les travaux préparatoires disposent le sol à plat, en planches étroites ou en petits billons ayant 0^m.75 de largeur, suivant les localités et surtout selon la nature de la couche arable et celle du sous-sol.

Un seul labour à la bêche ou à la houe fourchue, suffit ordinairement pour préparer les terres de jardin et celles qui appartiennent à la petite culture.

Les labours que l'on opère dans les marais desséchés ne sauraient être trop profonds. J'ai dit précédemment que la fève avait une racine unique pivotante. Or, quand, par suite d'une bonne préparation, elle peut pénétrer sa racine profondément dans la couche arable, les grandes sécheresses lui sont toujours moins nuisibles ; et, d'un autre côté, à cause de sa grande vitalité, elle est moins sujette à être attaquée par les pucerons.

Semailles.

La semaille des fèves et des féveroles varie dans ses détails suivant les localités.

ÉPOQUE. — La *féverole d'hiver* doit être semée pendant le mois de septembre ou, au plus tard, avant le 15 ou le 20 octobre. C'est aussi en septembre ou octobre qu'on sème la fève dans la Basse-Provence et en Algérie.

Autrefois, en Grèce et en Asie, on semait les fèves, les

gesses et les pois avant le coucher des *Pléiades*, c'est-à-dire le 11 novembre.

Quant aux *fèves* et aux *féveroles de printemps*, on les sème en décembre, en janvier ou au plus tard en février dans la région méridionale de l'Europe et dans les provinces du sud-ouest et de l'ouest de la France ; dans le nord de la France et en Angleterre, les semis se font en février ou en mars, et en dernier lieu au commencement d'avril. En Algérie, on sème la fève de marais en novembre et décembre pour la récolter de mars à juin. Dans la Provence, les semis se font en septembre et octobre.

Les fèves et les féveroles qu'on sème trop tardivement dans les provinces méridionales et dans la région septentrionale sont souvent arrêtées dans leur développement par les hâles d'avril ou les fortes chaleurs de mai. Alors, il est rare qu'elles soient vigoureuses et qu'elles ne soient pas couvertes de pucerons noirs quand leurs fleurs commencent à s'épanouir.

Les fèves qui proviennent de semis hâtifs, exécutés en automne ou à la fin de l'hiver, *tallent* toujours plus aisément que les plantes qui résultent de semailles opérées quand la terre commence à s'échauffer et à se dessécher.

En *Égypte*, les fèves sont semées en novembre, aussitôt après le retrait des eaux de l'inondation du Nil, et récoltées au milieu de février. Les semis en Espagne se font en décembre.

Les semis dans les sols frais ou lorsque la fève est cultivée à l'arrosage peuvent être faits jusqu'en juillet.

EXÉCUTION. — On sème les fèves ou les féveroles à la volée, en lignes ou en poquets.

1° La *semaille à la volée* est peu pratiquée de nos jours, parce qu'elle rend les binages plus difficiles et plus coûteux.

2° Les *semis en lignes* se font de deux manières :

Dans les jardins et la petite culture, on trace des rayons distants les uns des autres de $0^m.30$, avec la binette ou la houe pleine. Ces rayons une fois ouverts, on y dépose les graines, en ayant la précaution de les espacer les unes des autres de $0^m.07$ à $0^m.12$, selon leur grosseur et le développement que les tiges sont susceptibles de prendre. On comble ensuite ces rayons soit avec le râteau, soit à l'aide de la binette. On peut, au besoin, remplir le premier rayon, quand il a été ensemencé, avec la terre qu'on enlève pour ouvrir la seconde rigole, qui doit être parallèle à la première ligne.

La grande culture opère plus rapidement et plus économiquement. Voici comment elle agit :

Lorsqu'on fait exécuter le dernier labour, un enfant ou une femme suit le conducteur et laisse tomber la graine dans le fond de la raie ouverte par la charrue, de manière qu'on puisse compter de 12 à 15 grains de féverole par mètre courant.

Quand le laboureur a renversé deux ou trois bandes de terre sur la raie ensemencée, l'aide qui l'accompagne jette de nouveau de la semence derrière la charrue. Il continue ainsi jusqu'à ce que l'attelage ait labouré toute l'étendue du champ.

Lorsque les bandes de terre soulevées et renversées par la charrue ont, en moyenne, $0^m.20$ à $0^m.22$ de largeur, les lignes sont éloignées les unes des autres de $0^m.45$ ou $0^m,65$.

Dans le nord de la France, les lignes ensemencées sous raies sont espacées de $0^m.35$ environ. En Angleterre et dans le département de la Haute-Garonne, la distance qui sépare les lignes est quelquefois de $0^m.70$.

Les fèves, à cause de leur largeur, ne peuvent être distribuées avec un semoir ; mais il n'en est pas de même des graines de féveroles. Ces semences, étant toujours plus petites et plus arrondies, sont semées très uniformément avec les semoirs de Smith, de Garett, etc., lorsque ces appareils fonctionnent sur des terres bien préparées et par un beau temps.

On peut, dans les jardins et les champs d'une faible étendue, faire *planter les fèves à l'aide du plantoir*; mais ce mode de semis, qui est parfait quand il est bien exécuté, a l'inconvénient d'être très coûteux.

3° Les *semis en poquets* ou *en touffes* sont plus expéditifs que la plantation. Pour les exécuter, on ouvre, avec une binette ou une houe plate, une petite fosse profonde de 0^m.08 à 0^m.10, et on y dépose 3 à 5 graines. On recouvre ces semences avec la terre qui provient du deuxième poquet et ainsi de suite.

Toutes les touffes doivent être espacées en tous sens de 0^m,33 environ.

Quoi qu'il en soit, il est important que les fèves soient placées dans les rayons, les poquets, etc., à 0^m.10 environ de profondeur. Les graines situées trop superficiellement germent plus lentement, et les plantes qu'elles produisent sont plus sujettes à souffrir des sécheresses. Ces semences ne redoutent pas un excès de fraîcheur.

Quantité de la semence. — La quantité de semence qu'il faut répandre par hectare est très variable.

Lorsque les graines sont petites et quand on les sème à *la volée*, on en emploie de 250 à 300 litres. Si on répand les semences de féveroles en lignes espacées de 0^m.35, on en répand 220 à 250 litres; quand on sème les mêmes graines en lignes distantes les unes des autres de 0^m.50 à 0^m.65, on n'en sème que 200 à 230 litres.

Les semis en poquets n'exigent que 150 à 200 litres, selon l'espacement des trous, le nombre de graines qu'on y dépose et le volume des semences.

Dans les moëres de Dunkerque, où les féveroles sont encore semées sous raies, on répand jusqu'à 340 litres de semence par hectare.

Voici le nombre de graines que contient un litre :

Féverole........................	1 200 à	1 300
Fève d'Héligoland	2 200 à	2 500
Fève julienne...................	700 à	800
Fève à longue cosse.............	400 à	450
Fève de Windsor.....	290 à	310
Fève de marais.................	290 à	310

En général, la largeur de semences est en raison directe du développement des tiges et surtout des feuilles et des cosses.

Les graines des fèves et des féveroles mettent ordinairement de 15 à 20 jours à lever, selon la température du sol.

Dans le but de hâter leur germination, on les fait tremper, avant de les confier à la terre, pendant 2 à 3 jours. Cette pratique était connue des Grecs et des Romains.

Soins pendant la végétation.

La fève comme la féverole exigent, pendant leur végétation, des soins d'entretien.

HERSAGE. — Dans plusieurs contrées où les fèves sont semées soit à la volée, soit en lignes, on herse les champs qu'elles occupent lorsque leurs cotylédons commencent à apparaître à la surface du sol. Cette opération, bien exécutée, divise le sol superficiellement ; elle le nivelle et détruit les mauvaises herbes ou les plantes indigènes qui se sont développées depuis que le semis a été exécuté ; enfin, elle a pour effet de favoriser le tallement des plantes et de les rendre plus vigoureuses.

Ce hersage doit être exécuté par un beau temps, et, autant que possible, perpendiculairement à la direction des lignes, lorsque les plantes ont été semées en rayons.

Binages. — Les fèves ainsi que les féveroles, après leur germination, ne peuvent être abandonnées à elles-mêmes, comme cela a lieu encore dans diverses localités.

Dans les contrées où la culture de ces légumineuses est bien comprise, on les bine une première fois, selon les régions, un mois ou six semaines après la germination des graines, c'est-à-dire quand les plantes ont de 0ᵐ.10 à 0ᵐ,12 de hauteur. Ainsi, c'est en mars, dans le midi, et en avril ou mai dans le nord de la France ou en Angleterre, qu'on opère le premier binage. On répète cette opération, si cela est nécessaire, en juin.

Ces binages, que l'on nomme *brayages* dans la Flandre, se font à bras lorsque les fèves ou les féveroles ont été semées à la volée. On les exécute aussi à bras, mais, ce qui vaut mieux, à l'aide de la houe à cheval, quand ces légumineuses ont été semées en lignes.

Ces façons détruisent non seulement les mauvaises herbes, elles ameublissent aussi le sol et favorisent par là la pénétration des pluies à l'intérieur de la couche arable.

Écimage ou Pincement. — Dans les jardins et souvent aussi dans la petite culture, on *pince* ou on écime les fèves quand elles commencent à fleurir c'est-à-dire en avril ou mai, suivant les régions.

Cette opération a plusieurs avantages : 1° elle arrête les tiges dans leur développement en hauteur ; elle facilite l'épanouissement et la fructification des fleurs inférieures ; enfin, elle contribue largement au développement des gousses qui en résultent, et elle fait avancer la maturité de 10 à 15 jours ; 2° elle permet souvent de détruire un grand nombre de pucerons, ou elle empêche ces insectes de se réfugier dans les sommités des tiges et de s'y multiplier.

Cet écimage ou *châtrage* se fait avec le pouce et l'index. On a proposé de l'exécuter avec une faucille à lame unie.

Ce moyen ne peut être mis en pratique que quand on cultive la féverole et lorsque les tiges de cette légumineuse se sont développées rapidement sous l'influence d'une température à la fois chaude et humide. Alors on se contente de couper tous les bouquets de feuilles qu'on observe au sommet des tiges principales.

BUTTAGE. — Le buttage est rarement pratiqué, mais il est utile, quand il est possible, sur les sols secs.

ARROSAGE. — Les fèves sont aussi cultivées à l'arrosage. En Égypte, on les sème en novembre pour les récolter à la fin de l'hiver. Celles cultivées en Espagne fournissent des gousses en mars et avril.

Plantes et insectes nuisibles, maladies.

La fève et la féverole sont attaquées pendant leur végétation par des plantes et des insectes. En outre, leurs feuilles sont sujettes à prendre le *noir*, altération qui nuit sensiblement à leur développement.

PLANTES NUISIBLES. — Ces légumineuses ont pour ennemies deux plantes parasites :

1° L'*Orobanche de la fève* (OROBANCHE SPECIOSA, D.; O. FABÆ, Vauch.; O. PRUINOSA, Lapey) a un stigmate pourpré, une corolle blanche à lèvre supérieure ferrugineuse. Sa tige est velue et elle a 0^m.30 environ de hauteur.

Cette plante se fixe et se développe sur la racine de la fève et l'épuise ; elle est commune dans la Provence. La facilité avec laquelle elle se propage par le concours de ses graines oblige les cultivateurs à la faire arracher lorsqu'elle est assez élevée pour qu'on puisse la saisir.

2° La *Cuscute densiflore* (CUSCUTA EPILINUM, Weih) que les Alsaciens nomment *drossoel*, cause parfois de grands préjudices aux fèves, en ce qu'elle s'enroule autour de leurs tiges et les étouffe. On doit l'arracher, pour éviter qu'elle puisse mûrir les graines qu'elle produit en abondance.

INSECTES NUISIBLES. — La fève et la féverole sont souvent attaquées, surtout quand les printemps sont chauds et secs, par un *puceron noir*, appelé *puceron de la fève* (APHIS FABÆ, Bl.). Cet insecte suceur est très petit ; il appartient à l'ordre des hémiptères. Le mâle est ailé ; il est beaucoup plus petit que la femelle, qui est dépourvue d'ailes.

Ces pucerons se multiplient avec une prodigieuse facilité ; ils vivent au détriment de la sève, à l'aide des piqûres qu'ils font sur les parties herbacées qui terminent les tiges (fig. 28). L'écimage, exécuté en temps opportun, met un terme à leur multiplication.

Les *bourdons*, en s'attaquant aux fleurs de la fève, pour y prendre du pollen nuisent souvent à la fécondation. Ceux qui sont regardés en Angleterre comme les plus nuisibles sont le *bourdon des mousses* (APIS MUSCORUM, 4) et le *bourdon*

Fig. 28.
Fève en végétation.

terrestre (APIS TERRESTRIS, 4). Le premier est jaunâtre ; le second a le thorax noir et son extrémité postérieure jaune.

Latreille a désigné ces hyménoptères sous le nom de *bombus*.

La *bruche du pois* (BRUCHUS PISI, La.) appartient à l'ordre des coléoptères ; elle est petite et brune, et vole et saute bien. Elle introduit ses œufs dans les fèves ou dans les pois et les lentilles, en piquant les cosses lorsqu'elles sont encore vertes et très petites. Les larves qui en résultent pénètrent dans les graines, se transforment avec le temps en nymphes et en insectes parfaits. Les unes et les autres vivent aux dépens de la partie féculifère; mais comme dans la plupart des fèves ainsi attaquées le germe n'a pas été détruit, il en résulte que beaucoup de graines, quoique rongées intérieurement, germent néanmoins.

Ces insectes sont souvent désignés sous les noms de *pucette*, *puceron*, *mylabre* ou *cosson*; dans la Provence, on la nomme *courgoussoun*. Ils diminuent la valeur alimentaire et commerciale des fèves et des féveroles qu'ils attaquent. Ils sont aussi communs en Amérique qu'en Europe.

MALADIES. — Ces légumineuses, dans certaines années, se couvrent plus ou moins, surtout dans leurs parties supérieures, d'une poussière noirâtre qui adhère assez à l'épiderme des feuilles et des tiges, et que l'on appelle *nielle noire*, *fumagine* ou *miellée*.

Cette poussière noire est une production végéto-animale, c'est-à-dire un champignon microscopique associé à une exsudation de sève occasionnée par les piqûres des pucerons et à des déjections de ces insectes presque microscopiques.

Les fèves ou les féveroles sur lesquelles on observe la nielle noire sont toujours languissantes. On empêche cette maladie de prendre plus d'extension en écimant toutes les tiges sur lesquelles elle s'est développée.

Ces légumineuses sont aussi exposées à avoir leurs tiges et leurs feuilles attaquées par la *rouille* quand, au moment de la floraison, il survient des temps froids ou humides. Cette mucédinée est rougeâtre; les botanistes la nomment UREDO FABÆ, DC. Elle n'est nuisible que quand elle est abondante et persistante.

Schwerz dit qu'un bon moyen de garantir les fèves de la **rouille, consiste à répandre un engrais salin pulvérisé** sur les feuilles des plantes qui sont sujettes à cette altération, quand ces légumineuses ont de 0ᵐ.12 à 0ᵐ.16 de hauteur.

Récolte.

La récolte des fèves et des féveroles est facile, parce que ces plantes, comme le fait remarquer Théophraste, sont les seules légumineuses à tiges droites.

ÉPOQUE. — Les féveroles *semées au mois d'octobre* dans la région du Nord arrivent à maturité en juin ou juillet; les fèves semées en octobre ou novembre dans la région du Midi sont récoltées en mars ou avril.

Les fèves et les féveroles *semées à la fin de l'hiver* ou au mois de mars sont mûres, selon les localités, en août, pendant le mois de septembre ou au plus tard pendant la première quinzaine d'octobre.

Il est très utile de ne pas attendre la complète maturité des tiges et des cosses pour commencer la récolte. L'expérience a prouvé souvent que les graines des fèves ou des féveroles qu'on récolte un peu prématurément donnent toujours à la mouture une farine plus blanche.

La *cueillette des gousses vertes* a lieu pendant les mois de mai, juin et juillet. En Algérie et dans la région méridionale, on l'exécute en mars, avril et mai.

EXÉCUTION. — La récolte de fèves et des féveroles arrivées à maturité, c'est-à-dire ayant des *tiges, des feuilles et des gousses noirâtres* et *presque sèches*, se fait de trois manières différentes :

1° Lorsque les tiges sont basses ou plus élevées on les coupe avec la faux armée. L'ouvrier qui *fauche en dedans* est suivi par une femme ou un enfant. Cet aide est chargé de réunir les tiges et de les mettre en javelle. Lorsque le moissonneur *fauche en dehors* les fèves restent sur le sol en andains.

2° Quand les plantes ont végété avec vigueur et qu'elles ont 1 mètre à 1^m.50 de hauteur on les coupe avec une faucille et on les met aussitôt en javelles plus ou moins fortes selon leur degré de maturité. En Flandre et en Angleterre on remplace souvent la faucille soit par le *volant*, soit par la sape.

3° Lorsque les fèves ont été cultivées sur des terres de faible consistance, souvent, au lieu de les couper, on les arrache avec la main et on les met ensuite en bottes.

Quand on est forcé de récolter des fèves ou des féveroles très mûres, on doit éviter d'opérer pendant le milieu du jour lorsque le soleil est ardent afin de ne pas faire tomber les graines que renferment les cosses que la chaleur a fait ouvrir. Les tiges coupées avant leur complète maturité restent sur le champ pendant plusieurs jours. Quand elles sont presque sèches, on les met en petites bottes ayant 0^m.25 à 0^m.30 de diamètre. On réunit ensuite ces bottes en *faisceaux* ou *monts* de manière que toutes les tiges soient inclinées vers le centre du tronc de cône. Toutes les bottes ainsi réunies sont presque dressées et elles peuvent très bien supporter sans souffrir des pluies accidentelles; chaque tas comprend dix à quinze bottes.

Dans d'autres localités, on les dresse suivant les lignes, en appuyant deux bottes l'une contre l'autre. Cette méthode ou cette *mise en chaîne* est bonne quand le temps est pluvieux et lorsque les vents ne sont pas violents.

Le liage des bottes se fait avec des liens de paille de seigle.

Au bout de huit à quinze jours et lorsque les tiges et les cosses sont sèches, on les rapporte à la ferme pour les emmagasiner dans une grange.

BATTAGE. — Le battage des fèves se fait souvent après les semailles d'automne. On l'exécute ordinairement au fléau, sur une aire de grange. Quand on agit pendant l'hiver, on doit opérer de préférence les jours de gelée, parce que les cosses sont alors plus sèches et s'ouvrent plus aisément. On peut opérer l'égrenage avec une machine à battre, en ayant la précaution d'éloigner suffisamment le contre-batteur du cylindre batteur. En Égypte, on les égrène à l'aide du noreg.

La paille est mise en bottes avec les liens qui ont servi à réunir les tiges après l'arrachage. On la conserve en meule ou sous un hangar.

Le nettoyage de graines se fait avec le van ou le tarare. Ces semences sont ensuite déposées dans les greniers.

On peut, dans le but de les soustraire à l'action directe de l'air, les renfermer dans des sacs. Ainsi emmagasinées, elles conservent mieux et plus longtemps leur couleur jaunâtre.

Rendement.

Les produits que donne la féverole ou la fève sont assez variables.

GRAINES. — Le produit moyen de la féverole cultivée dans des terres de bonne qualité varie entre vingt à trente hectolitres par hectare.

Il faut que cette légumineuse soit cultivée sur des terres fertiles, sur d'anciens marais très riches, et qu'elle soit favorisée par une température chaude, plutôt fraîche qu'humide, pour qu'elle donne des récoltes moyennes s'élevant à 35 ou 40 hectolitres par hectare.

Le produit le plus élevé signalé jusqu'à ce jour n'a pas dépassé 50 hectolitres; aussi est-ce par erreur que de Gasparin évalue le produit maximum à 120 hectolitres par hectare.

Une récolte s'élevant, en moyenne, à 25 ou 30 hectolitres est regardée en Flandre, dans les marais du Poitou, les polders de la Belgique et en Angleterre comme très belle.

La quantité de *cosses vertes* que la fève peut donner par hectare varie suivant la variété cultivée et le mode de culture adopté.

A Paris, 100 kilogrammes de cosses vertes donnent, en moyenne, 45 kilogrammes de *fèves fraîches* ou *écossées*.

POIDS DE L'HECTOLITRE. — Les *fèves à grosses semences* pèsent, l'hectolitre, les poids suivants :

Fève de marais.....................	65 kilogr.
— de Windsor....................	63 —
— de Séville..................	62 —

Les fèves à *petites semences* ont les poids ci-après :

Fève julienne.....................	72 kilogr.
— naine hâtive.................	68 —

Les *féveroles* réputées belles pèsent de 78 à 80 kilogrammes. Le poids de celles qui laissent beaucoup à désirer pour leur qualité, varie entre 70 et 75 kilogrammes.

Voici le poids des principales variétés :

Féverole d'hiver...................	80 kilogr.
— de printemps..............	78 —
— de Mazagan...............	78 —

Un hectolitre de *fèves vertes fraîches* pèse 62 à 66 kilogrammes.

PAILLE. — La production en paille est d'autant plus abondante que la féverole est cultivée sur d'excellents terrains.

Dans les circonstances ordinaires, lorsque cette légumineuse produit, en moyenne, 25 hectolitres ou 2 000 kilogrammes de graines par hectare, elle donne sur la même superficie de 3 500 à 4 000 kilogrammes de paille.

La production en paille des féveroles cultivées sur des terres de marais de bonne qualité s'élève souvent jusqu'à 7 000 kilogrammes, mais dans cette circonstance le produit en grain ne dépasse pas 25 hectolitres par hectare.

En résumé, dans les cultures normales, le grain est à la paille comme 50 est à 100; dans celle où les tiges ont pris un grand développement au détriment des cosses et de leurs grains, le grain est à la paille comme 35 est à 100; enfin, lorsque les fèves ont été pincées ou châtrées et que leur produit s'élève à 25 hectolitres, le grain est à la paille comme 75 est à 100.

Emplois des produits.

Les fèves fournissent des gousses vertes et des graines sèches, et les féveroles des grains secs seulement.

FÈVES VERTES. — Le grain vert de la fève est mangé cru ou cuit. Dans les deux cas, on le regarde comme un excellent légume.

C'est dans le midi de la France et de l'Europe, en Égypte, en Algérie, etc., que le grain de la fève ou de la féverole dépouillé de son enveloppe est mangé cru, après avoir été légèrement saupoudré de sel fin.

Les fèves sont très alimentaires, mais elles sont difficilement digérées par les personnes délicates.

FARINE. — Le grain de la féverole fournit une farine blanc jaunâtre, douce au toucher et ayant une saveur âcre particulière qu'on associe souvent en Europe, en Abyssinie, etc., à la farine de froment, dans le rapport de 3 à 8 p. 100. Ce mélange permet de fabriquer un pain savoureux et très nutritif. Il était connu au temps de Pline.

En Flandre, la farine de fève dite *fleurs bourgeoises* est principalement destinée à entrer dans la panification. Les

Abyssiniens emploient souvent la farine de fève seule à faire du pain.

La *farine de la féverole* se compose de grains ovoïdes, quelquefois sphériques, très fendus et ayant en moyenne 40 millièmes de millimètre de diamètre.

On fabrique à Nantes, Dijon, etc., beaucoup de farine de fèves et de féveroles, 100 kilog. de fèves produisent :

Farine 1re.....................	67,00
— 2e et 3e.....................	8,00
Remoulage.....................	3,00
Son.....................	18,00
Déchet.....................	4,00
	100,00

Le déchet est élevé parce que la culture ne livre pas toujours des féveroles bien nettoyées.

Dans le bas Languedoc et la Provence, on fait rôtir les fèves au four pour les vendre sur les marchés. On les nomme alors *favos taurados*. Elles sont dures et elles ont une saveur peu agréable pour les personnes qui ne sont pas dans l'usage d'en grignoter.

Dans la Provence, aussitôt après la récolte, on décortique les fèves en les brisant à l'aide d'un moulin, puis on sépare les parties amylacées des enveloppes. Ces *fèves décortiquées* et les *fèves cassées* sont conservées dans un lieu sec. Elles servent à faire des potages et des purées. En Provence, on les nomme *favetto*. Ailleurs, on les appelle *fèves mondées* ou *fèves dérobées*.

Les grains de la féverole sont utilisés avec succès dans l'alimentation ou l'engraissement des animaux.

Les chevaux qui en consomment ont le poil luisant, la peau souple et la chair ferme. On les leur donne avec modération parce qu'elles sont très alibiles et très échauffantes, soit concassées, soit après les avoir fait tremper dans l'eau. En Algérie, on donne aussi des féveroles aux chèvres laitières.

Ces graines ne sont données aux bêtes bovines et aux porcs qu'après avoir été réduites en farine et délayées dans l'eau. Ainsi administrées, elles les engraissent très bien ou activent puissamment la sécrétion du lait.

PAILLE. — La paille de fève ou de féverole qu'on a bien récoltée et conservée est mangée avec assez d'avidité par les chevaux, les chameaux, les bêtes à cornes et les moutons. On la leur donne hachée ou divisée.

En Égypte, elle est aussi utilisée dans la nourriture des chameaux et des chèvres.

Dans le nord de la France et en Alsace, cette paille sert souvent de combustible ou on l'emploie comme litière.

Valeur commerciale.

La valeur commerciale du grain de la féverole est cotée sur un grand nombre de marchés dans l'Europe septentrionale. Le plus ordinairement, on le désigne sur ces marchés sous le nom de *fève*.

Suivant sa provenance, on l'appelle en France fève de Picardie, fève de Lorraine, fève de la Vendée, etc. La féverole de Lorraine a moins de valeur que la féverole de Picardie.

La féverole se vend, en moyenne, de 15 à 16 francs l'hectolitre ou 18 à 19 francs les 100 kilogrammes.

Celle d'Algérie est cotée de 13 à 15 francs et celle d'Égypte de 15 à 16 francs les 100 kilogrammes.

Les *fèves piquées* ou attaquées par la bruche et les fèves anciennes perdent plus ou moins de leur valeur commerciale selon qu'on les destine à la nourriture de l'homme ou à celle des animaux.

Les fèves nouvelles ont une couleur blonde; celles qui

6

ont deux années présentent une couleur rousse. Plus tard, elles prennent une nuance rouge plus ou moins foncé.

Les *fèves en cosses vertes* se vendent 4 fr. 50 c. à 6 francs l'hectolitre, et les *fèves écossées* de 25 à 40 centimes le litre.

La halle de Paris reçoit en avril des *fèves vertes* d'Algérie et en juin des fèves de Barbantane. Ces produits sont vendus, les premiers de 60 à 80 francs et les seconds de 25 à 30 francs les 100 kilog.

La *farine de fève première* de Dijon, de Nantes, du Mans, etc., est cotée 26 à 28 francs les 100 kilogrammes, alors que la farine de blé de consommation vaut de 32 à 34 francs.

Les cosses fines ou grosses de fève sont vendues de 8 à 9 francs les 100 kilogrammes.

CHAPITRE III

LA LENTILLE

Plante dicotylédone de la famille des Légumineuses.

Anglais. — Lentil.
Allemand. — Lentzen, linse.
Italien. — Lentichia, lente.
Espagnol. — Lenteja.
Portugais. — Lentilha.
Russe. — Tschetschevitza.
Égyptien. — Addas.
Indien. — Myssoor.
Hébreu. — Adashin.

Historique.

La lentille est cultivée pour la nourriture de l'homme depuis la plus haute antiquité. Elle est mentionnée dans la Genèse. Chacun sait que Ésaü échangea son droit d'aînesse contre des graines de cette légumineuse (1).

Les Hébreux, les Égyptiens, les Grecs et les Romains ont cultivé la lentille. Les Grecs l'appelaient *fucos,* et les Latins la désignaient sous le nom de *lens.* Pline observe qu'on cultivait en Égypte deux espèces : l'une plus ronde et plus noire ; l'autre ayant la forme de la lentille ordinaire. La première était incontestablement la vesce commune.

Cette plante est cultivée très en grand en France, en Belgique et en Allemagne depuis fort longtemps. Elle a été introduite en 1545 en Angleterre. On la cultive aussi dans

---

(1) Pline a justifié cet échange en disant que la lentille donne une *égalité d'humeur* (*æquanimitatem fieri vescentibus ea*, lib. XVIII).

la haute Égypte, en Grèce, en Perse, au Pérou, en Syrie, dans l'Abyssinie, au Bengale, en Autriche-Hongrie dans la Russie méridionale et le Caucase, au Cap de Bonne-Espérance.

Les lentilles occupent chaque année, en France, une étendue de 15 000 hectares. Les départements qui cultivent le plus cette légumineuse sont les suivants : Aisne, 1 687 hect., Haute-Loire, 1 964 hect., Pas-de-Calais, 1 020 hect., Somme, 685 hect., Doubs, 638 hect., Marne, 529 hect.

Le produit moyen par hectare a été évalué, en 1882, à 15 hectolitres.

On a constaté, en 1856, que chaque habitant consomme annuellement à Paris 2 kilogrammes ou 2 litres 500 de lentille.

Conditions climatériques.

La lentille appartient principalement à la zone centrale de la France et de l'Europe. Ainsi, elle est peu cultivée dans le midi de la France et en Angleterre. C'est qu'elle redoute d'une part les très grandes sécheresses, et, de l'autre, les climats brumeux ou les pluies prolongées.

Sa culture est aussi répandue en Allemagne, en Autriche, en Hongrie, dans les Calabres, les parties montagneuses de l'Espagne et dans la Kabylie.

En général, sa culture, en Europe, est limitée au sud par le 42° et au nord par le 51° degrés de latitude.

L'altitude (700 à 800 mètres) à laquelle on la cultive avec succès dans les montagnes du département de la Haute-Loire, est la preuve la plus évidente que cette légumineuse appartient bien à l'agriculture des contrées tempérées, et qu'il faut de toute nécessité la cultiver dans les terres basses ou fraîches ou à une certaine altitude dans les pays équatoriaux ou la semer en automne.

En Abyssinie, la lentille réussit très bien sur les hauts plateaux ayant une altitude de 1500 à 2 000 mètres.

Espèces et Variétés.

La lentille ordinaire a été désignée par les botanistes par les noms ci-après : ERVUM LENS, Lin, ERVUM ESCULENTA, Mœnch, LENS DISPERMUM, Roxb, CICER LENS, ROXB., CICER PUNCTULATUM, Hort, ERVUM SUBSPHÆROSPERMUM, God.

Cette légumineuse est pubescente ; elle présente les caractères suivants :

Tiges de 0^m.30 à 0^m.40 de hauteur, anguleuses, dressées et rameuses ; feuilles imparipennées, terminées par une vrille simple et composées de 5 à 7 paires de folioles, linéaires et oblongues ; stipules lancéolées et ciliées ; fleurs petites, blanches, veinées de violet, l'étendard étant plus grand que les ailes de la carène ; ces fleurs sont disposées 2 à 3 au sommet de pédoncules égalant les feuilles ; gousses planes, oblongues, courtes, larges, comprimées et comme tronquées, renfermant deux graines comprimées et à bords arrondis ou carénés.

En Europe, on cultive quatre lentilles différentes :

1. Lentille commune ou grande lentille.

Synonymie : Lentille de Gallardon, — lentille blonde, — grande lentille, — Lentille.

Tige rameuse, haute de 0^m.30 à 0^m.40 ; folioles ovales, oblongues ; fleurs blanches ; gousses planes contenant des graines larges, jaune ; blond doré.

La graine de cette lentille (fig. 29) est d'un beau jaune blond, régulière, lisse, bien remplie, plus ou moins large, selon la nature et la fertilité des terres où elle a été cultivée, convexe au milieu et mince sur les bords. Sa largeur moyenne est de 0^m.007.

Fig. 29.
Grande lentille.

6.

Le commerce, en France, distingue les lentilles ci-après .
1° *Lentille de la Beauce;* 2° *Lentille de la Bourgogne;*
3° *Lentille de la Champagne;* 4° *Lentille de Lorraine;*
5° *Lentille de Soissons.*

Ces graines sont plus ou moins recherchées, selon qu'elles
sont plus ou moins larges et qu'elles ont une nuance plus
ou moins blonde.

La lentille commune est la plus estimée dans la région
septentrionale, quand elle est de belle qualité et qu'elle a
été cultivée sur des terres sablonneuses.

On cultive, dans les parties accidentées du pays toulousain, une variété plus naine que l'on appelle *mérillon.*

2. Lentille à la reine.

Synonymie : Petite lentille, — lentille marron, — lentille rouge,
lentillon.

Tiges moins élevées et folioles moins développées que dans l'espèce
précédente; graine aussi plus petite, jaune rougeâtre et un peu bombé
(fig. 30.)

Cette légumineuse est moins délicate que la grande lentille. Dans le Midi, en Égypte, dans la République Argentine et d'autres localités, on lui
accorde la préférence sur cette dernière lentille. Les Romains l'appelaient *Lenticula.*

Fig. 30.
Lentillon.

Il existe une sous-variété qu'on appelle
lentillon d'hiver. On la sème en automne.

3. Lentille du Puy.

Synonymie : Lentille verte d'Auvergne, — lentille du Velay,
lentille verte.

Tiges hautes de 0ᵐ.30 à 0ᵐ.40, très déliées; folioles petites, d'un très
beau vert; grain vert ou finement pointillé de noir, un peu plus large,
plus bombé que le grain de la lentille à la reine.

La lentille verte (fig. 31) est cultivée sur les terres volcaniques, aux environs du Puy (Haute-Loire), dans les
communes de Polignac, Saint-Paulien et Blanzac, jusqu'à 600 et 700 mètres d'altitude, élévation à laquelle la

Fig. 31. — Lentille du Puy.

bruche ne l'attaque plus. Elle est plus hâtive à fleurir et
plus lente à former sa graine que la *lentille commune*. Son
grain est très estimé dans le Dauphiné, le comtat d'Avignon
et la Provence. Cette race est aussi cultivée avec succès en
Espagne dans les provinces de Logrono et de Gerona.

Cette variété réussit aussi très bien dans les parties montagneuses de l'Algérie.

4. Lentille à une fleur.

(ERVUM MONANTHOS, L.)

Tige simple anguleuse de 0ᵐ.33 de hauteur ; folioles ovales et oblongues ; fleurs blanc jaunâtre, ayant une tache noirâtre sur la carène ; gousses globuleuses, elliptiques, contenant 3 à 4 graines aplaties, lenticulaires, de couleur gris-brun marbré de noir.

Les semences de cette légumineuse, qu'on nomme aussi *lentille d'Auvergne*, sont aussi farineuses. Dans diverses contrées, on les mange comme celles de la *petite lentille*.

On ne cultive pas comme plante alimentaire la *lentille ers* (ERVUM ERVILIA), légumineuse bien connue dans la région méridionale, parce que ses graines jouissent de propriétés qui sont nuisibles pour l'homme.

La *vesce blanche* (VICIA SATIVA ALBA), considérée comme plante alimentaire, ne peut être séparée des lentilles parce que ses graines sont parfois mangées en purée.

Le nom de *lentille du Canada* lui a été donné, en 1789, par des spéculateurs qui, pour tromper le public, vendaient sa graine à un prix très élevé, en disant qu'elle venait d'être importée du Canada.

Dans quelques localités, pendant les années où le prix du blé était élevé, on a mêlé la farine qu'on extrait de ses graines à la farine de blé, dans la proportion de 12 à 15 pour 100.

Composition de la lentille.

Les lentilles renferment plus de parties nutritives que les haricots. Voici leur composition :

	Boussingault.	Payen.	Church.
Amidon et dextrine.....	55,7	56,0	49,0
Substances azotées......	25,0	25,2	24,0
Matières grasses	2,5	2,6	2,6
Ligneux et cellulose	2,1	2,4	6,9
Sels minéraux..........	2,2	2,3	3,0
Eau.................	12,5	11,5	14,5
	100,0	100,0	100,0

L'azote y existe dans la proportion de 4.57 p. 100.

Les haricots et les fèves contiennent plus de ligneux et moins d'amidon et de dextrine que les quantités constatées dans la lentille par Boussingault et Payen.

Ces graines donnent à l'incinération 2,60 pour 100 de cendres. Ces résidus contiennent 28 à 30 pour 100 de potasse et 9 à 10 pour 100 de soude, sels alcalins indiquant que la lentille doit bien végéter sur les terres granitiques ou volcaniques qui renferment toujours des parties salines dans une notable proportion.

Les lentilles décortiquées ne présentent pas l'arome particulier que possèdent les lentilles ordinaires et qui réside dans leur écorce.

Terrain.

TERRAIN. — La lentille ne peut être cultivée avec succès que sur des sols secs, perméables, sablonneux, quartzeux ou graveleux. Elle réussit très bien aussi dans les terres calcaires siliceuses ou sablo-calcaires, les terrains volcaniques ou sur les sols calcaires tertiaires renfermant de nombreux débris de roches volcaniques.

La lentille verte du Puy est généralement cultivée sur des terres volcaniques rougeâtres de consistance moyenne et perméables.

Les terres argileuses fortes ou plastiques sont tout à fait contraires aux lentilles.

Autant que possible, il faut choisir les sols en pente, les versants exposés au midi et abrités des vents du nord.

Fertilité. — La lentille est assez exigeante et doit être cultivée sur des terres de bonne qualité. Elle végète mal sur les terres pauvres ou mal fumées. Par contre, les tiges prennent trop de développement sur les sols à la fois très fertiles et frais, ce qui nuit à la floraison et à la formation des gousses et des graines.

Quand les terres qu'on destine à la lentille laissent à désirer quant à leur fertilité, on peut, au moment des semis, répandre dans les rayons ou les poquets un peu de poudrette ou de boues de ville bien décomposées. Ces engrais, à cause de la promptitude avec laquelle ils agissent, suffisent pour que les plantes acquièrent un bon développement. On peut aussi répandre par hectare 200 kilog. de superphosphate de chaux et 100 kilog. de chlorure de potassium.

Préparation du sol. — Les terrains que l'on destine à cette légumineuse doivent être bien préparés. On les divise ordinairement au moyen de plusieurs labours et hersages exécutés pendant ou à la fin de l'hiver ou au commencement du printemps.

Dans les environs du Puy, la terre est préparée à la bêche ou à la *trendine*, sorte de houe fourchue.

Lorsque le dernier labour est déjà ancien et que la terre s'est durcie superficiellement, on l'émiette de nouveau par un hersage énergique ou on la divise à l'aide d'un scarificateur.

Le sol est toujours disposé à plat ou en grandes planches.

En général, les terres dans lesquelles on cultive les lentilles étant légères ou de consistance moyenne, leur préparation est plus facile que celle des terrains propres à la culture de la fève ou de la féverole.

Semailles et soins d'entretien.

Les lentilles se sèment comme les haricots nains.

ÉPOQUE. — Dans le centre et la région de l'Est de la France, on sème les lentilles pendant les mois de mars ou avril ou au commencement de mai, quand on ne craint plus de fortes gelées.

Dans la région du Midi, en Grèce et en Algérie, les semis se font ordinairement en octobre ou novembre ou en février. Les Romains semaient aussi les lentilles pendant le mois de novembre.

En *Égypte*, on sème ces légumineuses en octobre ou novembre.

EXÉCUTION. — On sème la lentille en poquets ou en touffes.

Le lentillon d'hiver ou de printemps est la seule lentille qu'on sème à la volée.

Les *poquets* ou *touffes* sont disposés en quinconce ou en échiquier; on les éloigne les uns des autres de 0^m.35 à 0^m.45, suivant le développement que les lentilles peuvent prendre. On opère comme s'il était question de semer des haricots en poquets.

Les *semis en lignes* s'exécutent de la manière suivante : un ouvrier muni d'une binette ou d'un rayonneur à main ouvre une raie qu'il ensemence aussitôt ou qui est semée par l'aide qui l'accompagne ; ce travail terminé ou à mesure qu'il s'exécute, le même ouvrier ouvre une seconde raie et utilise la terre qui en provient pour couvrir la semence déposée sur la première ligne. Il continue ainsi la semaille jusqu'à l'autre extrémité du champ.

Les lignes sont espacées de 0ᵐ.20, 0ᵐ.25 ou 0ᵐ.35, suivant la qualité ou la fertilité de la couche arable.

La profondeur à laquelle les semences doivent être enterrées a une grande importance. Quand les terres sont légères ou de consistance moyenne et sèches, on peut les enfouir jusqu'à 0ᵐ.03 ou 0ᵐ.04. Lorsque les terres sont un peu fortes, que le semis est exécuté de bonne heure et qu'on a à craindre des pluies abondantes, il est utile de les placer plus superficiellement dans les rayons et les poquets.

La graine de la lentille germe au bout de dix à douze jours, selon la température de la couche arable.

QUANTITÉ DE SEMENCES. — On emploie généralement de 120 à 150 litres de graines par ensemencer un hectare en poquets. Les semis en lignes n'en exigent que 80 à 100 litres. Les semailles à la volée obligent à répandre environ 200 litres de semences.

Les graines doivent être, autant que possible, de la dernière récolte.

SOINS PENDANT LA VÉGÉTATION. — Les lentilles n'appartiennent pas à la classe qui comprend les plantes étouffantes et elles se défendent mal des mauvaises herbes. C'est pourquoi il est très utile de leur destiner des terres bien préparées et aussi propres que possible. Quand elles ont de 0ᵐ.06 à 0ᵐ.10 de hauteur, on les bine avec la houe à main.

Au second binage, qu'on exécute avant la floraison, on butte légèrement les plantes, qu'elles soient disposées en lignes ou qu'elles végètent par touffes. Cette opération a pour but unique dans les sols secs et brûlants, de fixer plus d'humidité ou de fraîcheur à la base des plantes afin qu'elles résistent mieux aux grandes chaleurs du printemps ou de l'été.

Dans quelques localités, on remplace le deuxième binage par un sarclage. Ce travail laisse souvent à désirer.

Enfin, quelquefois on est forcé d'exécuter un troisième

binage. Cette dernière opération est faite quand la fécondation des fleurs eu a lieu.

On peut, dans les contrées méridionales, cultiver la lentille à l'arrosage quand les printemps sont très secs, mais, dans ce cas, il importe d'agir avec une grande mo dération parce que cette légumineuse supporte mieux un excès de chaleur qu'une humidité surabondante et prolongée.

Récolte.

Les lentilles sont mûres quand les plantes sont jaunâtres ou roussâtres et lorsque les graines résistent sous la pression du doigt.

ÉPOQUE. — En *France*, et sous le climat de Paris, les lentilles mûrissent pendant la seconde quinzaine de juillet. Dans la région du Midi, elles arrivent à maturité dans le courant de juin.

En *Égypte*, les lentilles cultivées dans le delta du Nil sont récoltées pendant les mois de février ou mars.

EXÉCUTION. — Les lentilles ne mûrissent pas toujours toutes en même temps. C'est pourquoi souvent on opère leur récolte en deux et trois fois.

On doit arracher ces légumineuses lorsqu'elles ne sont pas entièrement sèches et par un beau temps. En agissant ainsi, on évite l'égrenage.

Il est utile d'opérer le matin de bonne heure, quand les plantes sont couvertes de rosée, si les lentilles ont atteint leur dernier point de maturité.

Les tiges, après avoir été arrachées, sont réunies à l'aide de quelques brins de paille de seigle préalablement mouillée ou avec deux tiges de lentille, en petites bottes ayant la grosseur d'une forte poignée (voy. *Récolte des haricots*).

Toutes les bottes, surtout dans la région septentrionale et lorsque le temps présage de la pluie, doivent être le jour

même rapportées à la ferme et placées sur des perches situées sous des hangars ou dans des greniers.

Dans la petite culture, les bottes sont accrochées à des
clous situés sur des murailles exposées au midi et garanties
de la pluie par un auvent ou l'égout d'un toit.

Sous toutes les latitudes, on doit éviter de laisser les lentilles qu'on vient de récolter à l'action de la pluie. Toutes
les graines qui subissent l'action prolongée de l'eau prennent
une teinte brune plus ou moins foncée. Cette coloration ou
ces taches noirâtres diminuent considérablement la valeur
commerciale des lentilles, surtout de la lentille blonde ou
lentille commune.

BATTAGE. — On bat les lentilles au fléau, quand leur tiges et leurs gousses sont bien sèches. On doit éviter de
frapper avec violence et de les égrener sur une aire en terre
afin qu'elles ne soient pas mêlées à de petits graviers, comme
cela a lieu assez souvent. Les forts coups de fléau écrasent
ou divisent souvent un grand nombre de graines.

Il est utile aussi de n'opérer le battage que quelques jours
seulement avant la vente, parce que les lentilles conservent
mieux leur couleur blonde quand elles sont encore dans les
cosses que lorsqu'elles ont été égrenées.

On nettoie les graines avec un van, le tarare ou un crible.
Il est très important qu'elles soient très propres et exemp-
tes de parties terreuses et surtout de sable.

CONSERVATION. — Les lentilles doivent être conservées
dans un endroit sec et à l'abri de l'air et de la poussière.

La grande lentille, comme la lentille à la reine, passent
avec le temps de la couleur jaune blond au jaune rougeâtre,
puis au rouge et enfin au rouge brun.

En examinant la couleur des lentilles, il est donc toujours
facile de distinguer les graines provenant de la dernière
récolte de celles qui sont âgées de deux, de trois et de quatre
années.

Rendement.

PRODUITS EN GRAINS. — Le rendement de la lentille est très variable, selon la nature et la richesse des terres, et la variété cultivée. Il est faible quand il ne dépasse pas 10 à 12 hectolitres par hectare; il est très satisfaisant quand il s'élève à 20 hectolitres ou 1 500 kilog.

En général, on considère un produit de 15 hectolitres comme un bon rendement moyen. C'est accidentellement que la lentille donne 25 à 30 hectolitres par hectare.

Le lentillon, ou lentille à la reine, ne produit pas au delà de 15 à 16 hectolitres lorsque cette légumineuse est cultivée sur des terres de bonne qualité.

Un hectolitre de lentille commune pèse de 78 à 80 kilogrammes.

Le poids de la lentille verte varie, en moyenne, entre 80 et 82 kilogrammes l'hectolitre.

PRODUIT EN PAILLE. — La lentille produit peu de paille. Dans les circonstances ordinaires, les tiges, les feuilles et les gousses sèches sont aux semences comme 150 est à 100.

Un hectare qui produit 15 hectolitres ou 1 200 kilogrammes de graines ne donne donc pas au delà de 1 800 à 2 000 kilogrammes de paille.

Emplois des produits.

GRAINES. — Les graines des lentilles sont très alimentaires. La lentille blonde est la plus estimée dans la région septentrionale. Par contre, c'est la lentille verte que l'on préfère dans la région du Midi.

Les lentilles anciennes cuisent plus difficilement que les lentilles nouvelles. On doit rechercher celles qui se distinguent par une belle nuance blonde ou jaune rougeâtre. J'ai

dit précédemment que les lentilles prenaient avec le temps
une couleur rouge foncé.

La grande lentille et la petite lentille sont attaquées intérieurement par un insecte que l'on appelle *bruche,* ou
modche, ou *mouche,* et qui est bien la *bruche de la lentille*
(BRUCHUS PALLIDICORNIS, Schœn.). Cet insecte, (fig. 32
et 33), connu depuis les temps les plus anciens, dépose un
œuf sur chaque gousse.
Après éclosion, la larve pénètre dans le grain et vit
aux dépens de la partie amy-
lacée. En automne, elle
s'engourdit, passe l'hiver
dans cet état, et au printemps suivant elle devient

Fig. 32.
Bruche
des lentilles.

Fig. 33.
Bruche grossie.

chrysalide et insecte parfait. On la fait sortir des lentilles,
en plongeant celles-ci dans une eau très chaude.

On a proposé de détruire cet insecte en soumettant les
lentilles à l'action de la chaleur d'un four après la cuisson
du pain. Ce procédé est bon, mais il a l'inconvénient de
rendre la cuisson des graines plus difficile.

Les lentilles nouvelles cuites dans l'eau douce sont souvent mangées froides en salade.

Dans les villes, en Europe, on livre à la consommation
de la farine de lentille. Cette farine est impalpable et jaunâtre; elle sert à faire des potages et des purées.

La farine de lentille se fait surtout avec le grain de la lentille à la reine, variété mise à la mode par la reine Marie
Leczinska, femme de Louis XV.

Les Arabes transforment les lentilles en une bouillie couleur de chocolat.

J'ai fait connaître, précédemment, que l'enveloppe de la
lentille contenait un arome particulier. Cet arome commu-
nique aux parties amylacées ou à l'eau dans laquelle on a

fait cuire cette graine un goût très agréable. Le bouillon de lentille est brun ; il sert à faire des soupes qu'on mange avec plaisir.

En Égypte, on *décortique* les petites lentilles avec un moulin à bras, comprenant deux meules en argile durcie. Les lentilles ainsi préparées ont une *couleur jaune orange*, cuisent plus aisément et sont d'une digestion plus facile.

Dans la haute Égypte, on réduit souvent les *lentilles décortiquées* en farine, et on mêle celle-ci à la farine de froment ou à la farine de doura pour en faire du pain.

La farine de lentille, à cause de ses propriétés très alimentaires et rafraîchissantes, sert à faire, dans le Mysore (Inde), l'*Ervalenta Warton*, la *Revalenta arabica*, et en Europe la *Revalescière du Barry,* qui se vend dix francs le kilogramme.

PAILLE. — La paille de lentille non altérée est un excellent aliment pour tous les animaux. Sa valeur nutritive égale celle du foin de trèfle, ainsi que le constatent les deux analyses suivantes :

	Lentille.	Trèfle.
Matières azotées	14,0	12,97
— grasses	2,0	2,18
Principes extractifs	26,6	36,16
Cellulose	36,6	24,45
Cendres	6,5	5,86
Eau	14,3	18,38
	100,0	100,00

En Égypte, la paille de lentille sert à nourrir les chèvres et les chameaux.

Valeur commerciale.

La valeur commerciale des lentilles varie suivant les années et le prix du blé.

En général, sur le marché de Paris, les prix moyens varient comme il suit :

Lentille de Beauce..........	35 à 40 fr. l'hectol.	
Lentille de Lorraine........	30 à 32	—
Lentille de Bourgogne.......	28 à 30	—

Les lentilles de choix sont désignées dans le commerce sous les noms ci-après :

Belles triées ; — Triées ; — Ordinaires sans mouches.

Ces lentilles se vendent de 10 à 15 et même 20 francs plus cher que les lentilles ordinaires.

Dans les années où le prix du blé est très élevé, les belles lentilles non tachées et non attaquées par la bruche se vendent souvent jusqu'à 70 et 80 francs l'hectolitre.

La *lentille de Picardie* est le lentillon ou la lentille à la reine. Cette lentille se vend de 20 à 25 francs l'hectolitre.

La lentille du Puy est surtout expédiée sur les marchés de la région du Midi. Elle se vend dans le Velay, en moyenne, 25 francs l'hectolitre, et sur les marchés de Nîmes, Avignon, etc., de 35 à 60 francs, suivant les années. Cette lentille n'est pas attaquée par la bruche.

CHAPITRE IV

LE LUPIN BLANC OU LENTILLE DES ARABES

Plante dicotylédone de la famille des Légumineuses.

Sous le nom de *lentille des Arabes*, on désignait autrefois la semence du *lupin à fleurs blanches* (LUPINUS ALBUS, L.), légumineuse que les Égyptiens appellent *tirmès*, que les Arabes nomment *al-bassilab* et qui a été signalée par Théophraste, Dioscoride, Varron, Pline, etc. Les Romains en faisaient un grand usage.

Le lupin blanc (fig. 34) est annuel ; on le cultive dans la basse Égypte, sur les terres que le Nil fertilise chaque année. On le sème après le retrait des eaux et on le récolte en même temps que le froment. En Espagne, en Italie, aux Açores, on le sème aussi en automne.

Cette légumineuse demande une terre légère, siliceuse ou granitique et perméable. Pline observe avec raison qu'elle végète difficilement sur les terres crayeuses ou calcaires.

Les semences de cette légumineuse sont blanc rosé, aplaties et presque rondes ; elles ont une certaine amertume, mais elles perdent ce défaut quand on les laisse tremper dans un vase contenant d'abord de l'eau froide ou de l'eau chaude et ensuite de l'eau salée. On renouvelle l'eau douce plusieurs fois. Le trempage dure trois jours.

Les graines ainsi préparées acquièrent un goût assez agréable. On les mange à l'huile et au vinaigre ou avec un peu de sel. Souvent on les associe aux fèves et aux haricots parce qu'elles ne contiennent pas de gluten.

Autrefois, les Nabathéens les faisaient sécher après leur

Fig. 34. — Lupin blanc.

avoir enlevé leur amertume, les associaient au froment et à l'orge, les réduisaient en farine et en faisaient du pain de bonne qualité.

Le lupin blanc se cultive comme les haricots. On le sème en lignes.

CHAPITRE V

LA GESSE CULTIVÉE OU LENTILLE D'ESPAGNE

Plante dicotylédone de la famille des Légumineuses.

Anglais. — Chickling vetch.
Allemand. — Essbarer platterbse
Italien. — Cicerchia, cichero.
Espagnol. — Muelas.

Égyptien. — Gilbân.
Persan. — Kalar.
Arabe. — Al-adjilbân.

Espèces cultivées.

Cette légumineuse a été cultivée par les Hébreux, les Égyptiens, les Grecs et les Latins. Les Grecs la nommaient *Lathyros* suivant Théophraste, et les Latins *Cicer* d'après Pline et Columelle.

La gesse cultivée a été introduite d'Espagne en France, en 1640. Elle n'y est cultivée, comme plante alimentairee que dans les régions du Sud et du Sud-Ouest.

On la désigne sous les noms suivants : *gesse blanche, lentille d'Espagne, lentille suisse, pois carré, lentille carrée.*

Au dix-septième siècle, on a attribué à cette légumineuse une action pernicieuse, et un édit de George, duc de Wurtemberg, en date de 1671, en a prohibé l'usage. On avait alors confondu le *Lathyrus sativus* qui a des fleurs et des graines blanches, avec le *Lathyrus cicera,* que l'on désigne vulgairement sous le nom de *jarosse* et dont les fleurs et les semences rouge cuivré sont vénéneuses.

7.

Cette gesse (fig. 35) se distingue des autres légumineuses alimentaires par les caractères ci-après :

Fig. 35. — Gesse cultivée.

Tiges faibles, diffuses, anguleuses, glabres et hautes de 0ᵐ.33 à 0ᵐ.65 feuilles à deux ou quatre folioles, oblongues, linéaires, mucronées et terminées par une vrille trifide; fleurs solitaires, blanches ou blanc bleuâtre; gousses courtes, ovales, comprimées, glabres, irrégulièrement réticulées sur la suture dorsale avec deux ailes membraneuses et contenant chacune trois à quatre semences; graines grosses, lisses, trigones aplaties et blanc jaunâtre.

Les graines de la gesse cultivée sont très belles (fig. 36), mais celles qu'elle produit en Espagne et en Portugal, en Grèce, en Algérie, dans le Maroc et en Italie, sont beaucoup plus grosses, plus larges que les semences récoltées en France dans la Provence et le Languedoc.

Cette légumineuse est annuelle. Elle a le mérite de bien

résister aux fortes chaleurs printanières. On la cultive assez en grand en Italie, en Espagne, au Maroc, en Grèce et en Turquie, c'est-à-dire dans les contrées très tempérées.

Fig. 36.

Semences de la gesse cultivée.

La gesse blanche à grosses graines est plus recherchée dans le midi de l'Europe que la gesse cultivée ayant des graines de grosseur ordinaire.

On cultive aussi dans le midi de l'Europe et en Afrique, mais très accidentellement, deux autres gesses :

1. Gesse jaune.

(LATHYRUS OCHRUS, D. C., PISUM OCHRUS, L. OCHRUS PALLIDA, Pers.)

Cette espèce, appelée aussi *Pois jaune*, est aussi annuelle ; ses tiges ont de $0^m.50$ à $0^m.60$ de hauteur ; ses fleurs sont petites, solitaires, presque sessiles et jaune pâle. Elle est connue dans la Basse-Provence sous le nom de *Tapisoli*.

2. Gesse d'Abyssinie.

(LATHYRUS ABYSSINICUS, A. B.)

Cette espèce est annuelle et elle s'élève jusqu'à un mètre ; ses fleurs sont bleu d'azur. Ses graines sont de moyenne grosseur.

Culture.

La gesse cultivée ne réussit pas sur les terres sablonneuses et sur les sols argileux, compacts ou humides.

On doit la cultiver sur des terrains de consistance moyenne ou argilo-siliceux ou, ce qui est préférable, sur des terres calcaires de bonne fertilité et bien préparées.

On la sème en automne ou en février et mars.

Les semis se font en lignes, comme s'il était question de semer des petits pois. On répand dans le Midi et en Espagne de 140 à 150 litres de semence par hectare.

Les tiges de la gesse cultivée, n'ayant que $0^m.40$ à $0^m.50$ de haut, n'ont pas besoin d'être soutenues par des rames.

On arrache les tiges de cette légumineuse avant que ses gousses et ses graines soient complètement mûres, pour les placer immédiatement à l'ombre.

Les graines arrivées à maturité au commencement de juillet et qui subissent pendant un certain temps l'action d'un soleil ardent, cuisent toujours plus difficilement.

On égrène les cosses à l'aide du fléau.

Le rendement en graines varie entre 15 et 20 hectolitres par hectare.

Un hectolitre de gesse blanche pèse de 76 à 80 kilogrammes, selon la grosseur des graines.

Emplois.

Les graines de la gesse cultivée, dans diverses contrées de l'Europe, sont mangées à l'*état vert,* exactement comme les petit pois.

En Espagne et dans toute l'Asie, on vend sur les marchés des gousses vertes de cette légumineuse. C'est par exception qu'on livre à la consommation des graines vertes écossées.

Les semences ne sont pas très recherchées à l'*état sec,* parce qu'elles sont moins alimentaires que les haricots et qu'elles sont d'une digestion assez difficile.

Quand on les manges sèches, on les met tremper pendant 12 à 15 heures avant de les faire cuire. Ainsi préparée, la gesse blanche sert à faire une bonne purée, parce qu'elle est très farineuse.

La *farine* de la gesse blanche est quelquefois alliée à celle du froment dans la fabrication du pain.

100 kilogrammes de graines donnent de 82 à 84 kilogrammes de farine.

La *paille* est donnée aux bêtes bovines ou aux bêtes à laine. Quand elle a été rentrée bien sèche, et qu'elle a été conservée à l'abri de la pluie, elle constitue un bon fourrage.

CHAPITRE VI

LE POIS

Plante dicotylédone de la famille des Légumineuses.

Anglais. — Pea.
Allemand. — Erbse.
Italien. — Pisello.
Espagnol. — Guisante.

Portugais. — Ervilha.
Russe. — Gorock.
Égyptien. — Besilleh.
Sanscrit. — Harenso.

Historique.

Le pois est aussi cultivé comme plante alimentaire depuis les temps les plus reculés. Dioscoride, Galien, Pline ont parlé de sa culture et de l'emploi de ses graines. Charlemagne en recommande la culture et le nomme *Pisum mauriscum.*

Cette légumineuse était très cultivée en Europe, pour son grain sec, avant l'introduction de la pomme de terre.

Le plus généralement, on désigne ses *graines vertes* sous le nom de *petits pois* ou *pois écossés.*

Les variétés qui ont des tiges élevées et qui doivent être soutenues pendant leur végétation par des tuteurs ou des rames sont appelées *pois à rames* ou *pois à ramer.* Celles qui ont des tiges basses et qui peuvent végéter sans appuis sont désignées sous le nom de *pois nains.*

Les variétés qui ont des cosses revêtues intérieurement d'une membrane dure et coriace sont appelées *pois à gous-*

ses *dures*, *pois à parchemin*, *pois à parche*. Celles qui produisent des cosses dont l'intérieur est dépourvu de cette membrane sont appelées *pois tendres*, *pois sans parchemin*, *pois mangetout*, *pois gourmands*, *pois goulus* ou *pois sans parche*.

Enfin, les variétés qui produisent des graines ayant un périsperme verdâtre lorsqu'elles sont sèches servent principalement à la préparation des purées de pois. Quand ces graines ont été divisées et séparées de leur pellicule, on les nomme *pois décortiqués*, *pois cassés*, *pois à purée* ou *pois verts cassés*. Ceux dont le périsperme ne reste pas vert ou verdâtre sont désignés sous le nom de *pois jaunes*.

La petite et la moyenne culture adoptent principalement les variété naines ou à tiges ne dépassant pas en moyenne 0^m.75 à 1 mètre. Les variétés à rames sont principalement réservées pour les jardins et la petite culture. La grande culture ne cultive guère comme pois à rames que les pois verts à purée, variétés que les Égyptiens connaissent sous le nom de *besilli*.

Dans les contrées où la culture du maïs est possible, on associe souvent les pois à rames à cette graminée. Cette pratique est très suivie dans l'Amérique septentrionale.

Les pois est cultivé en Europe, en Égypte, dans l'Amérique, dans l'Inde, au Japon, etc. Ce sont les Européens qui qui le cultivent principalement dans Bengalore (Inde). Sa culture, dans cette partie de l'Asie, demande plus d'attention que celle des autres légumineuses. Les Japonais le nomment *yeudo* et appellent le pois mangetout *saya yeudo*.

En 1695, l'auteur de la *Vie de Colbert* disait : « C'est chose étonnante de voir des personnes acheter les pois verts 50 écus le litron. » La même année, Mme de Maintenon écrivait, le 10 mai : « Le champêtre des pois dure toujours : l'impatience d'en manger, le plaisir d'en avoir

mangé, et la joie d'en manger encore! Ce plaisir se renouvelle chaque année depuis bientôt deux siècles. »

Boileau a confirmé la rareté des petits pois à Paris pendant l'été, lorsqu'il a dit : A peine au mois d'août, l'on
mange des petits pois verts.

La culture du *petit pois* se fait aisément à Alger sur le
bord de la mer quand on lui destine, comme aux environs
de Paris, des coteaux bien exposés.

Cette culture a une importance à Triel, Montmorency,
Clamart, Puteaux, Nanterre, Suresnes, Meulan, Épône,
Gargenville, Mâricourt, etc., dans les environs de Paris,
dans la banlieue de Blois, Orléans, Angers, Bordeaux, Toulouse, etc., et dans le Comtat et la basse Provence.

Conditions climatériques.

Le pois est rustique et peut être cultivé dans toute l'Europe comme plante vernale. Toutefois, la région septentrionale lui est plus favorable que les contrées méridionales.
Dans cette dernière zone, les grandes chaleurs ou les sécheresses, pendant le printemps et l'été, durcissent promptement ses cosses et conséquemment ses grains. Aussi est-on
forcé, dans ces localités, d'opérer généralement les semis
soit en automne, soit au commencement de l'hiver, afin de
pouvoir récolter les cosses avant que la température soit
déjà élevée, c'est-à-dire pendant les mois de mars, avril et
mai. Les semis opérés en octobre ou novembre dans la région méditerranéenne fournissent des gousses vertes en février et mars, qui sont vendues comme primeurs.

Les pois semés en automne, dans l'Europe septentrionale, ne résistent bien aux gelées intenses que lorsqu'ils
occupent des terres saines ou perméables et bien exposées.

Dans les parties centrales et surtout dans les contrées
septentrionales, les pois végètent moins rapidement ; mais

ils ont l'avantage de fournir des gousses et des graines tendres pendant plus longtemps.

On ne peut obtenir des petits pois tendres et sucrés, *pendant l'été*, dans la région méridionale, que lorsqu'on cultive cette légumineuse à l'arrosage ou sur sol toujours frais.

Variétés cultivées.

Le pois présente les caractères suivants :

Tiges d'un vert glauque, plus ou moins élevées et rameuses ; feuilles paripennées, terminées par une vrille rameuse ; folioles ovales, entières, à bord ondulé, souvent opposées, mucronées ; stipules ovales, semi-cordiformes, crénelées ; fleurs disposées au sommet des pédoncules au nombre de 1 à 2, blanches, rouges ou blanches, avec les ailes violettes ; gousses allongées (fig. 37), cylindriques ou comprimées, réticulées à endocarpe tantôt coriace, tantôt très tendre, blanchâtres, verdâtres, bleu verdâtre ou violettes ; graines plus ou moins grosses, tantôt lisses et rondes, tantôt carrées et ridées, jaunâtres ou verdâtres.

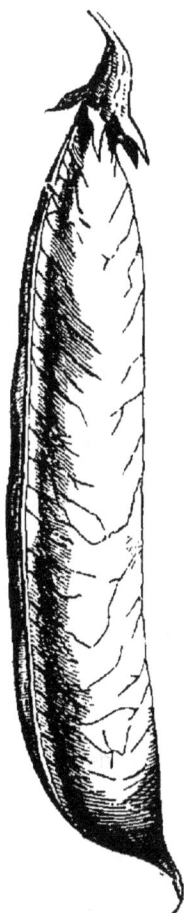

Fig. 37.
Cosse de pois.

L'espèce que l'on cultive comme plante alimentaire comprend un grand nombre de variétés qu'il est utile de diviser en deux grands groupes.

I. — POIS A ÉCOSSER FRAIS.

1. POIS A RAMES ET A COSSES AVEC PARCHEMIN.

1. Pois Michaux de Hollande.

Synonymie : Pois très hâtif, — à la reine, — de Francfort, Michaux hâtif, — de 40 jours.

Tiges de 0m.75 à 0m.90 ; feuilles moyennes ; fleurs blanches ; cosses droites ou peu arquées, longues de 0^m.06 à 0^m.07 ; grain arrondi, jaune blond ou jaune légèrement verdâtre.

Cette variété est remarquable par sa grande précocité et sa productivité ; mais elle redoute les sols humides. Semée en plein champ, à bonne exposition, en février ou pendant le première quinzaine de mars, elle devance le pois Michaux semé vers le 25 novembre (Sainte-Catherine). Ce pois est très cultivé dans les environs de Paris.

Le *pois Prince-Albert* est une sous-race de cette variété ; il est remarquable par sa grande précocité, mais il est plus délicat et moins productif ; il a 0^m.75 de haut. Le *pois Express* est presque aussi hâtif que le pois Prince-Albert ; mais le grain du premier est vert. (Voir n° 7.)

Ces diverses variétés sont très cultivées pour les marchés dans les environs de Paris.

2. Pois merveille d'Étampes.

Tiges de 1^m.20 ; feuilles d'un vert blond ; fleurs blanches ; cosses longues un peu courbées contenant 10 à 12 grains qui sont blancs à la maturité.

Cette variété est à rames et productive ; elle est hâtive et fournit en peu de jours toutes les cosses qu'elle peut produire.

3. Pois Michaux de Rueil.

Synonymie : Pois de Nanterre, — Michaux de Nanterre, — quarantain, de Niort, — pois Baron.

Tiges de 1^m.10 ; feuilles assez larges ; fleurs blanches ; cosses arquées, renflées, longues de 0^m.07 à 0^m.08 ; grains arrondis plus gros que le grain du *pois Michaux ordinaire* (3), parfois déprimé, jaune blond.

Cette variété est peu difficile sur le sol ; elle est plus hâtive que le *pois Michaux ordinaire* (3), et plus rustique, mais moins précoce que le *pois Michaux de Hollande* (1). On doit la *pincer* si on ne la rame pas.

4. Pois Michaux ordinaire.

Synonymie : Petit pois de Paris, — de Sainte-Catherine, ordinaire de Paris, — dominé.

Tiges de 1ᵐ.10 ; feuilles larges ; fleurs blanches ; cosses droites, longues de 0ᵐ.06 à 0ᵐ.07 ; grain arrondi, régulier, jaune blond.

Cette variété est assez précoce, rustique et productive. On la sème à bonne exposition vers le 25 novembre (Sainte-Catherine) ou pendant le mois de février. Son grain en vert est excellent et très tendre.

On ne rame pas le pois Michaux ordinaire quand on cultive en plein champ et qu'on le soumet au pincement. Il est très cultivé dans les environs de Paris.

5. Pois vert cent pour un.

Tiges de 1 mètre ; fleurs blanches ; cosses réunies par deux, légèrement recourbées, bien remplies ; grains moyens, ronds, restant verts à la maturité.

Cette race est très productive ; elle est demi-hâtive et excellente.

6. Pois de Clamart.

Tiges ramifiées de 1ᵐ.50 ; feuilles allongées ; fleurs blanches ; cosses longues de 0ᵐ.06 à 0ᵐ.07, arquées et bien remplies ; grains carrés un peu ridés, jaune blond, quelquefois jaune verdâtre.

Cette variété de deuxième saison, dite *pois carré fin*, est très productive et peu délicate ; elle est très cultivée dans les environs de Paris. On ne la rame pas quand elle végète en plein champ. Elle est un peu tardive. Son grain est tendre et sucré.

Elle a produit une excellente variété précoce appelée *pois* de *Clamart nain hâtif*, qui se propage de plus en plus dans les environs de Paris.

Le pois Michaux, le pois Clamart et le pois mangetout

Fig. 38. — Pois express.

sont les variétés qui alimentent principalement les marchés

de Paris et des villes situées dans les départements qui environnent la capitale de la France.

7. Pois express.

Tiges hautes de 0m.65 à 0m.80; feuillage léger, un peu glauque; fleurs blanches solitaires très nombreuses; grain petit, rond, ayant une teinte bleuâtre à la maturité.

Cette variété (fig. 38) est très appréciée par la petite culture, parce qu'elle est très productive.

8. Pois d'Auvergne.

Tiges de 1m.40; feuilles allongées; fleurs blanches; cosses très arquées, longues de 0m.08 à 0m.09; grain arrondi, régulier et jaune blond.

Cette variété est excellente, productive et peu difficile sur le terrain. On la nomme aussi *pois serpette, pois cosaque, pois crochu*. Elle a produit une race qui est appelée *pois serpette nain*. Cette variété a des tiges hautes de 0m.30 à 0m.35, des cosses nombreuses contenant des grains ridés verts.

9. Pois de Marly.

Synonymie : Pois de Gouvigny, — sans pareil.

Tiges de 1m.25 à 1m.40; feuilles larges; fleurs blanches; cosses longues, grosses, tronquées à leur extrémité inférieure; grain très régulier, gros et jaune blond.

Ce pois est productif, mais il est tardif; il doit être soutenu par de grandes rames quand il végète dans des terrains fertiles. Son grain est très tendre.

10. Pois géant de Saumur.

Tiges de 1m.50 à 2 mètres; fleurs blanches; cosses longues bien remplies, contenant des grains ronds et gros.

Cette variété est très vigoureuse, très productive et demi-tardive. Son grain est tendre et excellent.

11. Pois carré blanc.

Tiges de 1ᵐ.50 à 1ᵐ.60; feuilles amples; fleurs blanches; cosses longues de 0ᵐ.08 à 0ᵐ.09, arquées, très allongées en pointe; grains arrondis, déprimés plutôt que carrés, jaune blond.

Cette variété est rustique et exige de grandes rames. Son grain est tendre et sucré. On ne la rame pas quand on la cultive en dehors des jardins.

Le *pois carré à œil noir* ne diffère du pois carré blanc que par son ombilic, qui est noir.

12. Pois ridé ou de Knight.

Synonymie : Pois ridé à rames, — ridé blanc, — Champion, — du Brésil.

Tiges fortes de 1ᵐ.50 à 1ᵐ.75, très ramifiées; feuilles larges; fleurs blanches; cosses bien remplies, longues de 0ᵐ.08 à 0ᵐ.09, peu arquées, tronquées inférieurement; grains carrés, très ridés, jaune blond ou jaune verdâtre.

Cette variété est très tardive et à grandes rames; son grain est tendre, sucré, excellent et très productif; il devient ridé à la maturité.

La variété dite *pois de Knight vert* ou *pois ridé gros vert à rames* est aussi un excellent pois; ses gousses sont bien remplies. Il en est de même de la race appelée *pois ridé vert du duc d'Albany.*

2. — POIS NAINS A COSSES AVEC PARCHEMIN.

13. Pois nain de Bretagne.

Synonymie : Pois nains de Brest, — nain de Keroulan, — roi des nains, — Tom Pouce.

Tiges de 0ᵐ.30; feuilles petites très rapprochées; fleurs blanches; cosses arquées, longues de 0ᵐ.06 à 0ᵐ.07; grains petits, régulièrement arrondis, jaune blond.

Ce pois, le plus petit des variétés naines, est hâtif ; il peut être cultivé en bordure, mais il est peu productif.

14. Pois nain ordinaire.

Tiges de 0^m.40 ; feuilles petites ; fleurs blanches ; cosses légèrement arquées, longues de 0^m.06 à 0^m.07 ; grains petits, ronds, blonds un peu verdâtre.

Cette variété est franchement naine et elle est très productive. Son grain est de bonne qualité. On peut la cultiver sous châssis ou en bordure. On l'appelle aussi *pois à bouquet, pois nain de Hollande*.

15. Pois merveille d'Amérique.

Plante haute de 0^m.25 ; fleurs blanches ; cosses droites, très renflées et bien remplies ; grains gros, aplatis, vert bleuâtre et ridés.

Cette race est précoce, mais sa productivité n'est pas très prolongée. Elle convient très bien pour occuper des bordures.

16. Pois ridé nain hâtif.

Tiges de 0^m.40 à 0^m.50 ; feuilles étroites ; fleurs blanches ; cosses un peu arquées, longues de 0^m.06 à 0^m.07 ; grains carrés, ridés, jaune blond ou jaune verdâtre.

Cette excellente variété est productive. Son grain est très sucré.

La sous-race, dite *pois ridé nain vert*, a aussi un grain excellent et très tendre ; elle est hâtive.

3. — POIS A RAMES ET A COSSES SANS PARCHEMIN.

17. Pois corne de bélier.

Synonymie : Pois de Saint-Quentin, — sans parchemin à fleurs blanches, — crochu à larges cosses, — faucille, — à grandes cosses.

Tiges de 1^m.50 ; feuilles larges ; grandes fleurs blanches ; cosses longues, larges, très arquées ; grains gros, arrondis, irréguliers, jaune blanchâtre.

Cette variété est vigoureuse et un peu tardive. Elle est regardée comme un excellent pois mangetout. Son grain est très farineux. Elle exige de grandes rames et elle est très productive dans les bonnes terres.

On cultive accidentellement une sous-race à fleur rouge, que l'on nomme *pois corne de bélier à fleur rouge*, *pois chocolat*, *pois à bouquet rouge*, *pois sans parchemin à fleurs rouges*. Cette sous-variété est moins estimée que la précédente. Sa graine est arrondie, brun pâle, marbrée de roux.

18. Pois géant sans parchemin.

Tiges de 1^m.30 ; feuilles larges, marquées de rouge autour de leur insertion sur les tiges ; fleurs violettes ; cosses très longues et très larges, arquées et très contournées ; grains gros irréguliers, jaune verdâtre pointillé de brun.

Cette variété est vigoureuse, mais elle est peu productive ; en outre, ses cosses vertes sont de qualité secondaire.

On cultive quelquefois les deux variétés suivantes : 1° *Pois turc à fleur blanche sans parchemin*, 2° *pois turc à fleur rouge sans parchemin*. Ces deux variétés sont aussi productives.

4. — POIS NAINS ET A COSSES SANS PARCHEMIN.

19. Pois nain sans parchemin.

Synonymie : Pois sans parche nain, — nain breton.

Tiges de 0^m.60 ; feuilles assez larges ; fleurs blanches ; cosses arquées, longues de 0^m.07 à 0^m.08 ; grains arrondis ou déprimés, jaune blond.

Cette variété est productive et précoce : ses cosses sont nombreuses et tendres. Elle réussit bien en plein champ.

II. — POIS VERT A PURÉE.

20. Pois gros carré vert normand.

Synonymie : Pois carré vert, — vert de Picardie, — gros vert, — vert
à rames, — gros carré vert.

Tiges de 1ᵐ.60 à 2 mètres; feuilles larges; fleurs blanches; cosses
longues de 0ᵐ.09 à 0ᵐ.10, presque droites; grains gros, arrondis, déprimés plutôt que carrés, verdatres ou vert bleuâtre.

Cette variété tardive est productive et remarquable par
la belle qualité de ses grains, que l'on mange après les
avoir divisés, et que l'on nomme alors *pois verts cassés*. Ses
semences cuisent facilement.

Comme tous les pois qui appartiennent à ce groupe, les
graines de cette variété ont leur partie interne très verte
et une enveloppe vert bleuâtre ou vert glauque.

La race dite *pois vert de Noyon* ou *pois vert d'Armentières*
produit des grains ronds.

21. Pois vert nain impérial.

Tiges de 0ᵐ.40; feuilles larges; fleurs blanc verdâtre; cosses très
peu arquées, longues de 0ᵐ.08 ; grains déprimés, arrondis, verdâtres ou
vert bleuâtre.

Cette variété est productive et d'excellente qualité, mais
elle est difficile sur la nature du sol; elle demande des terres
fraîches et fertiles.

22. Pois nain vert gros.

Tiges de 0ᵐ.60; feuilles moyennes; fleurs blanches; cosses longues
de 0ᵐ.06 à 0ᵐ.07 ; grains arrondis, réguliers, gros et verdâtres.

Cette variété, appelée aussi *pois nain vert de Prusse, pois
bleu nain* est très rustique et très productive. Son grain est
sucré et il peut être mangé comme petit pois.

Le pois nain vert gros est très cultivé dans le nord de la France : en Flandre et dans la Picardie.

Composition du pois.

Le pois est la semence légumineuse la plus riche en parties alibiles. Voici la composition du *pois sec ordinaire* ou *pois blanc* :

	Payen.	Boussingault.
Amidon, dextrine...............	58,7	59,6
Substances azotées	23,8	23,9
Matières grasses	2,1	2,0
Ligneux, cellulose.............	3,5	3,6
Sels minéraux.................	2,2	2,0
Eau.........................	9,7	8,9
	100,0	100,0

Les *pois verts* renferment les éléments ci-après :

	Petit pois vert.
Amidon................................	3,40
Sucre.................................	4,55
Albumine..............................	0,90
Matières extractives...................	0,65
Phosphate de chaux....................	0,19
Fibres ligneuses.......................	10,31
Eau...................................	80,00
	100,00

	Pois jaune mûr.	Pois à purée sec et décortiqué.
Amidon, dextrine..............	58,7	58,5
Substances azotées..............	23,8	25,4
Matières grasses................	2,1	2,0
Ligneux, cellulose..............	3,5	1,9
Sels minéraux	2,1	2,5
Eau..........................	9,8	9,7
	100,0	100,0
Azote........................	4,51	4,61

Les pois à purée contiennent donc davantage de substances azotées et moins de cellulose que les pois jaunes secs ; ce qui justifie la supériorité de leur pouvoir alimentaire.

Les pois donnent, à l'incinération, 3 pour 100 de cendres, et les tiges de 5 à 6 pour 100. Voici, d'après Leichoff, Braconnot, etc., les analyses moyennes de ces résidus :

	Grains.	Paille.
Potasse...................	36,30 ⎱	12,38
Soude	7,23 ⎰	
Chaux........................	5,36	37,57
Magnésie.....................	8,54	6,53
Acide sulfurique..............	33,52	7,23
Acide phosphorique............	4,39	9,00
Silice........................	1,52	20,40
Chlorure de sodium...........	2,16	4,88
Oxyde de fer.	0,98	2,01
	100,00	100,00

La forte proportion de chaux que renferment les cendres des tiges et des feuilles sèches indique bien que les pois doivent être cultivés de préférence sur des terres riches en sels calcaires.

Terrain.

Le pois est moins difficile sur le terrain qu'on lui destine que le haricot.

NATURE. — Les pois cultivés pour leurs cosses vertes ou leurs grains secs demandent des terres de moyenne consistance, des terres calcaires argileuses ou argilo-siliceuses.

Ils ne végètent pas très bien sur les terrains sablonneux, les argiles plastiques et les sols tourbeux.

Les pois qu'on sème en automne ou au commencement de l'hiver doivent être cultivés sur des terres saines, perméables, exposées au midi et abritées des vents du nord.

Les pois cultivés comme plantes annuelles doivent être semés autant que possible sur des terres ayant la propriété de conserver une certaine fraîcheur pendant les chaleurs printanières.

Ceux qui végètent sur des terrains que le soleil dessèche aisément fournissent toujours peu de cosses, et les grains contenus dans celles-ci durcissent promptement.

Les relais de mer sont très favorables aux pois.

FERTILITÉ. — Le pois est une plante exigeante ; aussi est-il nécessaire de le cultiver sur des terres de bonne qualité ou convenablement fertilisées par des engrais d'une décomposition facile.

Il s'accommode très bien des fumiers à demi décomposés, des boues de ville et de la poudrette, engrais qui sont très actifs quand ils ont été bien préparés.

On favorise sa végétation en chaulant ou marnant les terres qu'on lui destine.

PRÉPARATION. — Les pois demandent des terres bien préparées.

La petite culture prépare ordinairement à bras les terrains sur lesquels elle les cultive. Dans la moyenne culture, cette préparation se fait toujours à l'aide des instruments aratoires.

Les *pois nains*, qu'on sème à la fin de l'hiver ou au printemps, peuvent être cultivés sur des terres labourées à plat ou en planches ; ceux qu'on doit semer en novembre ou en février exigent, dans l'Europe septentrionale, que le sol qu'on leur destine soit incliné vers le midi, afin que la couche arable puisse être plus aisément échauffée par le soleil, soit pendant l'automne, soit à la fin de l'hiver.

En général, les semis d'automne qui réussissent le mieux dans les environs de Paris sont ceux qu'on opère sur des terrains inclinés, de consistance moyenne et exposés au midi ou au sud-est.

Les *pois à rames* doivent être semés sur des terrains disposés en petites planches ayant 1ᵐ.20 à 1ᵐ.30 de largeur. Ces planches sont ordinairement séparées les unes des autres par un petit sentier.

Semailles.

Époque. — Le pois Michaux ordinaire ou pois de Sainte-Catherine (1) se sème ordinairement, sous le climat de Paris, vers le 25 novembre ou au commencement de février. Ainsi cultivé, il résiste bien aux froids ordinaires, surtout quand il occupe des terrains sains et exposés en plein midi.

Les variétés dites *Michaux de Rueil, pois merveille d'Étampes* et *Clamart,* semées vers la fin d'octobre dans le Bordelais, passent très bien l'hiver sans abri.

Les autres variétés, dans l'Europe septentrionale, doivent être semées depuis le mois de mars jusqu'en juillet, selon leur précocité et les produits qu'on leur demande. Dans le Midi et aussi en Algérie, les semis sont exécutés depuis la mi-septembre jusqu'en décembre. Les variétés très hâtives, comme les pois Michaux, sont celles qu'on sème de préférence en octobre ou novembre. C'est aussi en automne, et à une très bonne exposition, que les Romains semaient les pois, parce qu'ils supportaient mal les froids des hivers.

Lorsque les pois doivent fournir des cosses vertes ou des *petits pois*, on renouvelle souvent les semis printaniers tous les 10, 12 ou 15 jours.

En général, on cesse de semer des pois dans le courant de juin dans la région du Centre, et en juillet et août dans la région du Midi. Les derniers semis faits en juin avec le *pois Clamart*, le *pois mangetout* et le *pois ridé,* produisent des cosses vertes en septembre et octobre.

Le pois Michaux semé en septembre ou octobre fournit des cosses en mai dans les environs de Paris.

En Grèce, tous les semis se font en novembre.

EXÉCUTION. — On sème les pois à la volée, en rayons ou en poquets. Les semis à la volée ne sont possibles que quand on cultive le pois vert à purée.

Toutes les autres variétés, celles surtout qui doivent fournir des cosses vertes, sont toujours semées en lignes ou rayons espacés de 0^m.33, 0^m.40 et quelquefois 0^m.50.

Il est très utile de diriger les rayons qui ont 0^m.08 à 0^m.12 de largeur du nord au sud, toutes les fois que les circonstances le permettent.

Les pois doivent être espacés les uns des autres dans les rayons de 0^m.03 à 0^m.05, suivant la fertilité du sol et le développement que peut prendre la variété cultivée.

On couvre les graines avec la charrue, ou, ce qui vaut mieux, à l'aide du râteau ou de la binette. Les semences doivent être placées à 0^m.05 ou 0^m.06 au-dessous du niveau de la couche arable, afin qu'elles germent plus facilement et que les oiseaux ne puissent aisément les déterrer. On leur associe souvent de la *gadoue* ancienne et bien émiettée. Cet engrais est très fertilisant.

En général, il vaut mieux semer les pois un peu drus que trop clairs.

Les semis en *touffes* sont peu pratiqués. Quand on les exécute, on espace les poquets de 0^m.30, et on met 5 à 6 grains dans chaque poquet.

On doit, autant que possible, semer les pois par un beau temps. Il faut éviter que la terre, après le semis, soit battue par des pluies abondantes. Il est utile, quand on sème en automne le pois Michaud Sainte-Catherine sur des terrains inclinés et exposés au sud, d'étager les rayons en les dirigeant de l'est à l'ouest.

QUANTITÉ DE GRAINES. — On sème ordinairement par

hectare de 200 à 250 litres de semences, selon le développement que les plantes peuvent prendre et la grosseur des graines.

Les pois attaqués par la *bruche* (fig. 39) ne lèvent pas toujours très bien.

Fig. 39.
Pois attaqué
par la bruche.

Les semences germent au bout de 8 à 12 jours, suivant la température et l'humidité de la couche arable.

Soins d'entretien.

Les pois n'exigent pas, pendant leur développement, de nombreux soins d'entretien.

BINAGE. — Quand le sol a été durci par l'action simultanée des pluies et du soleil, et lorsque les mauvaises herbes commencent à envahir la couche arable, on opère un binage, qu'on répète, s'il y a nécessité, avant que les plantes aient de 0m.15 à 0m.20 de hauteur. Les pois semés en lignes en septembre, octobre ou novembre sont ordinairement binés en février ou au plus tard au commencement de mars.

Dans la moyenne culture, on fait précéder cette façon d'ameublissement par un *hersage*, lorsque le sol s'est durci après le semis. Ce hersage, en divisant la superficie de la terre, favorise la germination des graines.

Enfin, quelquefois on remplace le deuxième binage par un *sarclage*.

RAMES. — Les variétés à tiges élevées qu'on cultive dans des terres fertiles et fraîches doivent être soutenues par des rames ou branches ramifiées, sèches et dépourvues de feuilles, afin que les pluies ne les couchent pas sur la terre.

Toutefois, si ces rames sont nécessaires dans les jardins, elles sont rarement en usage quand on cultive les mêmes variétés en plein champ, parce que les tiges de ces plantes, à cause de leur moins grande élévation, se soutiennent alors presque toujours d'elles-mêmes au-dessus du sol.

Quand on doit ramer des pois, on fiche en terre des branches de chênes ou de châtaigniers émondés quand les plantes ont de $0^m.10$ à $0^m.15$ de hauteur ; on les casse à la serpe, à un mètre environ de leur extrémité inférieure, et on rabat leur partie supérieure vers le sol. Une seule rangée de rames ainsi disposées suffit toujours pour deux ou trois lignes de pois.

ÉTÊTAGE OU CHÂTRAGE. — Dans diverses contrées, on pince les pois au moment où apparaissent les 3ᵉ, 4ᵉ ou 5ᵉ fleurs. Cette opération, dite *pincement,* est faite dans le but d'arrêter l'élongation des tiges et de favoriser la fécondation des fleurs médianes et le développement des gousses qui en résultent. Cette opération dispense de ramer les variétés dont les tiges ont $0^m.70$ à $0^m.80$ de haut.

On châtre ou on *émonde* les pois en supprimant avec le pouce et l'index les bourgeons terminaux des princpales tiges.

En général, l'étêtage n'est pratiqué que dans les jardins ou par la petite et la moyenne culture, à Nanterre, Suresnes, Puteaux, etc. Cette opération dispense de l'emploi des rames.

PLANTES PARASITES. — Les feuilles des pois sont sujettes, dans les années humides, à être attaquées par la *rouille*. Dans les années sèches, les tiges et les feuilles sont quelquefois envahies par un cryptogame appelé *blanquet* ou le *blanc*. On ne connaît aucun moyen pour arrêter ou prévenir ces parasites.

Récolte.

POIS VERTS. — On récolte les pois en vert ou en sec. La

récolte des cosses vertes se continue plusieurs fois par semaine. Elle commence vers la fin d'avril dans les contrées du Midi et vers la fin de mai dans les régions du Nord. Par exception, on l'exécute dès la fin de novembre dans le comté de Nice et en Algérie.

On doit éviter de cueillir les cosses par la pluie. Celles qu'on récolte par des temps pluvieux brunissent assez facilement quand elles sont mises dans des sacs ou dans des paniers, et elles perdent par conséquent de leur fraîcheur.

Cette cueillette est plus difficile que la récolte des haricots verts. Les femmes qui sont chargées de l'exécuter doivent marcher dans les sentiers et éviter de fouler ou d'arracher les tiges. Pour ne pas endommager les plantes, elles saisissent par la main gauche la tige qui porte la cosse à cueillir et détachent celle-ci à l'aide de la main droite.

Les cosses ainsi récoltées sont déposées dans un panier ou dans le tablier relevé en forme de poche que chaque cueilleuse a devant elle.

Il est très important, dans cette récolte, de ne cueillir que des cosses ayant le même développement, afin de pouvoir livrer à la vente des *petits pois* ayant à peu près la même grosseur.

Les pois qui ont convenablement végété peuvent donner de 2 500 à 3 000 litres de pois écossés par hectare. Les variétés les plus productives ont des cosses qui contiennent en moyenne de 7 à 8 grains.

Lorsqu'on doit livrer des *pois fins*, il est utile de cueillir les cosses en temps voulu. Les cosses récoltées quand elles sont encore peu développées en fournissent toujours moins que les autres ; mais les grains qu'on en retire par l'*écossage* se vendent beaucoup plus cher.

Les pois verts expédiés d'Algérie du 15 décembre au 15 février sont expédiés dans des corbeilles en roseau tressées, afin qu'ils soient aérés pendant le transport.

Les *pois mangetout* ou *pois goulus* se cueillent plus tardivement, afin que leurs cosses renferment des pois déjà gros.

Les grandes chaleurs et surtout les sécheresses durcissent les cosses et les pois.

Les variétés les plus cultivées sont les suivantes : pois Michaux, pois Prince-Albert, pois Clamart, pois Merveille d'Étampes, pois nain vert impérial, pois serpette et pois ridé.

Pois secs. — La *récolte des pois secs* a lieu après la cueillette des cosses vertes, et lorsque les dernières gousses et les tiges sont sèches.

Les *pois verts à purée* sont aussi récoltés quand les cosses sont mûres.

On coupe les tiges à la faucille ou au volant et on laisse les tiges en javelles. On les met ensuite en bottes à l'aide de liens de paille. On doit opérer par un beau temps et le matin, pour que les cosses perdent le moins possible de graines. Il est nécessaire de rentrer promptement la récolte. Les pluies ont l'inconvénient de nuire à la couleur normale des graines.

Le battage des cosses se fait au moyen de fléaux légers, afin de ne pas écraser les semences. On l'opère sur une aire de grange, quand les tiges et les cosses sont bien sèches.

La récolte des *pois jaunes* secs présente toujours moins de difficulté.

Rendement.

Graines. — Les pois auxquels on demande des *petits pois* produisent beaucoup, surtout lorsqu'ils sont cultivés dans des terres de bonne qualité.

Dans les circonstances ordinaires, le pois Michaux commun et le pois de Clamart donnent de 50 à 80 hectolitres de *cosses vertes* par hectare.

Un hectolitre de cosses vertes, en temps ordinaire, pèse de 45 à 50 kilogrammes. Il donne à l'écossage de 18 à 20 litres de pois de moyenne grosseur.

En général, il faut de 4 à 6 kilogrammes de cosses pleines pour obtenir 1 kilogramme de petits pois moyens.

Le poids d'un litre de pois écossés frais varie entre 500 et 600 grammes, suivant leur finesse.

Les *pois verts à purée*, cultivés dans de bonnes terres, donnent, en moyenne, de 20 à 30 hectolitres de *pois secs*. En Flandre, leur produit, sur les sols fertiles, atteint parfois 35 à 40 hectolitres.

Un hectolitre de graines sèches pèse de 78 à 80 kilogrammes.

Paille. — En général, ces légumineuses ne donnent pas, en moyenne, au delà de 3000 kilogrammes de paille ou de tiges sèches.

Emplois des produits.

Petits pois. — Les pois à parchemin se mangent écossés, sous forme de *petits pois*.

Les premiers petits pois qui sont vendus à la halle de Paris viennent d'abord d'Alger et d'Espagne, puis, de la basse Provence, du bas Languedoc et de la vallée du Rhône. Ceux qui leur succèdent sont importés de Bordeaux, de Tours, d'Angers et d'Orléans. Les pois récoltés dans les environs de Paris, à Meulan, Suresnes, Carrière, Triel, Deuil, Nanterre, ne sont livrés à la consommation qu'à partir de mai ou de juin. C'est en mars et avril que les premiers petits pois apparaissent sur les marchés dans la région méridionale.

Le commerce divise les *pois écossés*, suivant leur grosseur, en trois catégories : les *fins*, les *moyens* et les *gros*. Les premiers sont les plus recherchés et les plus chers.

Les cosses vertes récoltées dans les environs de Paris, Bordeaux, etc., sont vendues en juin et juillet de 15 à 25 francs les 100 kilog.

Les petits pois récoltés dans les environs de Paris pendant les mois de septembre et octobre sont vendus à la halle de 25 à 40 francs les 100 kilog.

Un sac de pois pèse 55 kilog. ; il rend à l'écossage de 26 à 28 litres de petits pois.

C'est depuis le mois de décembre jusqu'à la fin de mars que l'Algérie expédie des pois verts à la halle de Paris. Leur prix s'abaisse successivement de 120 à 50 francs, les 100 kilog. Les pois provenant de Hyères, Bordeaux, Blois, Angers Barbentane, Onzain, Romorantin, Avignon, et les environs de Paris, sont abondants en mai et surtout en juin. Leur prix diminue successivement de 50 à 8 francs, les 100 kilog. C'est en avril et au commencement de mai que Paris reçoit des pois verts d'Espagne. Les *pois gourmands* venant de Barbentane arrivent à la halle en mars, avril et mai. On les vend de 60 à 100 francs, les 100 kilog.

On conserve les petits pois suivant le procédé Appert. Le *pois vert nain petit* et surtout le *pois vert impérial* sont cultivés souvent pour les fabricants de conserves. Ils ont une belle nuance *vert naturel*.

Les *pois mange-tout* ou *pois gourmands* se mangent avec leurs cosses, parce que celles-ci n'ont pas de parchemin ; ceux qu'on importe d'Algérie et d'Espagne en avril et mai sont vendus de 60 à 75 francs les 100 kilog.

POIS SECS. — Les *pois secs* servent à faire des purées.

Les *pois verts* non décortiqués, à cause de la nuance de leur pellicule, sont désignés sur les marchés du nord de la France sous le nom de *pois bleus* ou *pois verts*. Les plus recherchés sont connus sous le nom de *pois verts normands*.

Les *pois verts cassés* ou *pois verts décortiqués* sont débarrassés de leur enveloppe ; ils portent dans le commerce les dénominations suivantes : *Petit-Dreux, Gros-Dreux, Noyon*. Ces deux derniers pois sont les plus estimés. On les vend, en moyenne, de 28 à 32 francs l'hectolitre.

La farine de ces pois est jaune verdâtre avec une saveur particulière.

Les *pois ordinaires secs* sont appelés *pois blancs*.

COSSES VERTES. — Les *cosses vertes* peuvent être données aux vaches laitières, qui les mangent avec avidité.

Ces résidus sont aussi nutritifs que les pois en fleurs, qui contiennent, d'après M. Grandeau, 3,2 pour 100 de matières protéiques et 7,6 pour 100 de matières amylacées.

TIGES SÈCHES. — La paille est excellente pour le bétail quand elle n'a pas été altérée par la pluie. Elle renferme pour 100 : 7,0 de matières protéiques et 31,2 de matières amylacées.

CHAPITRE VII

LE POIS CHICHE

Plante dicotylédone de la famille des légumineuses.

Anglais. — Chick pea.
Allemand. — Kicher erbse.
Espagnol. — Garbenzos.
Italien. — Cicerchie.
Portugais. — Grão de bico.

Péruvien. — Garbanzos.
Égyptien. — Malanêh.
Indien. — Kadolaï.
Arabe. — Al-Koular.
Hébreu. — Ketsech.

Historique.

Le pois chiche est connu depuis les temps les plus anciens. Les Hébreux, les Égyptiens et les Grecs l'ont cultivé comme plante alimentaire. Théophraste l'a très bien décrit, et Galien, Pline, Columelle ont fait connaître comment les Latins le cultivaient. Les Romains l'appelaient *ariétin*, parce que sa graine ressemble a une tête de bélier (*aries*). Il a été introduit en 1548 dans le midi de la France.

On le cultive dans la Provence et le Languedoc, en Italie, en Algérie, en Égypte, en Espagne, en Afrique, dans la Russie méridionale, en Perse, au Pérou, à Haïti, dans l'Inde, etc. Il est aussi très cultivé dans la Turquie d'Asie et en Égypte sur les terrains qui sont annuellement submergés pendant plusieurs semaines dans les environs du Caire, de Damiette et de Rosette, et dans les plaines de Saqquârah et de Birket-el-Haggy.

Le pois chiche est très cultivé en Asie. Les Hindous le nomment *Bhoot chana*, les Bengalais, *chola*, les Birmaniens, *gram* ou *Bengal gram* les persans, *Nochot*, les Turcs, *Nachunt*. A Haïti, on l'appelle *Guaracao*. Il ne redoute pas les grandes chaleurs.

On le connaît en Europe sous les dénominations suivantes : *garvance, garbance, pois cornu, cicérole, garvane, pois chiche, pois pointu, ciseron, cicérole, cezé, pois colombin, pois tête de bélier, pois égyptien.*

On évalue à 200 000 hectares la superficie que le pois chiche occupe annuellement en Espagne.

Le pois chiche exige, pour végéter et mûrir ses semences, une température plus élevée que la somme de chaleur qui assure la réussite du haricot.

Il est très peu cultivé dans la région septentrionale de la France. Le climat de cette région ne permettant pas de le semer avant les mois de mars ou avril, il en résulte qu'il n'y mûrit pas toujours parfaitement ses graines.

Mais, si dans le nord de l'Europe on lui préfère les pois verts à purée, par contre, dans le Midi de la France, en Espagne, dans l'Estramadure, en Italie, en Égypte, en Algérie, etc., on le regarde comme une plante précieuse, parce que, dans ces contrées, il supporte très bien, au printemps, et les fortes chaleurs et les grandes sécheresses.

Bosc s'est trompé quand il a recommandé de semer le pois chiche après la récolte des céréales, et lorsqu'il a ajouté que cette légumineuse pousse alors rapidement, parvient presque toujours à se mettre en état de résister aux gelées et aux pluies continuelles et qu'elle mûrit son grain l'année suivante. Le pois chiche est une plante annuelle qui doit être semée aussitôt que possible à la fin de l'hiver. Ses graines arrivent à maturité vers la fin de juin ou au commencement de juillet.

Espèces et variétés.

Le pois chiche est annuel (fig. 40). Toutes ses parties

Fig. 40. — Pois chiche.

herbacées sont couvertes de poils glanduleux. Voici ses caractères distinctifs :

Tiges anguleuses de $0^m.30$ à $0^m.50$ de hauteur ; feuilles imparipennées, à pétioles terminés en vrilles ; folioles ovales et dentées, et stipules
lancéolées ; fleurs petites, blanches, axillaires solitaires, et pédonculées :

gousses rhomboïdes ou ovales, enflées et à deux graines presque rondes, et terminées par une pointe courbée du côté de l'ombilic.

Cette légumineuse jouit de la propriété singulière d'avoir des feuilles sur lesquelles, pendant le mois de mai et sous l'action du soleil, transsude de l'acide oxalique.

Les Romains cultivaient trois sortes de pois chiche (*ciceri*) : 1° le *pois chiche ariétin*, 2° le *pois chiche colombin*, 3° le *pois chiche noir*.

Le pois chiche colombin était blanc jaunâtre et plus petit que l'ariétin. On l'utilisait dans les cérémonies en l'honneur de Vénus. C'est pourquoi il était souvent désigné sous le nom de *pois chiche de Vénus*.

Le *Cicercula* des Latins était la *jarosse* (LATHYRUS CICERA, L.). D'après Pline, la graine de cette légumineuse différait du *cicer* par sa couleur obscure et sombre.

De nos jours, on cultive les variétés suivantes :

Fig. 41.
Semences de pois chiche.

1. POIS CHICHE BLANC. — La graine (fig. 41) que fournit cette légumineuse est blanc jaunâtre ou blanc un peu rosé. Elle est plus ou moins grosse, selon les terrains et les contrées où le pois chiche est cultivé. En général, les semences qui proviennent de plantes ayant végété dans un terrain fertile situé sous un climat très tempéré sont plus belles, plus volumineuses, plus alimentaires que les graines qu'on récolte dans les contrées rapprochées de la région septentrionale. Les Indiens nomment le pois chiche blanc *gram moung*.

Dans le commerce on distingue les trois sortes suivantes : 1° le *pois chiche d'Espagne*, qui est très gros ; 2° le *pois chiche commun* ; 3° le *pois chiche petit*, qui est plus sphérique que le précédent et que les Romains appelaient *colombin*.

Les pois chiches les plus gros et les plus estimés en Espagne sont ceux que l'on récolte à Fuente-Sauco, Montoida et Naval-Carnero.

2. Pois chiche rouge. — Cette variété a une fleur rouge ou rose et des graines rouge brun. Elle est cultivée dans le midi de la France, en Italie, en Espagne et dans l'Inde où elle est appelée *gram koultée* ou *horse grain*, parce qu'elle sert à nourrir les chevaux. Ses graines sont rougeâtres et elles deviennent très rouges par la cuisson. Cette variété est plus hâtive que le pois chiche blanc.

3. Pois chiche noir. — La fleur de cette variété est rouge sombre. Ses graines sont d'un beau noir mat.

Ce pois chiche est cultivé en Italie et dans l'Inde. Au dire de Pline, les graines du *pois chiche noir* et du *pois chiche rouge* (2) sont plus fermes et plus savoureuses que les semences petites ou grosses du *pois chiche blanc* (1). Le pois chiche noir est appelé par les Indiens *gram oorud*.

3. Pois chiche denté. — Cette variété est un peu tardive; ses grains ont sur leurs angles des dentelures apparentes. Elle est cultivée à l'île Bourbon.

Culture.

Terrain. — Le pois chiche doit être cultivé sur des terrains secs, graveleux ou pierreux et profonds. Il réussit mal sur les terres tenaces et froides.

Cette légumineuse étant épuisante, il faut lui destiner des sols de bonne qualité et convenablement fumés. Dans le midi de l'Europe, on a toujours constaté qu'elle effritait le sol quand elle était cultivée sur des terrains qui n'avaient pas reçu d'engrais. La faculté épuisante du pois chiche est telle que beaucoup de baux, dans les provinces méridionales, en défendent complètement la culture.

On prépare le sol par un ou deux labours, selon l'état de

la couche arable et la plante qui a occupé en dernier lieu
le sol.

SEMAILLES. — On sème le pois chiche depuis le mois
d'octobre jusqu'à la fin de février.

En Espagne, en Algérie et en Italie, les semis se font
toujours en automne. Dans la Provence et le Languedoc,
on les exécute en novembre ou pendant les mois de janvier
ou février. Dans la région du Sud-Ouest et en Grèce, on
sème le pois chiche en mars ou avril. A Rome, autrefois,
on le semait aussi au printemps.

A Pondichéry, les semis se font pendant le mois de jan-
vier et en Égypte en novembre, après les inondations du
Nil. C'est aussi de novembre à janvier qu'on le sème en
Algérie.

On sème le pois chiche à la *volée* ou en *lignes* éloignées
les unes des autres de 0^m.60 à 0^m.75.

Lorsqu'on cultive cette légumineuse en lignes, on répand
les graines derrière le laboureur pour les enterrer à l'aide
d'un trait de charrue.

On peut aussi semer les pois chiches en *poquets* ou par
touffes.

On répand, par hectare, environ 150 litres de semence
lorsqu'on opère les semis en lignes ou en poquets.

SOINS D'ENTRETIEN. — Les pois chiches cultivés en lignes ou en poquets exigent un ou deux binages, que l'on
opère en avril et pendant le mois de mai.

On se borne ordinairement à sarcler les pois chiches qui
ont été semés à la volée.

Au second binage, on butte légèrement toutes les
plantes.

RÉCOLTE. — On arrache les pois chiches avant que
leurs gousses soient sèches. Il est utile de récolter ces légumineuses un peu prématurément. Si on laisse les plantes
trop mûrir ou trop longtemps à l'action du soleil, les se-

mences durcissent et sont difficiles à cuire. C'est pourquoi on doit s'empresser, après l'arrachage et la mise en bottes, de transporter celles-ci sous un hangar ou dans un grenier.

La récolte des tiges se fait ordinairement en juillet dans le midi de la France. En Égypte, dans les plaines de Seqqarah et de Hanka, on les récolte à l'état vert en février pour les vendre sur les marchés.

On bat les tiges sèches du pois chiche au moyen du fléau ou à l'aide du dépiquage.

MALADIES. — Le pois chiche est sujet à une maladie à laquelle on a donné le nom de *blanquet*.

Cette altération compromet parfois sa réussite dans le midi de l'Europe. Elle se présente sous forme de taches blanches pulvérulentes, plus ou moins étendues, et qui couvrent la surface supérieure des feuilles et celle des tiges. Elle est due à de petits champignons ou *érysiphés*. On ne connaît aucun moyen pour la prévenir ou l'arrêter dans son développement.

RENDEMENT. — Le pois chiche est assez productif. Lorsqu'il a bien végété et qu'il n'a pas été envahi par le *blanquet*, son rendement moyen varie entre 15 et 20 hectolitres par hectare ; mais, dans les localités où sa culture est encore mal comprise, ce rendement souvent ne dépasse pas 8 et 10 hectolitres.

En Espagne, où cette légumineuse réussit très bien, son produit moyen s'élève souvent à 35 hectolitres par hectare.

Un hectolitre de pois chiches pèse de 75 à 78 kilogrammes.

100 semences pèsent de 32 à 35 grammes.

Emploi des produits.

Le pois chiche est très nutritif et favorable à la santé ;

il est recherché par les populations du midi de l'Europe et celles de l'Asie, quoiqu'il ne soit pas pour tous d'une facile digestion.

Voici sa composition :

Amidon...........................	62,20
Matières grasses..................	4,56
— azotées...................	19,32
— minérales..................	3,12
Eau.............................	10,80
	100,00

Les graines qui proviennent de plantes qui ont végété dans des terrains contenant une notable proportion de sulfate de chaux, et celles qui, après l'arrachage des tiges, sont restées longtemps à l'ardeur brûlante du soleil, sont difficiles à cuire. On les rend mangeables en les faisant tremper pendant douze heures dans une eau un peu salée ou à laquelle on a ajouté du tartrate ou du carbonate de potasse ou des cendres de bois. Leur cuisson dure trois heures ; elle exige de l'eau de pluie.

Les semences provenant de plantes récoltées avant qu'elles soient blanc jaunâtre, c'est-à-dire avant la complète maturité des gousses, et déposées sous un hangar à l'abri du soleil, cuisent facilement dans l'eau qui dissout le savon sans addition de potasse ou de soude, et elles ont un goût très agréable. Ces *pois secs* sont mangés bouillis et assaisonnés avec de l'huile et du vinaigre, ou après avoir été transformés en purée.

Leur *farine* sert à faire la purée aux croûtons ou la bouillie que les Provençaux appellent *farnade,* et qu'ils mangent toujours avec plaisir.

Dans la Provence, le jour des Rameaux, on mange toujours des pois chiches à dîner. Voici, l'origine de cette coutume. Une affreuse disette désolait la Provence. Une bâ-

timent chargé de pois chiches arriva à Saint-Raphaël le
jour des Rameaux. De partout on courut sur ce bâtiment
et beaucoup purent assouvir leur faim. Ce fut en souvenir
de cet heureux arrivage qu'on mangea des pois chiches
à pareil jour les années suivantes. Plus tard, on attacha
un devoir religieux à cette pratique, et ce devoir se con-
tinua. Voilà pourquoi il se mange en Provence plus de pois
chiches le jour des Rameaux que dans le reste de l'année.

En Espagne, on consomme beaucoup de pois chiches
parce qu'ils apparaissent sur toutes les tables. Ceux récoltés
dans l'Estramadure sont très estimés. Charles IV en faisait
servir tous les jours sur sa table.

En Égypte, on grille des pois chiches pour en faire une
boisson chaude, analogue au café, moins l'arome, ou on
les torréfie légèrement dans une bassine pour les manger
sans les faire cuire. Les fellahs mangent souvent les gousses
du pois chiche à l'état vert.

Dans le nord et l'ouest de l'Inde, on donne le pois chiche
aux chevaux après l'avoir fait macérer dans l'eau froide
jusqu'à ce qu'il ait perdu de sa dureté. A la Nouvelle-
Calédonie, on en donne aux chameaux.

Le pois chiche était autrefois employé en médecine.
Chrestien, de Montpellier, lui attribue une action spéciale
sur les voies urinaires. Cette propriété explique assez bien
pourquoi les semences de cette légumineuse sont tant appréciées en Italie, en Espagne, en Turquie, etc.

LES PLANTES LÉGUMIÈRES

AUTRES QUE LES LÉGUMINEUSES A COSSES

CULTIVÉES EN PLEIN CHAMP

———

Les plantes légumières autres que les légumineuses à cosses sont très nombreuses ; nous les avons groupées dans les 2e, 3e, 4e et 5e divisions, en ne mentionnant que les légumes qu'on cultive en dehors des jardins, dans le but de livrer leurs produits à la vente sur les marchés des grands centres de population.

Nous avons mis à part pour les traiter dans la première division de cet ouvrage, à cause de leur importance et de la similitude de leur culture, les *plantes légumineuses à cosses.*

La deuxième division comprendra les *Plantes cultivées pour leurs racines et tubercules* (carotte, betterave, pomme de terre, etc.).

La troisième division comprendra les *Plantes cultivées pour leurs bulbes* (ognon, poireau, etc.).

La quatrième division comprendra les *Plantes cultivées pour leurs parties herbacées* (artichaut, asperge, chou, etc.).

La cinquième division comprendra les *Plantes cultivées pour leurs fruits* (melon, tomate, etc.).

Ces plantes ont une grande importance. En France, l'*artichaut* est très cultivé dans le Roussillon, le Poitou, l'Anjou, etc. ; l'*asperge* occupe des surfaces étendues dans le centre de la France et dans les départements voisins de Paris ; le *melon*, la *pastèque* sont cultivés en pleine terre sur des parcelles nombreuses dans le Comtat, la Provence, le bas Languedoc, la Touraine et l'Anjou ; l'*aubergine*, la *tomate*, l'*ail*, etc., sont principalement cultivés dans le Languedoc, le Bordelais, la Provence, le Comtat, etc.; le *fraisier* donne lieu à des cultures nombreuses et lucratives dans les environs de Paris, à Brest, Angers, Bordeaux, Toulon, etc.

En général, la culture des plantes légumières exige un sol fertile et frais ou de nombreux arrosages. C'est en opérant de fréquentes irrigations par infiltration depuis la fin de l'hiver jusqu'au commencement de l'automne que les cultivateurs de la basse Provence, du Comtat, du Roussillon, de Valence, de Grenade, de Murcie, etc., peuvent expédier à Paris, à Londres, etc., des artichauts, des asperges, des choux-fleurs, des tomates, etc., comme primeurs, depuis le mois de décembre jusqu'en avril ou mai.

Roscoff, Saint-Pol de Léon, la baie du Mont Saint-Michel et l'ile de Jersey, par suite de la douceur de leur climat qui est dû à l'influence exercée par le *Gulf-stream*, obtiennent des produits qui sont aussi vendus comme primeurs sur le marché de Londres, du Havre, etc.

L'Algérie et la Tunisie cultivent aussi facilement pendant la saison hivernale les légumes qu'on rencontre en été dans les champs du centre et du nord de l'Europe. Chaque année ces contrées expédient en France pendant l'hiver et le printemps des quantités considérables de *pommes de terre*, de *haricots verts*, de *petits pois*, qui sont recherchés et qui sont vendus à des prix réellement rémunérateurs.

Le climat marin, sous toutes les latitudes, favorise la culture des légumes. C'est à son action incessante sur le sol et les végétaux qu'il faut attribuer la belle végétation des plantes légumières qu'on admire chaque année à Roscoff, Jersey, aux environs de Cherbourg, d'Avranches, de Perpignan, d'Hyères, de Nice, etc., localités qui appartiennent à la zone littoralienne de la Manche, de la Méditerranée, etc., et qui fournissent des primeurs d'une vente facile à Paris, Londres, etc., depuis le mois de novembre jusqu'en avril.

La culture légumière a aussi une grande importance à Saint-Rémy, Orgon, Barbentane, Château-Renard, etc., dans la basse Provence. On y récolte chaque année de très grandes quantités de légumes et de graines d'ognon, de radis, d'aubergines, etc.

Les agriculteurs de la région méridionale cultivent la plupart des plantes légumières à l'aide des boues de ville appliquées dans une forte proportion et d'arrosages exécutés par gravitation ou au moyen de l'écope. Beaucoup d'entre eux se procurent l'eau dont ils ont besoin à l'aide de norias. Les terres légumières aux environs de Niort, d'Angers, de Saint-Omer, etc., sont fraîches et fertiles et fournissent aussi annuellement de très nombreux produits légumiers.

Les plantes cultivées à Alger dans la zone maritime ont aussi une végétation luxuriante. Elles fournissent pour la France pendant l'hiver de nombreux légumes de primeurs.

Les *hortillons d'Amiens* n'occupent pas moins de 800 hectares de superficie. Ces terrains sont divisés en jardins séparés par des canaux dits *rieux* dans lesquels on circule aisément avec des bateaux. Ils contiennent sur 100 parties : 30 de matières végétales, 35 de sable et 28 de calcaire. L'azote y existe dans la proportion de 8 p. 100.

Ces terrains produisent en abondance des choux-fleurs, des choux, des ognons, des carottes, etc., légumes qui sont facilement vendus à Amiens pour l'exportation.

En général, les hivers doux et pluvieux ne sont pas très favorables à la vente des pommes de terre, des haricots, des lentilles, etc., parce que les légumes verts y sont encore abondants sur les marchés, et d'une vente facile.

DEUXIÈME DIVISION

PLANTES CULTIVÉES POUR LEURS RACINES ET TUBERCULES

CHAPITRE PREMIER

LA CAROTTE

(DAUCUS CAROTA, L.).

Plante dicotylédone de la famille des Ombellifères.

Anglais. — Carrot.   *Italien.* — Carota.
Allemand. — Môhren.   *Espagnol.* — Zanahoria.

On désignait autrefois la carotte sous le nom de *paste-nade*. Au seizième siècle, d'après la *Chronique Parisienne*, les *garroites* étaient des racines rouges que l'on vendait aux Halles par *pongées* (poignées ou bottes).

Cette plante est bisannuelle; ses fleurs sont en ombelles. Elle végète mal dans les pays chauds. Elle demande des terres profondes, de consistance moyenne et substantielles. Elle est peu productive dans les terres siliceuses peu fertiles et dans les terrains très argileux. Les alluvions sablonneuses et fertiles lui sont très favorables.

Les racines les plus estimées à Paris sont récoltées à Croissy, Gagny, Montesson, Palaiseau où les terres labourables sont de consistance moyenne.

La graine de la carotte est petite, assez aplatie, gris verdâtre, marquée de côtes saillantes, hérissée sur les deux cotés de barbes ou aiguillons et aromatique. Un litre de semences munies de leurs barbes pèse 240 grammes ; quand ces graines ont été *persillées* c'est-à-dire ont perdu leurs barbes par le frottement, ce poids atteint 350 grammes.

La graine de carotte conserve sa faculté germinative pendant quatre années.

Variétés cultivées.

Les variétés de carotte les plus cultivées en dehors des jardins comme plantes légumières pour l'approvisionnement des marchés sont au nombre de cinq, savoir :

1. Carotte rouge courte hâtive de Hollande ou carotte courte de Croissy.

Racine n'ayant que $0^m.10$ à $0^m.12$ de longueur ; pointe obtuse ; peau rouge ; collet verdâtre ; feuilles très fines, très divisées.

Cette variété, appelée souvent *carotte à jus* (fig. 42), est hâtive. On la sème ordinairement à bonne exposition et de bonne heure.

Elle a produit une belle race demi-courte qui se distingue par sa grosseur et sa couleur rouge orangé et qu'on désigne sous le nom de *carotte demi-courte obtuse de Gué-*

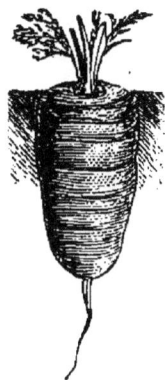

Fig. 42.
Carotte courte
de Croissy.

rande. Cette race doit être cultivée dans une terre substantielle et bien préparée.

2. Carotte rouge demi-longue.

Racine effilée ayant $0^m.15$ de longueur ; collet légèrement creusé autour des feuilles, qui sont assez abondantes.

Cette variété (fig. 43) est demi-hâtive; elle est très estimée par la petite culture pour les marchés.

3. Carotte rouge nantaise ou demi-longue obtuse.

Racine cylindrique, régulière, lisse à bout presque arrondi.

Cette variété, très appréciée à Nantes, Bordeaux, Pa-

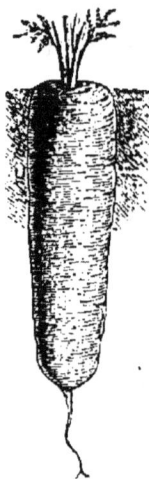

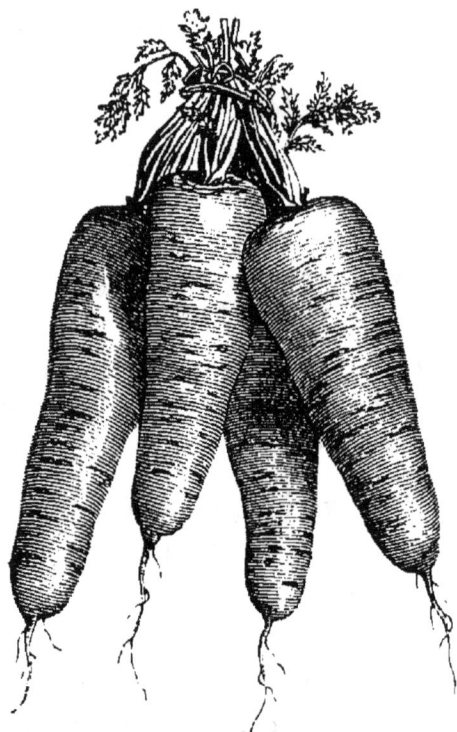

Fig. 43.
Carotte rouge
demi-longue.

Fig. 44.
Carotte obtuse
nantaise.

Fig. 45. — Carotte demi-longue du Luc.

ris, etc. (fig. 44), est moins précoce que la carotte rouge demi-longue pointue, mais elle est plus productive.

Cette race a produit la carotte demi-longue de Chantenay qui est très productive et qui se vend bien sur les marchés.

La *carotte demi-longue du Luc* (fig. 45) est une belle et

bonne race. Sa racine est longue et un peu obtuse. Elle est plus précoce et plus productive que la carotte nantaise.

La carotte rouge demi-longue de Chantenay (fig. 46) et la carotte rouge demi-longue de Danvers ont un collet assez évasé et des racines régulières et presque obtuses.

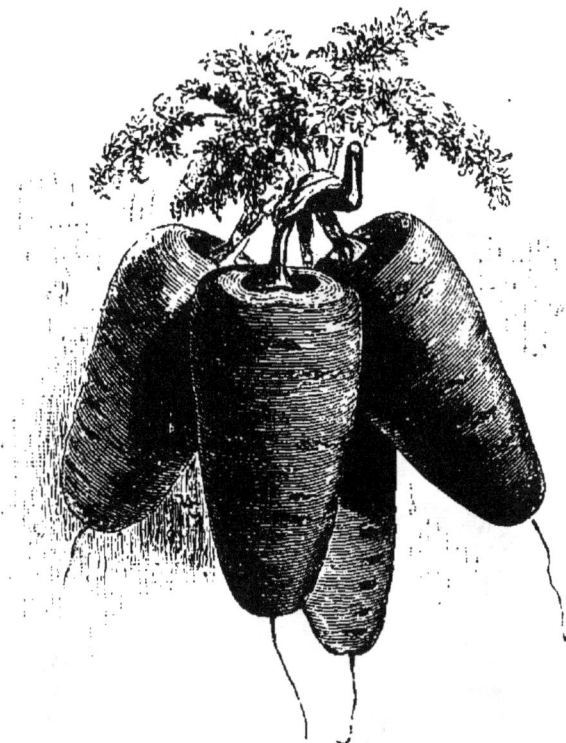

Fig. 46. — Carotte rouge demi-longue de Chantenay.

Leur couleur est d'un beau rouge. La plus développée parmi les variétés à racines plutôt arrondies que pointues, est sans contredit la carotte de Chantenay.

La racine de la *carotte longue lisse de Meaux* (fig. 47) est régulière et obtuse à son extrémité.

4. Carotte rouge longue de Saint-Valery.

Racine très droite, lisse, collet élargi, extrémité très effilée, d'un beau rouge vif.

Cette belle variété réussit très bien en grande culture lorsqu'elle est cultivée sur des terres légères, profondes et fertiles. Sa chair est tendre et excellente.

5. Carotte rouge longue de Croissy.

Racine longue, fusiforme, très pointue, très régulière; peau rouge; feuilles développées et vigoureuses.

Cette variété (fig. 48), connue aussi sous le nom de *ca-*

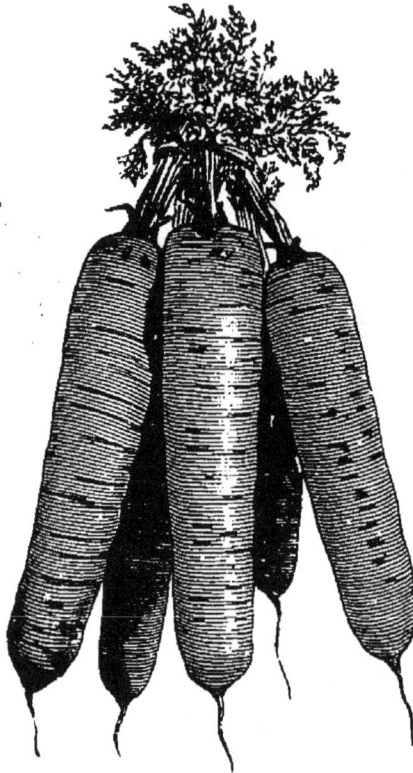

Fig. 47.
Carotte longue de Meaux.

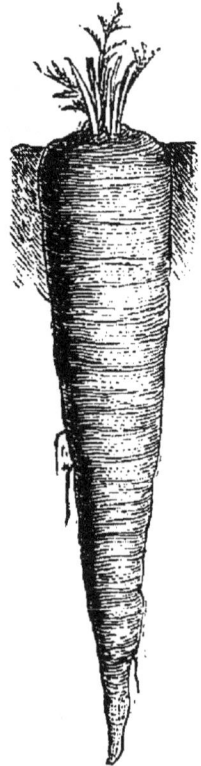

Fig. 48.
Carotte longue de Croissy.

rotte rouge longue de Flandre, est très répandue en Europe elle est tardive, mais elle est moins productive que la *ca-*

rotte rouge longue de Meaux, qui est franchement obtuse, et la *carotte rouge longue de Saint-Valery* qui est très effilée, régulière avec un large collet. La *carotte longue de Toulouse* a une grande analogie avec la carotte longue de Croissy.

En général, on doit cultiver de préférence les variétés les plus recherchées sur les marchés de la contrée qu'on habite. Les carottes demi-longues sont celles qui se vendent le mieux.

Culture.

En général, dans les bonnes cultures on évite toujours de faire précéder la carotte par l'application d'une fumure. Les fumiers récents et pailleux ont le grave défaut de faire souvent *bifurquer* les racines.

La carotte se sème en lignes espacées de 0ᵐ.20 à 0ᵐ.30, sur un sol bien préparé et défoncé. Avant de répandre la graine dans les rayons, on la frotte entre les mains pour la débarrasser des barbes qui rendent sa distribution difficile. On la recouvre à l'aide du râteau, dans les terres de consistance moyenne, et au moyen du *terreau* dans les fortes ou argileuses. Un léger roulage favorise la germination des semences.

Pendant la végétation des plantes, on éclaircit les semis trop drus, on sarcle, on bine et on arrose si cela est nécessaire et possible.

Les semis se font à quatre époques différentes :

1° En janvier et février, dans la région méridionale, sur des plates-bandes abritées des vents du Nord.

On sème alors ou la *carotte hâtive de Hollande*, ou la *carotte demi-longue*, ou la *carotte rouge nantaise*. Ces semis donnent des carottes en juillet et août.

A Croissy, près Paris, on mouille des graines de *carotte demi-longue obtuse* pour les faire gonfler et on les étend sur des tablettes. Après huit jours quand les germes sont sortis, on les sème vers la mi-février en lignes espacées de 0^m.15 à 0^m.20 sur des planches bien préparées et larges de 0^m.70, on éclaircit les plants de manière qu'ils soient éloignés de 0^m.10 à 0^m.12. Les carottes ainsi cultivées sont vendues en juin et juillet.

2° En mars et avril, dans toutes les autres régions.

On sème de préférence les variétés les plus productives. Ces semis fournissent des carottes pendant l'automne et l'hiver.

3° En mai et juin.

Ces semis se font surtout dans la région méridionale. Les plantes provenant de ces semis sont presque toujours cultivées à l'arrosage.

Les semis exécutés dans la Provence, le Languedoc, etc., à la fin de l'hiver, donnent toujours des racines filandreuses.

4° En juillet, août ou au commencement de septembre.

Ces derniers semis exécutés dans la région du Midi donnent des carottes en avril et mai. La *carotte courte hâtive de Hollande* et la *carotte rouge demi-longue* sont les seules variétés qu'on puisse semer aussi tardivement.

L'insecte appelé *araignée* par les jardiniers et dont le vrai nom est *theridion,* s'attaque aux jeunes carottes et oblige souvent à renouveler les semis. On modère ses ravages, en opérant des *mouillures* le matin.

Les racines de la carotte résistent difficilement aux très fortes gelées dans la région septentrionale de la France.

Dans cette région, au mois de novembre, on coupe souvent les feuilles sans attaquer le collet, on couvre le sol d'une bonne couche de feuilles sèches et celles-ci de longue paille pour que le vent ne les enlève pas. Pendant l'hiver, on arrache les racines à l'aide d'une fourche à mesure des besoins. On enlève préalablement les feuilles et la litière sur la partie qui doit être extirpée.

On peut aussi arracher toutes les racines avant les gelées, les décolleter légèrement et les conserver en meules (fig. 48) avec du sable, dans un cellier ou une cave saine.

Les carottes qui occupent des sols humides ou qui existent en terre quand les automnes sont pluvieux, doivent être arrachées de bonne heure afin d'empêcher qu'elles se fendent en long.

Les carottes provenant de semis exécutés à la fin de l'été doivent être garanties des gelées par une grande litière.

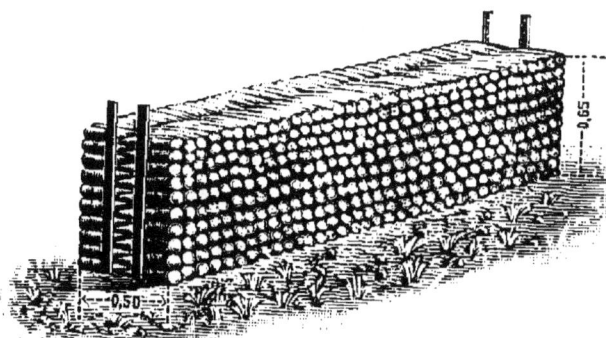

Fig. 49. — Meules de carottes.

Cette couverture a pour effet d'empêcher les grands froids de soulever la terre et de déraciner les plantes.

Les carottes livrées à la vente depuis le printemps jusqu'en automne sont mises en bottes du poids de 2 kilogr. à l'aide de paille de seigle mouillée, puis lavée à la brosse, afin qu'elles n'aient pas de parties terreuses. Elles conservent leurs feuilles.

Les carottes demi-longue nantaise, de Chantenay, obtuse de Guérande, longue de Saint-Valery et demi-longue du Luc, sont vendues aisément en bottes sur tous les marchés quand elles ont été lavées.

Les carottes conservées en terre ou dans les caves sont vendues à la mesure, après avoir été en partie décolletées ; un hectolitre pèse de 50 à 60 kilog.

Un hectare de carotte demi-longue produit en bonne terre bien cultivée 20.000 kilog. de racines marchandes.

Les porte-graines se mettent en terre en octobre ou novembre, dans les contrées méridionales et, à la fin de l'hiver, dans la région septentrionale. Ces racines ne doivent pas être décolletées. Dans les contrées où l'humidité peut les altérer pendant l'hiver, on les conserve dans du sable déposé dans une cave ou dans un silo à l'abri de la gelée.

On récolte les ombelles à mesure qu'elles arrivent à maturité complète, c'est-à-dire en juillet, août ou septembre, suivant les régions, pour les déposer dans un grenier sur une toile. L'égrainage de ces ombelles est très facile; on l'exécute à la main quand elles sont bien sèches.

On conserve les semences dans des sacs à l'abri de l'air et de la lumière.

Usages.

La carotte joue un rôle important dans l'alimentation. Toutes les cuisines en font un grand emploi. Cette racine est très nutritive quoiqu'elle ne contienne pas de fécule. Voici sa composition :

Albumine..........................	0,50
Sucre	4,50
Gomme et pectine..................	0,50
Matières grasses..................	0,20
Cellulose et ligneux..............	4,30
Matières minérales................	1,00
Eau..............................	89,00
	100,00

La carotte contient une matière colorante qui sert à colorer la crème du lait avant le barattage ; cette matière est insoluble dans l'eau, mais elle est soluble dans l'alcool et les huiles. Ses semences, à cause de leur principe aromatique, sont utilisées par les liquoristes.

Valeur commerciale.

La carotte, pendant la belle saison, se vend à la botte. De décembre à juin son prix varie à la halle de Paris de 15 à 40 francs, selon la beauté des racines, les 100 bottes. En juillet et août, il oscille entre 15 et 25 francs.

Au 1er novembre dernier, la carotte de Meaux, valait 55 à 65 francs les 1 000 kilog., alors que la carotte de Crécy se vendait 60 à 65 francs et celle de Mantes 50 à 60 francs.

Au 15 avril dernier, les carottes de Crécy et de Meaux se vendaient encore 75 à 85 francs les 1 000 kilog., malgré la concurrence que leur faisaient la *carotte verte* ou nouvelle.

CHAPITRE II

LA BETTERAVE

(BETA VULGARIS, L.)

Plante dicotylédone de la famille des Chénopodées.

Anglais. — Beet root.
Allemand. — Runkelrübe.
Italien. — Barba bietola.
Espagnol. — Remolacha.

La betterave légumière est cultivée comme plante alimentaire depuis les temps les plus anciens. Les Grecs et les Romains en connaissaient deux variétés : la *rouge* et la *blanche*. Les Japonais en mangent beaucoup.

Cette plante bisannuelle a une racine très sucrée ; elle demande des terres de consistance moyenne et de bonne qualité. Sa racine est plus délicate que la racine de la carotte. Des froids de moins 4° l'altèrent très aisément.

Variétés.

Les variétés cultivées comme légumes de grande culture sont au nombre de cinq, savoir :

1. Betterave rouge de Castelnaudary.

Racine petite, allongée enterrée ; chair rouge foncé ou rouge noirâtre ; feuilles petites, rouge foncé à longs pétioles.

La racine de cette variété est très sucrée et très estimée, mais elle est peu productive.

2. Betterave rouge crapaudine.

Racine fusiforme demi-longue, à collet élargi ; peau brune, rugueuse crevassée ; chair rouge vif, sucrée ; feuilles à pétiole rouge vineux.

Cette variété (fig. 50) est plus productive que la précédente ; elle est aussi très estimée. On la nomme souvent *betterave né-gresse*.

3. Betterave rouge ronde.

Racine presque sphérique ou piriforme ; peau rouge foncé, un peu rugueuse ; chair rouge foncé.

Cette variété est hâtive ; elle est peu cultivée quoique sa chair soit très sucrée.

4. Betterave jaune de Castelnaudary.

Racine petite, effilée, à collet élargi ; chair jaune foncé ; feuilles d'un vert blond, à pétioles jaunâtres.

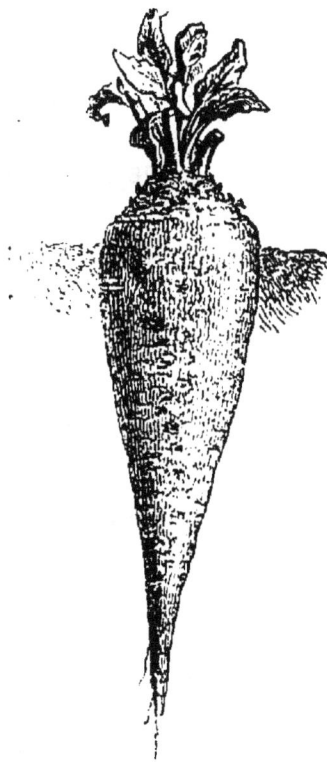

Fig. 50.
Betterave crapaudine.

La chair de cette variété est très sucrée ; elle est moins cultivée que la variété à chair rouge.

5. Betterave rouge grosse.

Racine cylindrique, un peu hors de terre, plus volumineuse que les précédentes ; chair rouge foncé ; feuilles veinées de rouge à pétioles très rouge.

Cette variété est très cultivée aux environs de Paris. On la vend souvent cuite sur les marchés.

10

Culture.

On sème la betterave en place ou en pépinière, en février ou mars, dans la région du Midi et, en mars, avril ou mai, dans les contrées septentrionales. Les lignes sont espacées de 0^m.35 à 0^m.45.

Quand les plantes ont plusieurs feuilles, on éclaircit les semis pour que les betteraves soient éloignées les unes des autres de 0^m.16 à 0^m.20 en moyenne. Les grosses betteraves ne sont pas celles qui sont les plus alimentaires, les plus sucrées. On donne plus tard deux ou trois binages, selon les circonstances.

Dans la région du Midi, on arrose de temps à autre pendant le printemps et l'été. Dans ce cas, la betterave est située au sommet de petits ados ou billons séparés par des sillons dans lesquels on fait arriver l'eau. Les betteraves ainsi cultivées sont livrées à la consommation depuis juillet jusqu'en octobre. En général, la culture de la betterave réussit difficilement dans les contrées méridionales sans des binages nombreux et des irrigations fréquentes.

Dans la région septentrionale, on arrache les racines avant l'apparition des gelées à glace, on supprime leur collet et on les emmagasine dans un cellier ou dans une cave à l'abri de la gelée. On les livre à la vente crues ou cuites depuis le mois de septembre jusqu'en février ou mars.

Les porte-graines se mettent en terre en automne dans la région du Midi, et à la fin de l'hiver dans la région septentrionale.

Quand les tiges et les ramifications sont arrivées à maturité, on coupe les premières, on les met en bottes qu'on dépose ensuite sous un hangar. Lorsque les ramifications ont été égrainées, on vanne les semences pour les nettoyer et séparer les petites semences, qui ne germent pas toujours

très bien. Les graines de la partie moyenne des tiges et ramifications sont toujours plus belles que celles des parties
inférieures et supérieures.

La graine de betterave est un fruit ayant un aspect
subéreux; il a la grosseur d'un pois; il contient plusieurs
semences réniformes brun rougeâtre. Cette graine à l'état
naturel pèse 250 grammes le litre. Elle conserve sa faculté
germinative pendant trois ou quatre ans.

Usages.

La betterave se mange cuite en salade, seule ou alliée à
la mâche, à la barbe-de-capucin, à la pomme de terre
cuite, etc., ou après avoir été sautée dans le beurre. Le
plus ordinairement, on la fait cuire sous la cendre, ou, ce
qui vaut mieux, dans un four après la cuisson du pain.

La betterave cultivée comme racine alimentaire renferme les éléments ci-après :

Albumine	0,40
Sucre	10,00
Pectine	3,40
Matières grasses	0,10
Cellulose et ligneux	3,00
Matières minérales	0,90
Eau	82,20
	100,00

La betterave de Castelnaudary contient jusqu'à 15 p. 100
de sucre.

CHAPITRE III

LE NAVET

(BRASSICA NAPUS, L.)

Plante dicotylédone de la famille des Crucifères.

Anglais. — Turnip.   *Italien.* — Navone.
Allemand. — Herbst Rübe.   *Espagnol.* — Nabo.

Le navet, que l'on appelait autrefois *chou à feuilles rudes*, est cultivé depuis fort longtemps comme plante potagère pour sa racine charnue.

Cette crucifère doit végéter dans des terres légères, sableuses ou de consistance moyenne et un peu fraîches.

Les navets que produisent les terrains argileux ou compacts sont toujours moins bons de goût et de qualité. Ordinairement ils sont fibreux et coriaces.

En général, les navets cultivés dans le midi de la France et de l'Europe n'ont jamais les qualités qui distinguent les navets qu'on récolte dans le nord de la France, en Belgique et en Angleterre.

Dans la Provence, le Languedoc, etc., les semis qu'on exécute pendant l'été ne peuvent être faits que sur des terres arrosables. Toutefois, les racines ainsi cultivées n'ont jamais la qualité qui distingue les navets qui ont végété dans des terres légères sans le concours des irrigations, dans les communes de Noisy-le-Sec, Saint-Gratien, Freneuse, Chatou, Croissy, Gonesse, Montesson, Montmagny et Rosny, dans les environs de Paris.

Variétés.

Les navets cultivés comme plantes alimentaires par la petite et la moyenne culture doivent être divisés en trois catégories :

1° Les *navets secs,* qui ont l'avantage de ne pas se réduire en bouillie pendant la cuisson ;

2° Les *navets tendres*, dont la chair est tendre et sucrée, mais qui se réduisent facilement en bouillie ;

3° Les *navets demi-tendres*, qui jouissent des qualités des uns et des autres.

Voici les variétés qui sont les plus cultivées comme plante alimentaire pour l'homme.

1. Navet long des Vertus.

Racine cylindrique oblongue d'un blanc pur, lisse et à collet vert ; chair très blanche.

Cette variété est hâtive ; sa chair est sucrée et tendre. Elle est très cultivée dans les environs de Paris.

La sous-race, appelée *navet marteau* (fig. 51), est aujourd'hui très cultivée ; elle a une racine plus courte et renflée dans sa partie inférieure. On possède aujourd'hui une sous-race appelée *navet marteau à collet rouge*.

Fig. 51.
Navet marteau.

2. Navet long d'Alsace.

Racine très développée, cylindrique, à collet vert hors de terre ; feuilles développées et entières.

Cette variété, appelée quelquefois *navet gros de Berlin* ou *navet de Tankard* (fig. 52), est demi-précoce, tendre et très productive.

10.

La sous-race, appelée *navet du Palatinat*, ou *navet long*

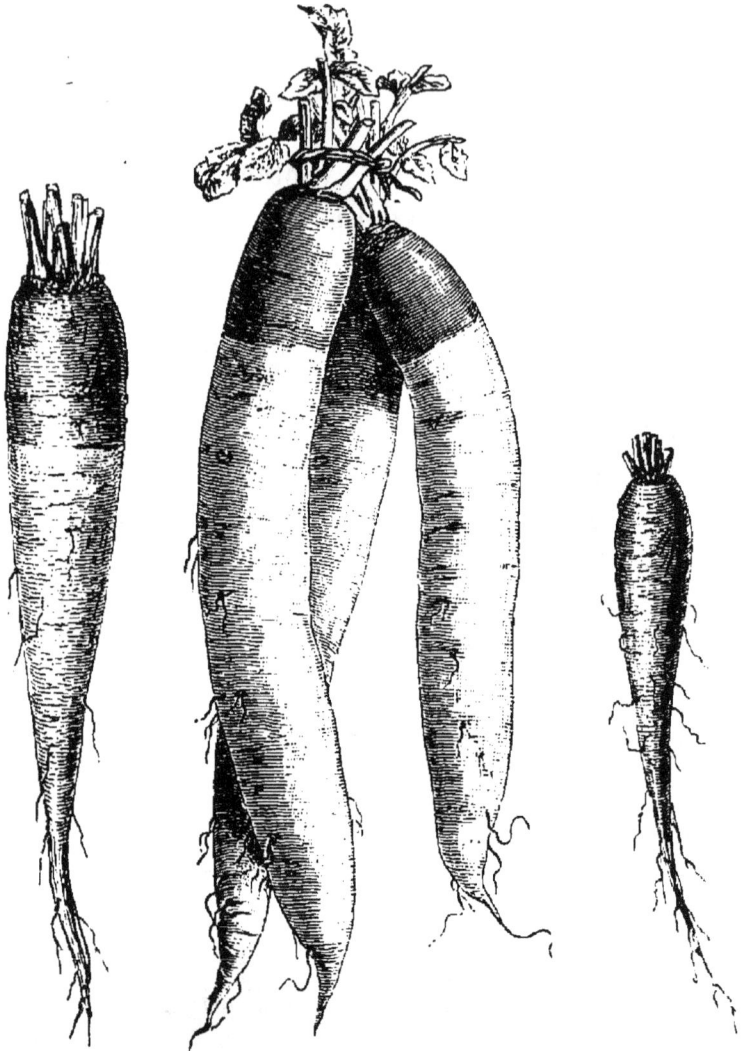

Fig. 52.
Navet d'Alsace

Fig. 53.
Navet long de Meaux.

Fig. 54.
Navet de Freneuse.

rose de Brest, ou *navet rouge de Tankard,* a son collet violacé.

3. Navet long de Meaux.

Racine allongée effilée, cylindrique, un peu courbée, à collet hors de terre et verdâtre.

Ce navet sec (fig. 53) se conserve bien ; il est moins précoce que le navet long des Vertus. Il est très cultivé et très recherché sur les marchés.

4. Navet de Freneuse.

Racine demi-longue, fusiforme, petite, complètement enterrée, à peau blanc gris ou blanc roussâtre.

Cette variété à chair sèche et sucrée (fig. 54) est demi-hâtive ; sa racine est très estimée. Elle végète bien dans les terres légères peu fertiles.

5. Navet rond de Croissy.

Racine enterrée, arrondie ou piriforme ; peau blanche ; chair tendre et sucrée.

Cette variété, très cultivée dans les environs de Paris et appelée souvent *navet rond des Vertus*, est demi-hâtive (fig. 55); sa racine est très estimée parce qu'elle est sucrée et de bonne qualité.

Le *navet des Sablons* a une grande analogie avec le navet rond de Croissy.

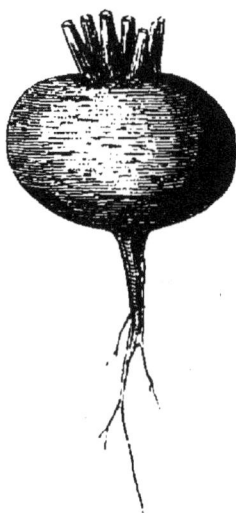

Fig. 55.
Navet rond de Croissy.

6. Navet blanc plat hâtif.

Racine aplatie ou déprimée et un peu irrégulière ; peau blanche ; collet verdâtre ; feuilles petites.

Cette variété est très précoce, mais sa chair, qui est tendre, est peu sucrée.

La sous-variété, appelée *navet rouge plat hâtif,* en dif-

fère par son collet, qui est rouge violacé. Sa racine est
estimée.

7. Navet jaune long.

Racine enterrée, lisse, allongée, à peau et à chair jaunes.

Cette variété est de bonne qualité et un peu tardive,
mais elle se conserve bien ; elle appartient à la catégorie
des navets secs. Elle est originaire d'Amérique.

8. Navet jaune de Hollande.

Racine petite, déprimée, en partie enterrée; peau jaune pâle; chair
tendre, jaunâtre, sucrée.

Cette excellente variété est demi-tardive et d'une bonne
conservation ; elle résiste bien aux gelées ordinaires.

9. Navet jaune de Montmagny.

Racine arrondie mais déprimée ; peau jaune foncé dans sa partie inférieure et rouge violacé à sa partie supérieure ; chair jaune.

Cette variété (fig. 56) est de bonne qualité. Elle se répand de plus en plus dans les environs de Paris. Elle se
conserve bien après avoir été arrachée.

10. Navet noir long ou noir d'Alsace.

Racine allongée, fusiforme ; peau noir grisâtre ; chair blanche ; feuilles petites et luisantes.

Ce navet (fig. 57) est assez précoce et de bonne garde.
Sa chair est sèche mais très sucrée.

Le navet noir est une variété très utile. On le cultive
avec succès en Alsace, dans le Gévaudan, le Velay, etc.
Non seulement sa chair est très estimée, mais il possède la
propriété de ne pas être altéré par les gelées à glace. C'est

pourquoi ordinairement on ne l'arrache qu'à mesure des besoins.

11. Navet gris de Morigny.

Racine longue, ovoïde, de moyen volume, à peau gris foncé et à chair blanche, demi-tendre et sucrée.

Cette variété est demi-hâtive et très estimée ; elle passe

Fig. 56. — Navet de Montmagny.

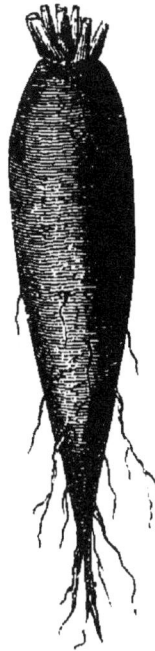

Fig. 57.
Navet noir long.

l'hiver en pleine terre, quand on la couvre de feuilles sèches.

Culture.

Les navets se sèment à trois époques différentes :
Ceux qu'on veut récolter pendant l'été doivent être se-

més, suivant les contrées, du mois de février au mois de mai.

Ceux qui doivent être consommés en automne se sèment en juillet et août.

Les navets d'hiver se sèment, selon les localités, depuis le mois d'août jusqu'en octobre.

Les navets, en Algérie et dans les contrées où les étés sont très chauds, sont semés depuis le mois de septembre jusqu'en avril et mai.

Les premiers semis se font en lignes et les autres à la volée, à raison de 30 grammes de graines par are.

Les semis de navet qu'on exécute tous les quinze jours en mars, avril ou mai dans les environs de Paris, exigent de fréquents arrosages et plusieurs binages. Ces façons sont faites à l'aide d'une binette à lame très étroite. On les exécute quand les navets ont deux à trois feuilles, puis on éclaircit les plantes de manière qu'elles soient espacées sur les lignes de $0^m.08$ à $0^m.12$, selon la variété.

Les navets ainsi cultivés ont parfois l'inconvénient de monter à graine ; ceux qui réussissent sont arrachés et livrés à la vente après deux à trois mois de végétation.

Les variétés qui produisent des navets plats sont ordinairement semées à la volée après un déchaumage exécuté sur un sol ayant porté une céréale d'hiver, c'est-à-dire à la fin de juillet ou au commencement d'août.

Les navets destinés à être livrés à la vente pendant l'automne et l'hiver sont semés aussi à la volée sur une terre bien préparée en août ou au plus tard au commencement de septembre. Ces navets ne demandent pas d'arrosages, à moins que ceux-ci soient indispensables pour favoriser la croissance rapide des variétés un peu tardives et à racines allongées ou un peu volumineuses.

Un litre de graines de navet pèse 680 grammes.

Dans le Midi, les semis de printemps et d'été peuvent

être faits dans les intervalles des touffes de haricots ou des pieds de tomate, de piment ou d'aubergine cultivés à l'arrosage. Ces plantes protègent les jeunes navets contre l'ardeur du soleil.

A Croissy, on sème le *navet blanc long demi-pointu* ou le *navet blanc dur d'hiver* : 1° à la mi-mars pour le vendre pendant la deuxième quinzaine de mai ; 2° en mai et juin pour le récolter en juillet, et 3° à la mi-août pour le vendre en automne ou pendant l'hiver.

La culture des navets n'est possible dans le Midi sans le concours des irrigations qu'à partir de la fin d'août jusqu'en mars ou avril.

Dans la région septentrionale de la France , on arrache les *navets à chair blanche* avant les grandes gelées, on les débarrasse de leurs feuilles et on les rentre dans un local sain, ou on les conserve dans un silo. De temps à autre, pendant l'hiver, on les visite pour enlever les racines qui commencent à se gâter.

Les *navets à chair jaune* sont encore excellents pendant les mois de mars et avril. Ces navets restent souvent en terre pendant l'hiver. On les protège alors contre les gelées par une couverture de litière ou de longue paille, après avoir coupé la plupart de leurs feuilles.

Les *navets gris,* qui sont plus rustiques encore que les navets à chair jaune, passent très bien l'hiver en pleine terre.

Tous les navets restent en terre pendant l'hiver dans la région méridionale ; on les arrache au fur et à mesure des besoins.

Les racines porte-graines sont mises en terre en novembre dans le Midi, et en février ou mars dans la région septentrionale. On doit les surveiller à l'approche de la maturité des graines, les oiseaux étant très friands des semences de ces crucifères.

Les **navets** qu'on livre à la vente aussitôt qu'ils ont été **arrachés**, depuis le mois de mai jusqu'en novembre, sont

Fig. 58. — Botte de navets blancs hâtifs.

presque toujours mis en bottes avec leurs feuilles. Chaque botte (fig. 58) comprend de 6, 8, 10 à 15 navets, suivant leur grosseur. Il est indispensable de les débarrasser de la terre qui y est adhérente par un lavage fait avec soin.

Les navets récoltés dans les communes de Croissy, Rosny, Chatou, Gonesse, Freneuse, etc., voisines de Paris, sont très estimés.

Une botte de navets pèse, en moyenne, 2 kilog. 500.

Les racines qu'on a conservées en terre ou dans une cave ou un cellier sont vendues sans leurs feuilles, à la mesure ou au poids.

Les navets *rond de Croissy, long des Vertus, marteau à collet rouge* (fig. 59), *long de Meaux, blanc et rouge plats hâtifs*, *jaune de Montmagny* sont généralement recherchés sur les marchés des environs de Paris, bien que cette dernière variété soit à chair jaune comme les navets de Hollande et de Malte.

Usages.

Les navets sont des racines hygiéniques, mais ils ne sont

Fig. 59. — Navet marteau à collet rouge.

pas très alimentaires. On les associe presque toujours à d'autres légumes ou à la viande.

Voici la composition du navet blanc :

Albumine..........................	0,50
Pectine............................	4,00
Matières grasses....................	0,10
Cellulose et ligneux................	1,80
Matières minérales	0,80
Eau...............................	92,80
	100,00

En général, les navets à chair jaune sont plus nutritifs que les navets à chair blanche.

Valeur commerciale.

Les navets sont vendus à la halle de Paris de décembre à juin de 15 à 35 francs les 100 bottes, suivant leur qualité. Leur valeur commerciale en septembre et octobre est toujours peu élevée. Le 15 juillet dernier, les 100 bottes étaient cotées de 15 à 20 francs.

Les navets se vendent bien sur tous les marchés quand ils sont sains et qu'ils ont été nettoyés ou lavés.

CHAPITRE IV

LE SALSIFIS ET LA SCORSONÈRE

Plantes dicotylédones de la famille des Composées.

Le salsifis et la scorsonère sont cultivés depuis le seizième siècle pour leurs racines alimentaires. Il est vrai que ces racines ont une amertume assez sensible, mais ce défaut est modifié très favorablement par le mucilage que contient leur suc laiteux.

1° Le *salsifis blanc* (Tragopogon porrifolium, L.) (fig. 60), est souvent désigné sous le nom de *cercifis*. De nos jours, il est moins cultivé qu'autrefois parce qu'on lui préfère la scorsonère.

Il est bisannuel ; sa racine est fusiforme, *blanc jaunâtre,* longue de 0ᵐ.15 à 0ᵐ.25 ; les feuilles sont radicales, entières, linéaires et d'un vert glauque ; les *fleurs sont terminales, solitaires et violettes ;* ses graines sont étroites, allongées striées et *brunes* ou *noirâtres.*

2° La *scorsonère* (Scorsonera hispanica, L.) (fig. 61) est aussi connue sous les noms de *salsifis noir* et *salsifis d'Espagne.*

Elle est vivace mais elle est cultivée comme plante bisannuelle ; sa racine est fusiforme avec une écorce *noire,* longue de 0ᵐ.30 à 0ᵐ.35 ; ses

Fig. 60.
Salsifis.

feuilles sont radicales, oblongues, un peu dentées **sur les
bords** et un peu cotonneuses ; ses *fleurs sont terminales et
jaunes ;* ses graines sont longues, cannelées et *blanchâtres.*

Elle demande un climat tempéré.

Le salsifis et la scorsonère demandent des
terres profondes, douces, un peu fraîches et
bien fumées l'année précédente et parfaitement préparées.

Les semis se font en février, en mars ou
en avril, suivant les régions, en planches et
en lignes espacées de 0^m.20 à 0^m.30. On répand par are 120 grammes de graines de
salsifis, et 100 grammes de graines de scorsonère. La levée des graines n'est pas toujours satisfaisante ; elle exige des arrosages.

Dans les plaines de Toulouse, où le salsifis
est cultivé très en grand, on répand la graine
à la volée.

En Algérie et en Espagne, on sème le
salsifis et la scorsonère depuis le mois de
septembre jusqu'en janvier.

Fig. 61.
Scorsonère.

On éclaircit les plants si le semis est trop épais. Pendant
la végétation, on donne les binages nécessaires.

Dans le Midi, pendant l'été, on opère des arrosages fréquents dans les cultures de salsifis et de scorsonères.

On commence à récolter les racines vers le mois d'octobre ou de novembre. On continue cet arrachage, qui se fait
avec la fourche à dents plates, pendant l'hiver quand on a
pris la précaution de les garantir des gelées en les couvrant
avec une bonne litière. Le salsifis est plus sensible aux
fortes gelées que la scorsonère.

La scorsonère végète très lentement quand elle est cultivée dans des terres de qualité médiocre. Dans ce cas, on
doit la semer en août ou septembre. Ainsi cultivées, les

plantes montent à graine l'été suivant ; alors on coupe les tiges, les plantes poussent de nouvelles feuilles, et les racines grossissent. On livre ces racines à la vente pendant l'hiver suivant ; elles sont tendres et estimées.

La scorsonère et le salsifis semés au mois d'août dans une terre fertile montent aussi à graine dans le courant de mai ou de juin. Il est très utile de couper les tiges à mesure qu'elles apparaissent, car elles font durcir les racines quand elles fleurissent et mûrissent leurs semences.

Le salsifis et la scorsonère fleurissent au printemps et mûrissent leurs graines pendant

Fig. 62. Fig. 63.

Botte de salsifis. Botte de scorsonère.

l'été. Ces semences ne doivent être récoltées à la main après la disparition de la rosée, que sur des plantes semées l'année précédente. Les semences du salsifis sont brunes et celles de la scorsonère sont blanches.

Les premières pèsent 230 grammes le litre et les secondes 260 grammes.

Les racines de ces plantes ne sont livrées à la vente avec leurs feuilles qu'après avoir été mises en bottes à l'aide de brins d'osier. Ces bottes (fig. 62 et 63) pèsent environ 1 kilogramme. On peut en récolter 200 par are.

La chair de ces deux racines est blanche.

CHAPITRE V

LE PANAIS

(PASTINACA SATIVA L.)

Plante dicotylédone de la famille des Ombellifères.

Anglais. — Parsnip.   *Italien.* — Pastinaca.
Allemand. — Pastinake.   *Espagnol.* — Chirivia.

Le panais ou *pastenade* est aussi cultivé en dehors des jardins. On lui connaît trois variétés :

1° Le *panais long,* qui a une racine très pivotante, cylindrique et fusiforme. Cette variété est peu cultivée.

2° Le *panais demi-long* (fig. 64) *de Guernesey,* qui est une belle et bonne variété demi-hâtive. La peau de cette racine est blanche et lisse ; son collet est creux et renfié.

Ce panais est très productif et de bonne garde.

3° Le *panais rond* ou *panais court de Metz* (fig. 65), qui a une racine en forme de toupie ; il est hâtif et très répandu dans les jardins. C'est le plus estimé et cultivé.

Ces trois racines sont aromatiques ; elles ont une chair blanche. La première, qui est plus tardive que la troisième, exige une terre profonde et de bonne qualité.

Le panais se cultive comme la carotte ; il est aussi bisannuel. Dans les régions du Nord et de l'Ouest, on le sème en lignes espacées de 0ᵐ.30, depuis février jusqu'en mai, pour arracher sa racine pendant l'automne et l'hiver. Dans le Midi, on le sème en septembre ou octobre pour le récolter l'année suivante, d'avril à novembre.

Les graines ne lèvent pas toujours très bien, surtout dans les contrées méridionales; elles pèsent 200 grammes le litre; elles sont aplaties et ailées sur les bords avec cinq nervures.

A cause de leur grande rusticité, on n'arrache les racines

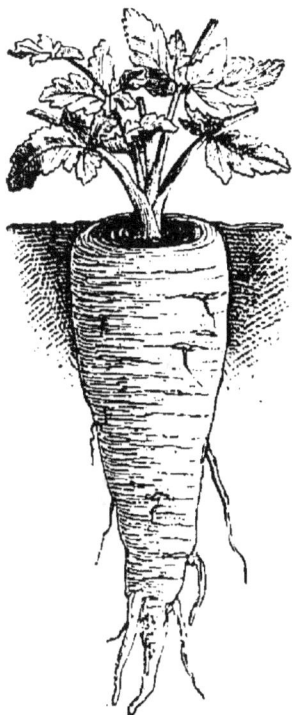

Fig. 64.
Panais demi-long de Guernesey.

Fig. 65.
Panais rond.

du panais qu'au fur et à mesure des besoins. Cette opération se fait avec la fourche à dents plates. Les racines se conservent très bien pendant l'hiver dans une cave non humide.

Le panais n'est pas très cultivé dans la région méridionale. Ce fait résulte de ce que sa racine, dans les contrées du Midi, a une saveur très aromatique qui ne plaît pas généralement.

Le panais est une excellente racine. On l'utilise ordinairement pour donner du goût au bouillon.

Dans la basse Bretagne, on le donne aux bêtes chevalines qui le mangent avec avidité.

Le panais a la composition suivante :

Albumine........................	1,20
Sucre...........................	3,00
Amidon.........................	8,50
Pectine et dextrine...............	2,20
Matières grasses........	1,50
Cellulose et ligneux...............	5,60
Matières minérales	1,00
Eau.............................	82,00
	100,00

Il contient moins d'eau que le navet et la carotte.

En Asie, on vend sur les marchés la racine d'une espèce qu'on ne cultive pas en Europe. Ce panais a été désigné sous le nom de PASTINACA DISSECTA, Vent. Les Orientaux l'appellent *sckakul*. Il est très alimentaire.

CHAPITRE VI

LA POMME DE TERRE

.

(SOLANUM TUBEROSUM.)

Plante dicotylédone de la famille des Solanées.

Anglais. — Potato.   *Italien.* — Patata.
Allemand. — Kartoffel.   *Espagnol.* — Papa.

La pomme de terre est originaire du Pérou. Elle est cultivée dans toute l'Europe depuis près de deux siècles pour ses tubercules qui sont très alimentaires.

Cette précieuse plante a été naturalisée avec succès dans la Malaisie et la Nouvelle-Zélande par les Européens. Les Malais l'appellent *obi europea*, les Javanais *kantang olando*, les Zélandais *kapana*.

Les pays où la chaleur atmosphérique est très élevée ne lui conviennent pas. Ainsi elle ne réussit pas aux îles Philippines, à l'île Bourbon ; elle ne produit que de petits tubercules, dans l'île de l'Ascension et y dégénère rapidement. Les mêmes faits ont été constatés en Égypte.

Je ne juge pas nécessaire de mentionner ici l'histoire de la pomme de terre, ayant publié en 1886, dans les *Mémoires de la Société nationale d'agriculture de France*, une notice très détaillée (26 pages) sur *l'introduction et la propagation de la pomme de terre en Europe et en France.*

Variétés.

La pomme de terre a produit un très grand nombre de

variétés, et chaque année elle en fournit quelques-unes qui sont nouvelles et méritantes et qui remplacent les variétés anciennes, c'est-à-dire celles qui ont perdu une partie des qualités qui les distinguaient quand elles ont été acceptées par la culture. Le *Catalogue méthodique et synonymique* publié par M. H. de Vilmorin mentionne toutes les variétés anciennes et celles obtenues en Europe et en Amérique depuis 1845.

J'ai décrit dans *Les Plantes fourragères* la culture de la pomme de terre. Je me bornerai à signaler ici les variétés que cultivent la petite et la moyenne culture, en dehors des jardins, pour l'approvisionnement des marchés, et les procédés culturaux qu'elles ont adoptés dans le but de pouvoir livrer à la consommation des *pommes de terre nouvelles* depuis le mois de décembre jusqu'en juin, suivant les régions.

Ces variétés sont au nombre de quatorze, savoir :

a. Pommes de terre jaunes demi-longues.

Fig. 66.
Pomme de terre Marjolin.

1. MARJOLIN. — Tubercule allongé, souvent un peu courbé et aminci en pointe à sa base; peau jaune lisse; chair jaune, variété la plus hâtive. Fleurs blanches. Germes violets (fig. 66).

La race dite *Marjolin Tétard* est un peu moins hâtive, mais elle est grosse et plus productive; son germe est blanc jaunâtre et sa fleur blanche.

2. ROYALE KIDNEY. — Tubercule jaune, allongé. Race presque aussi hâtive que la

Marjolin, mais plus productive. Fleurs lilas bleuâtre. Germes violets.

3. JOSEPH RIGAULT. — Tubercule jaune, allongé, lisse, aplati; chair jaune; yeux peu apparents. Très bonne et belle variété hâtive. Fleurs violet rougeâtre. Germes rose cuivré.

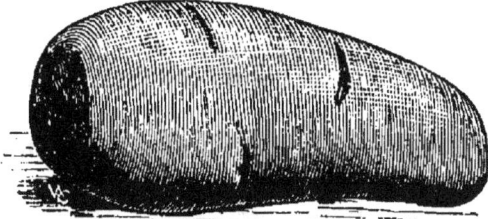

Fig. 67. — Pomme de terre quarantaine de la halle.

4. QUARANTAINE DE LA HALLE OU DE NOISY. — Tubercule jaune, moyen, oblong, demi-long; peau lisse; yeux peu apparents : chair jaune. Race demi-hâtive, qui remplace l'ancienne *pomme de terre jaune de Hollande*. Fleurs rose violacé. Germes roses (fig. 67).

b. **Pommes de terre jaunes roses.**

5. CHAVE OU SHAW. — Tubercule jaune rond, gros;

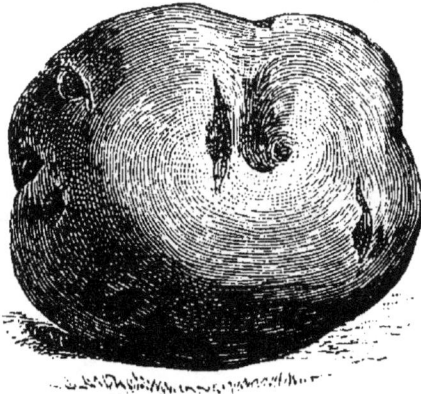

Fig. 68. — Pomme de terre chave.

chair jaune. Variété hâtive et productive. Fleurs lilas bleuâtre (fig. 68). Germe jaunâtre, violet à ses deux extrémités.

6. SEGONZAC OU DE LA SAINT-JEAN. — Tubercule jaune rond. Variété demi-hâtive et productive ayant beaucoup d'analogie avec la précédente. Fleurs gris bleuâtre. Germes jaunâtres.

c. Pommes de terre rouges longues.

7. *Rouge de Hollande ou cornichon rouge.* — Tuber-

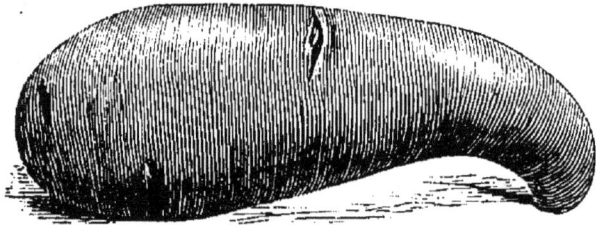

Fig. 69. — Pomme de terre rouge de Hollande.

cule très allongé ayant sa base amincie et courbé en crochet; peau lisse, rouge violacé; chair jaune, qualité remarquable. Fleurs blanches. Germes rouges. Variété moyennement productive (fig. 69).

Plantée en décembre dans les environs de Cherbourg, dit

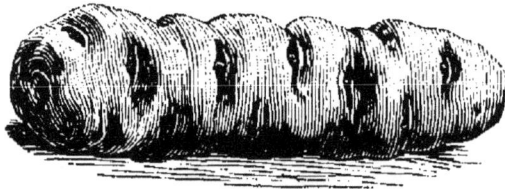

Fig. 70. — Pomme de terre vitelotte rouge.

M. H. de Vilmorin, on peut la récolter en juin ou juillet.

8. POUSSE-DEBOUT. — Tubercule rouge pâle, long, cylindrique; chair jaune. Bonne variété productive. Remplace souvent l'ancienne *rouge longue de Hollande.* Se garde bien. Fleurs blanches. Germes roses.

9. VITELOTTE ROUGE. — Tubercule rouge, long, presque cylindrique, entaillé; yeux nombreux très enfoncés, peau rouge; chair blanche (fig. 70). Race demi-tardive se conservant bien. Fleurs blanches. Germes rouges.

d. Pommes de terre rouges rondes.

10. FARINEUSE ROUGE OU BALLE DE FARINE. — Tubercule gros; yeux enfoncés; peau rugueuse, rouge pâle; chair blanche farineuse. Race tardive très productive qui se garde bien pendant l'hiver. Fleurs rose lilacé. Germes blanchâtres à la base et rouges au sommet.

e. Pommes de terre roses aplaties.

11. EARLY ROSE OU ROSE HATIVE. — Tubercule oblong, assez aplati; peau lisse; yeux peu enfoncés; chair blan-

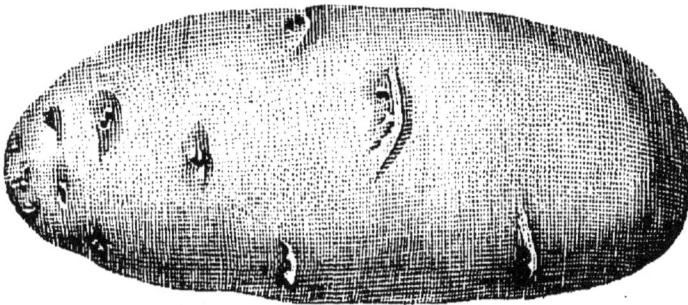

Fig. 71. — Pomme de terre Early rose.

che (fig. 71). Race hâtive très productive. Fleurs blanches. Germes roses.

12. SAUCISSE. — Tubercule gros, allongé, régulier aplati, lisse, rouge vif; chair jaune farineuse (fig. 72). Race tardive qui se conserve bien pendant l'hiver. Fleurs violet pâle. Germes roses.

f. Pommes de terre violettes.

13. QUARANTAINE VIOLETTE. — Tubercule allongé
aplati en forme de rognon ; peau violette lisse ; chair jaune.

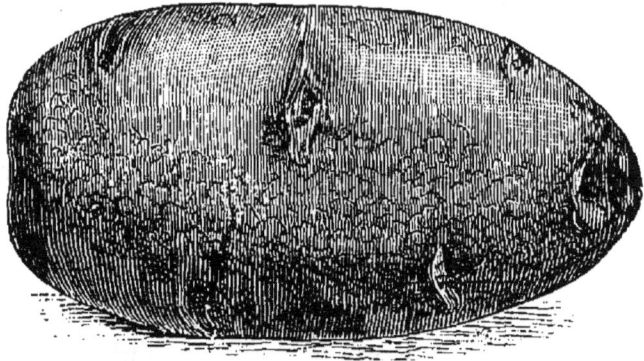

Fig. 72. — Pomme de terre saucisse.

Variété demi-tardive, très productive, se gardant bien jusqu'à la fin du printemps. Fleurs blanches. Germes violets.

14. VIOLETTE. — Tubercule presque rond ; yeux enfoncés ; peau violet foncé ;
chair jaune, farineuse. Race
productive, tardive et de
garde. Fleurs violettes
(fig. 73). Germes violets.

Cette race est très connue
à la halle de Paris.

Les variétés qui précèdent
se divisent en trois classes :

1. *Variétés de première*

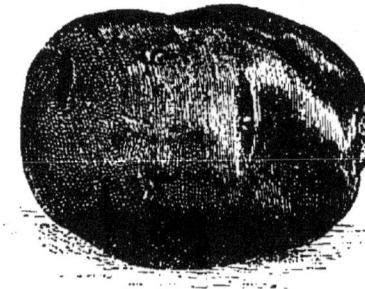

Fig. 73. — Pomme de terre
violette.

saison : les numéros 1, 2, 5, 11 et 3.

2. *Variétés de seconde saison :* les numéros 6, 4, 13, 9, 8
et 7.

3. *Variétés de troisième saison :* les numéros 12, 10 et 14.

Culture.

Toutes les races appartenant aux deux premières divisions doivent être cultivées dans de très bonnes terres légères, sableuses, chaudes, bien abritées des vents du nord et parfaitement préparées. On les plante en lignes distantes les unes des autres de 0^m.50. Les tubercules doivent être espacés sur ces lignes de 0^m.25 à 0^m.35. Chaque mètre

Fig. 74. — Pomme de terre Marjolin germée.

carré exige 5 à 6 tubercules. Les pommes de terre ne sont pas divisées.

La pomme de terre Marjolin est souvent vendue germée et placée debout dans des paniers (fig. 74) ou des *clayettes* (fig. 75). Ainsi disposés, les tubercules conservent très bien leurs germes jusqu'au moment où ils sont mis en terre. On hâte l'apparition des germes des variétés demi-hâtives en confinant les tubercules dans une chambre où la température varie de 12 à 16 degrés. Pour bien opérer leur plantation, on ouvre un trou avec la main ou à l'aide d'une truelle de jardinier et on y place un tubercule verticalement, de manière que l'extrémité supérieure du germe soit en contre-bas du niveau du sol de plusieurs centimètres.

Les tubercules des *variétés précoces* sont plantés de mois

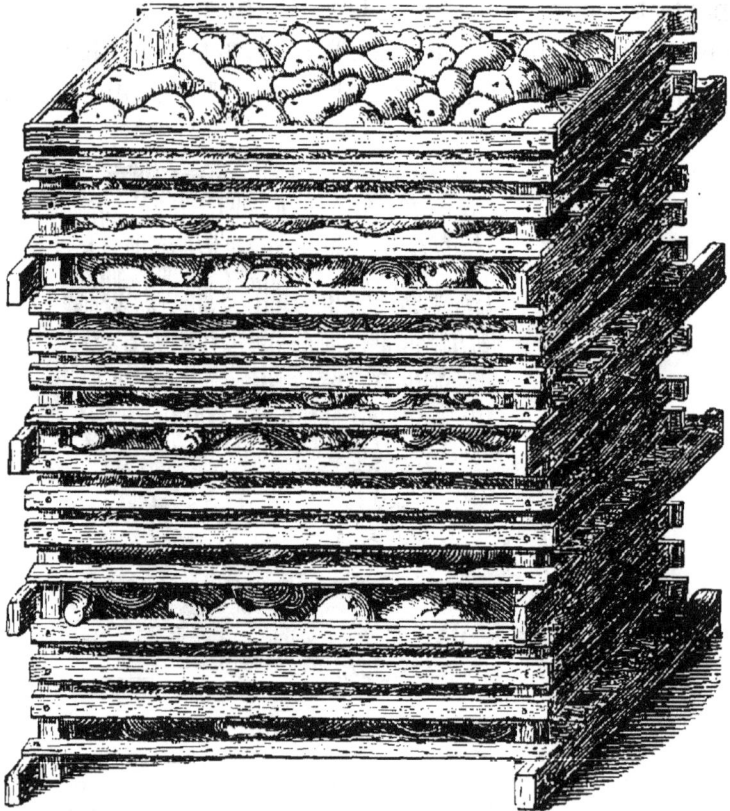

Fig. 75. — Clayettes pour conserver les pommes de terre
très hâtives.

en mois, en août, septembre ou octobre dans la basse Provence, le Comtat, Nice et l'Algérie, ou en décembre et janvier sur le littoral de la Manche, à Jersey, Roscoff, etc. On les nomme souvent *Pommes de terre d'hiver;* on les arrache en mars, avril, mai ou juin.

On couvre les buttes ou les ados de *longue litière* lorsque, dans la région méditerranéenne, on redoute des gelées à glace.

Les tubercules des variétés de *seconde saison* sont plantés à bonne exposition en janvier, février ou mars, suivant les régions, dans le Midi, le Bordelais, la Touraine, les environs de Paris ou la région maritime de la Normandie et de la Bretagne.

Les variétés de *troisième saison* sont plantées en avril ou mai. En général, ces races sont bien moins cultivées par la petite culture que les précédentes.

La pomme de terre est exigeante ; elle n'est très productive que quand on la cultive sur des terres fertiles ou fortement fumées. Lorsqu'elle produit des récoltes de 25 000 à 35 000 kilog. de tubercules par hectare, elle enlève à la couche arable 150 kilog. d'azote, 200 kilog. de potasse et 50 kilog. d'acide phosphorique.

Les pommes de terre se conservent très bien en paniers à claire-voie empilés les uns au-dessus des autres (fig. 76), dans des bâtiments où la gelée n'a pas accès.

Pendant la croissance des pommes de terre, on opère les binages et les buttages nécessaires.

L'arrachage a lieu au fur et à mesure de la maturité des fanes, c'est-à-dire après 75 à 90 jours de végétation. On extirpe les tubercules à l'aide d'une fourche à dents plates ou d'une houe fourchue. On exécute la récolte des pommes de terre de *première saison* de décembre à avril, suivant les localités dans lesquelles ces variétés sont cultivées. Les tubercules des variétés de *seconde saison* sont arrachés du mois de mai à juillet. Les variétés hâtives cultivées dans les environs de Paris sont récoltées du 15 juin au 15 juillet. On récolte les tubercules des races de *troisième saison* en août et septembre.

Les pommes de terre très précoces sont bien moins productives que les autres races, mais les prix élevés auxquels on les vend compensent largement leur plus faible production.

Les tubercules de première saison sont toujours expédiés dans des paniers en osier blanc. Les *pommes de terre*

Fig. 76. — Conservation des pommes de terre
à l'aide de paniers.

nouvelles, pour être marchandes, doivent avoir une *peau jaunâtre, lisse et fine et être très propres.*

Les pommes de terre hâtives cultivées à Roscoff, Cherbourg, Jersey, etc., sont expédiées en mai ou juin sur les marchés de Londres, où elles se vendent de 250 à 500 francs les 1 000 kilog.

Valeur commerciale.

La valeur commerciale des pommes de terre à la halle de

Paris s'élève progressivement, mais lentement, de décembre à juin. Cette valeur oscille de 8 à 18 francs par 100 kilog. pour la pomme de terre jaune de Hollande, de 6 à 14 francs pour la pomme de terre saucisse et de 7 à 13 francs pour la pomme de terre ronde hâtive.

C'est en février ou mars qu'apparaissent sur le marché les *pommes de terre nouvelles* récoltées en Algérie, dans la basse Provence et en Espagne. Le prix de ces nouveaux tubercules varie d'abord de 50 à 120 francs pour s'abaisser en mai et juin de 15 à 20 francs, les 100 kilog. C'est en janvier qu'on voit à Nice les premières pommes de terre.

En général, les pommes de terre de la Basse-Provence que fournissent la *royale kidney* et la *quarantaine de la halle* se vendent un peu plus cher que les pommes de terre venant de l'Algérie. La valeur commerciale des *pommes de terre nouvelles longues* est toujours plus élevée que celle des *pommes de terre nouvelles rondes*.

En 1894, le port d'Alger a expédié en France 3 554 000 kilog. de tubercules, qui ont été vendus comme pommes de terre de primeur. Ces tubercules provenaient des jardins cultivés par les Mahonais et les colons.

En général, les provisions concernant les pommes de terre hâtives se font par petites quantités, parce que leur valeur s'abaisse de semaine en semaine à partir du mois d'avril.

Les *pommes de terre de Hollande* les plus estimées à la halle de Paris viennent de Puiseaux, Beaumont et Beaugency. Au 1er décembre dernier, les premières étaient cotées 90 francs, celles de Bourgogne 86 à 88 francs, et celles de l'Orléanais 75 à 85 francs les 1 000 kilog. Au 15 avril de cette année, la pomme de terre de Hollande de choix valait 150 francs, l'ordinaire de Puiseaux, 80 francs, la ronde hâtive, 65 francs, la saucisse, 72 francs, et l'Early rose 60 francs, les 1 000 kilog.

Les *pommes de terre saucisse rouge,* lorsqu'elles proviennent du Gâtinais et non du Poitou et de la Bourgogne, se vendent 10 à 15 francs de plus les 1 000 kilog. que les *pommes de terre Early rose, Imperator, Chardon*, etc. Au 1ᵉʳ novembre, les premières se vendaient 70 à 75 francs, et les Early rose 54 à 65 francs.

La *pomme de terre Magnum bonum* a peu d'acheteurs sur les marchés.

La *pomme de terre violette de la Loire* y est vendue 4 fr. 50 les 100 kilog.

Les pommes de terre que Paris reçoit en mai et juin, de Cherbourg, de la Bretagne, de la Touraine et de Barbentane, sont vendues à la halle de 20 à 35 francs les 1 000 kilog.

En avril, sur tous les marchés, les pommes de terre de l'année précédente perdent de leur valeur quand apparaissent les pommes de terre nouvelles, parce qu'elles sont un peu délaissées pour ces dernières.

A la halle de Paris, la pomme de terre de Hollande de choix récoltée à Puiseaux (Loiret) vaut encore à cette époque 45 francs les 1 000 kilog. et celle de Bourgogne 30 à 35 francs.

Il est très utile de ne présenter sur les marchés, à la fin de l'hiver ou au commencement du printemps, que des pommes de terre de choix et ayant été triées et *dégermées*.

La pomme de terre de Hollande de Seine-et-Oise se vend rarement au delà de 36 à 40 francs les 1 000 kilog.

Un hectare de pommes de terre hâtives est vendu sur pied, en juin, dans la plaine de Gennevilliers (Seine), 1 800 francs. Ces plantes sont cultivées avec les eaux des égouts de Paris; elles reçoivent de 3 à 5 arrosages par infiltration ou 21 000 mètres cubes. On les plante en mars et on les arrache en juin et juillet. Ces derniers frais sont à la charge des acquéreurs. Les *ados* sur lesquels sont plantées les pommes de terre ont 1 mètre de largeur.

Les affaires concernant les provisions de pommes de terre se font en octobre.

Fécule.

Les *pommes de terre à grand rendement* comme l'*Imperator* contiennent jusqu'à 20 p. 100 de *fécule*, produit qui donne lieu à de nombreuses transactions commerciales.

La fécule provenant des féculeries de l'Oise, des Vosges, de l'Auvergne, se divise en *fécule première* et *fécule seconde* ou *repasses*. La première se vend 22 à 25 francs et la seconde de 15 à 20 francs les 100 kilog.

Le prix de la *fécule verte* varie de 12 à 15 francs.

La fécule sert à fabriquer la *dextrine*, qui est vendue sous les noms de *gommeline, léiocome* (1), *glucose, sirop cristal, sirop massé, amidon ordinaire* ou *en aiguilles, amidon grillé* ou torréfié à 200° environ, qui sert à épaissir les mordants.

Le sirop cristal à 44° est coté 49 à 50 francs, le sirop à 40°, 34 à 35 francs, le sirop liquide, 33 à 34 francs, et le sirop massé à 42°, 33 à 34 francs les 100 kilog.

L'amidon vaut 25 à 26 francs les 100 kilog. Voici les prix des autres amidons : froment pur, 49 à 50 frans, mi-fin 32 à 34, de riz fleur, 46 à 47 francs; de maïs en aiguille surfin, 38 à 39, maïs en marrons, 36 à 37 francs maïs fleur, 29 francs l'amidine 26 francs les 100 kilog.

On sait que sous l'action de l'acide sulfurique étendu d'eau et à l'aide d'une chaleur de 90° et de l'acide nitrique dosant 120°, la fécule de la pomme de terre se transforme en *glucose* ou substance sucrée.

---

(1) Le *Léiocome* est moins coloré que l'amidon grillé, mais il est plus gommeux et plus soluble.

TROISIÈME DIVISION

PLANTES CULTIVÉES POUR LEURS BULBES

CHAPITRE PREMIER

L'OGNON

(ALLIUM CEPA L.; PORRUM CEPA, R.)

Plante monocotylédone de la famille des Liliacées.

Anglais. — Onion. *Italien.* — Cipolla.
Allemand. — Zwiebel. *Chinois.* — Tsung.
Espagnol. — Cebolla. *Mexicain.* — Xonacatl.

L'ognon est cultivé depuis les temps les plus reculés. Il est aujourd'hui connu dans toutes les parties du globe. Cette plante est-elle originaire de la Palestine ? Cette question, posée souvent depuis bientôt un siècle, n'a pas été résolue. Toutefois, il est aujourd'hui démontré que les peuples de la Palestine, de l'ancienne Égypte et de l'ancienne Grèce connaissaient plusieurs variétés d'ognon et que les Chinois et les Mexicains ont connu de tout temps ce légume.

Quoi qu'il en soit, si les ognons récoltés en Syrie, en Espagne, etc., sont très beaux, ils n'ont jamais ce piquant qui caractérise les ognons qu'on obtient dans le nord de l'Europe.

Au seizième siècle, les *onynons* qu'on vendait aux halles de Paris venaient de *Corbueil*.

En général, l'ognon réussit mal dans les pays chauds, à moins de le cultiver sur des terrains frais. Dans l'Amérique du Sud, il est souvent remplacé par la ciboule. A l'intérieur de l'Afrique, on le cultive principalement autour des grand lacs.

Il existe en France des contrées dans lesquelles la culture de l'ognon a une grande importance, comme l'Agenais, le pays Toulousain, le Poitou, etc.

Variétés.

L'ognon se distingue des autres liliacées potagères par les caractères suivants :

Bulbe charnu à tuniques internes ; hampe fistuleuse, nue, grosse et ventrue à sa partie médiane, haute de 1 mètre en moyenne ; feuilles fistuleuses, cylindriques et ventrues ; ombelle volumineuse, sphérique et munie d'une spathe assez courte ; fleurs blanches, verdâtres ou purpurines ; graines noires, triangulaires et convexes sur une des faces.

Les variétés cultivées comme plantes alimentaires sont nombreuses.

Les principales, parmi celles qui *se reproduisent par graines*, sont au nombre de douze, savoir :

1. Ognon rouge pâle.

Bulbe moyen, demi-déprimé, à collet fin, rouge cuivré.

Cette variété est très répandue ; elle est demi-hâtive et d'assez bonne garde.

Cette variété a produit des races qui sont plus ou moins colorées, suivant les localités.

2. Ognon rouge pâle de Niort.

Bulbe large, déprimé ou aplati, à collet fin, rouge cuivré un peu violacé.

Fig. 77. — Ognon de Niort.

Cette variété hâtive (fig. 77) est très estimée et très cultivée dans le Poitou et la Vendée ; elle se conserve bien. On la nomme aussi *ognon de Lencloître, ognon de Saint-Brieuc.*

L'*ognon de Lescure,* qui est très estimé dans le Languedoc et le Bordelais, est un peu plus jaune que l'*ognon rouge pâle de Niort.*

3. Ognon poire.

Bulbe allongé, en forme de poire, moyen, rouge pâle ; chair un peu grossière.

Cette variété, appelée aussi *ognon piriforme* (fig. 78), est de très bonne garde, mais elle a moins d'aspect à la vente que les bulbes des variétés précédentes. Sa saveur est forte. Elle est demi-tardive.

4. Ognon de Madère.

Bulbe très gros, presque sphérique, rouge très pâle et tardif.

Cette variété (fig. 79) est tardive ; elle est cultivée dans le midi de l'Europe, en Afrique et en Asie. Elle est très répandue dans la basse et la haute Égypte et aux Canaries. Sa saveur est très douce, mais elle n'est pas de bonne garde sous le climat de Paris.

5. Ognon de Tripoli.

Bulbe très gros, aplati ou déprimé, rouge cuivré.

Cette variété, appelée aussi *ognon plat de Madère* (fig. 80),

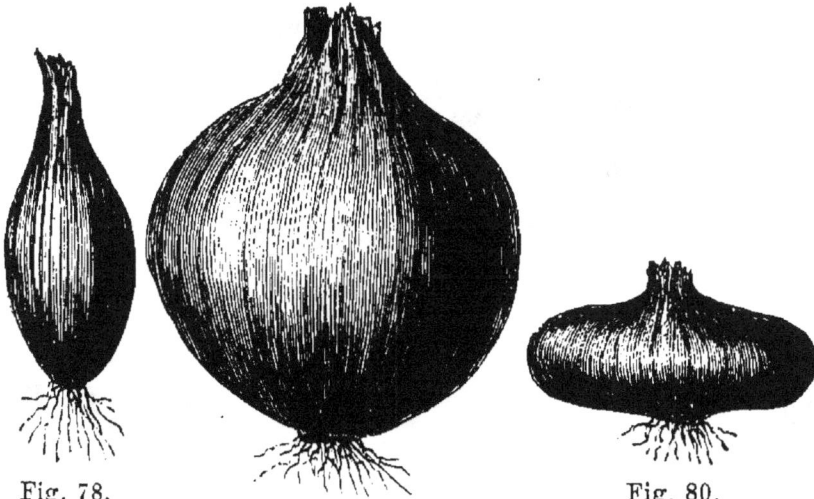

Fig. 78.
Ognon poire.   Fig. 79. — Ognon de Madère.   Fig. 80.
Ognon de Tripoli.

appartient principalement à la culture des régions tempérées. Elle est tardive.

6. Ognon rouge foncé.

Bulbe très déprimé, moyen, rouge foncé.

Cette belle variété, connue aussi sous les noms d'*ognon rouge de Hollande* ou *de Zélande*, *ognon rouge de Mézières*, *ognon rouge d'Auxonne* (fig. 81), est de bonne garde. Elle est répandue dans le nord et l'est de la France et de l'Europe, mais sa couleur ne plaît pas toujours aux Parisiens, quoiqu'elle soit superficielle.

8. Ognon jaune des Vertus.

Bulbe large, assez gros, un peu aplati, jaune cuivré.

Cette variété (fig. 82) est très productive, excellente et de

Fig. 81. — Ognon rouge foncé.

bonne garde. On la préfère dans quelques contrées à l'o-
gnon rouge pâle. Elle est très cultivée dans les environs de
Paris. Elle est aussi connue sous les noms suivants : *ognon*

Fig. 82. — Ognon jaune des Vertus.

paille, ognon blond des Vertus, ognon jaune de Cambrai ou
ognon jaune de Paris.

9. Ognon jaune de Danvers.

Bulbe rond, rougeâtre; enveloppes nombreuses, jaunes.

Cette variété (fig. 83) est originaire des États-Unis; elle est hâtive et de très bonne garde.

10. Ognon soufre d'Espagne.

Bulbe plat, soufré ou jaune verdâtre, très large.

Cette variété est ex-cellente, rustique et de bonne garde ; sa saveur est douce.

Fig. 83. — Ognon de Danvers.

11. Ognon blanc hâtif de Paris.

Bulbe un peu aplati ou déprimé, moyen et blanc argenté.

Cette variété (fig. 84) est très estimée ; elle est presque

Fig. 84. — Ognon blanc de Paris.

toujours cultivée pour être vendue en vert ou à demi-développée, à l'époque où l'on mange des petits pois.

L'*ognon blanc de Nocera*, qui a une grande analogie avec la variété précédente, est très cultivé en Italie et dans le comté de Nice. Il est très hâtif.

12. Ognon blanc gros ou blanc d'Espagne.

Bulbe presque rond, gros, blanc.

Cette variété est moins hâtive que la précédente; elle n'est pas de bonne garde, mais, comme tous les ognons blancs, elle est plus douce et plus sucrée que les autres. Elle est très estimée dans le midi de l'Europe.

Les variétés qui *se reproduisent par bulbilles ou par caïeux* sont au nombre de deux, savoir :

13. Ognon patate.

Bulbe se développant en terre, demi-déprimé, gros, rouge cuivré.

Cette variété se propage par ses caïeux qui se développent en terre et qu'on plante avant ou après l'hiver, suivant les contrées. Elle est précoce, mais elle se conserve difficilement.

14. Ognon d'Égypte.

Synonymie : Ognon à rocamboles, — ognon bulbifère.

Bulbe demi-déprimé, gros, rouge cuivré, produisant au sommet de sa tige, au lieu de graines, de très petits ognons.

Cette variété, appelée aussi *ognon bulbifère, ognon à rocamboles,* se propage par ses bulbilles ou rocamboles. Son bulbe a une chair grossière; il s'altère aisément.

Culture.

TERRAIN. — L'ognon doit être cultivé dans une terre

de très bonne fertilité, un peu forte, ou argilo-siliceuse ou argilo-calcaire. Il réussit très bien sur les *anciens lais de mer* et sur les *sols très rapprochés de la mer*. Les marais desséchés lui conviennent aussi très bien.

Le sol qu'on lui destine doit être bien préparé, soit à la bêche soit à la charrue. On termine cette préparation en piétinant ou plombant la surface de la couche arable.

Semis. — L'ognon de couleur se sème en place ou en pépinière. Les semis en pépinières sont souvent adoptés dans les contrées septentrionales. Par contre, dans le midi de la France et de l'Europe, les semis en place sont très en usage, surtout quand l'ognon est cultivé sur des terres fortes.

Aux Canaries, où les ognons sont très gros et très doux, on opère les semis en automne et on les arrose au printemps suivant.

Les cultivateurs qui vendent du plant d'ognon font toujours des semis en pépinières.

Dans les circonstances ordinaires, les semis se font en place, du 15 février jusqu'à la fin de mars ou, au plus tard, au commencement d'avril. On ne peut les exécuter vers la fin de janvier que dans les contrées méridionales, ou lorsqu'on peut les faire sur une côtière ou plate-bande exposée au midi et garantie des vents du nord par un mur ou un brise-vent. On répand environ 300 grammes de graines par are lorsqu'on sème en place et 800 grammes quand on sème en pépinière; les semis en lignes sont espacés de 0ᵐ.20 à 0ᵐ.25.

En général, en France, l'ognon est semé en place dans les régions du Nord et du Centre, et en pépinière dans les provinces méridionales.

Aux environs de Niort et à Lescure, où la culture de l'ognon occupe chaque année une grande superficie, la douceur du climat hivernal permet d'y opérer les semis en pépinière du 25 août à la fin de septembre. Pendant l'hiver, on exécute plusieurs sarclages. Les plants que fournissent ces semis sont livrés à la vente du 1er février au 25 mai. C'est aussi en août et septembre qu'on sème l'ognon dans le Bordelais, pour le repiquer en mars et avril.

À Roscoff, on opère les semis : 1° en janvier pour pouvoir vendre les ognons à la mi-juin; 2° en février pour repiquer les plants en avril et vendre les ognons en juillet et août. Ceux qu'on y exécute en mai ou juin fournissent des bulbes en novembre.

Les plants provenant de semis exécutés dans la Provence, dans l'Agenais, vers la fin de l'été, sont transplantés en octobre.

Ces semis d'automne, comme ceux qu'on exécute en décembre et janvier, doivent être faits sur des terres substantielles, plutôt légères que fortes et situées à bonne exposition.

Souvent, aussitôt après le semis, on plombe le sol à la planche ou avec les pieds, ou à l'aide d'un petit rouleau en fonte, dans le but de tasser la terre contre la graine et d'affermir la couche arable.

L'*ognon blanc,* destiné à être vendu à moitié développé, se sème ordinairement en août ou septembre sur des terres fertiles de consistance moyenne. L'*ognon blanc hâtif* qu'on sème en février peut être vendu en juin ou juillet.

La graine d'ognon lève en 15 à 20 jours. On arrose légèrement le semis lorsque le temps est sec, si cela est possible. Au besoin, on le couvre de terreau.

TRANSPLANTATION. — Lorsque les plants ordinaires, semés en pépinière, ont la grosseur d'une petite plume, on les arrache après avoir *mouillé le terrain* si cela est nécessaire, on les met en bottes pour les livrer à la vente ou les transplanter sur des terres bien ameublies.

La plantation se fait à l'aide du plantoir. Avant de l'exécuter, on prépare les plants, c'est-à-dire on coupe un peu l'extrémité déliée des racines pour qu'elle ne se replie pas sur elle-même pendant la mise en place des ognons et, on coupe aussi un peu les feuilles. Il est utile de ne pas trop enfoncer les jeunes bulbes et de bien borner les plants. Quand ils sont trop enterrés, ils végètent mal, sont exposés à s'échauffer et *tournent* moins aisément.

Le sol est ordinairement labouré en planches ayant 1^m.30 à 1^m.50 de largeur ; mais dans les contrées où l'ognon est *cultivé à l'arrosage,* on le dispose en très petits billons. Dans ce cas, on plante une rangée d'ognons de chaque côté de la ligne médiane de tous les ados.

On espace les plants plus ou moins, selon le développement qu'ils peuvent prendre. En général, pour les variétés ordinaires, on agit de manière qu'ils soient éloignés de 0^m.07 à 0^m.10 les uns des autres. On en compte alors environ 2 000 par are.

En Égypte, la transplantation des *ognons d'été* (Basal-Scify) se fait de la fin de mars au commencement d'avril, c'est-à-dire 50 à 60 jours après le semis. On les récolte trois mois après la plantation. Les *ognons d'hiver* (Basal-Chitaouy) sont semés en novembre et vendus à l'état vert quand ils sont suffisamment développés.

L'*ognon blanc,* semé en août ou septembre, est transplanté en octobre quand le sol qu'on lui destine est sain, ou en février ou mars lorsqu'il est humide. On l'abrite pendant l'hiver avec de la paille si cela est utile.

Les plants provenant de semis exécutés dans les régions de l'Ouest ou du Midi, vers la fin de l'été ou au commencement d'octobre, sont ordinairement transplantés ou vendus pendant le mois de mars.

PLANTATION DES PETITS OGNONS. — On plante assez souvent, en octobre ou en janvier ou février, selon les localités, de très petits ognons qu'on appelle *grelots*, *grenons* ou *oynons de Mulhouse,* dans le but d'avoir des ognons hâtifs et développés en juin et en juillet. Ces *picotis* se font sur des terres de bonne qualité et bien ameublies. On espace ces petits ognons de 0^m.10 en tous sens.

Les ognons qui fournissent les grelots sont toujours très beaux, mais ils ne sont pas de garde.

On obtient ces petits ognons, qui ont la grosseur d'une noisette, en opérant en avril ou mai un semis très dru à la volée. On les vend 1 fr. 50 le kilog. ou 0 fr. 50 à 0 fr. 75 le litre.

Soins d'entretien. — Pendant la végétation des ognons semés à la volée, on opère un ou deux binages avec la serfouette à main, qui est munie d'une *griffe* A et d'une *lame* B (fig. 85) et on sarcle quand cela est

Fig. 85. — Serfouette à main.

nécessaire. Les ognons semés en lignes sont binés avec la serfouette ou la binette.

Chaque semaine ou tous les quinze jours, dans les contrées méridionales, on exécute un arrosage très modéré.

On doit cesser les arrosements quinze jours environ avant l'arrachage des ognons.

Rabattage des feuilles. — Quand l'ognon est développé et lorsque ses feuilles commencent à jaunir, c'est-à-dire en juillet, on couche toutes celles-ci avec le dos du râteau en ayant la précaution de ne pas meurtrir les bulbes. On agit de même quand les ognons mûrissent très lentement par suite de pluies estivales très prolongées.

Cette opération fait grossir et mûrir les ognons.

Arrachage. — Quand les feuilles des ognons sont sèches, ce qui a lieu en juin et en juillet dans le Midi, en juillet, août et septembre dans le Nord, on procède à leur arrachage. Cette opération se fait à la main, en ayant le soin de rassembler les bulbes en lignes parallèles et larges de 0ᵐ.33 à 0ᵐ.50.

Puis on laisse les bulbes sur le sol, ou on les rapporte à la ferme pour les exposer sur une aire en couche mince à l'action du soleil, pendant deux à trois jours. Quand les ognons sont ressuyés et lorsque leurs premières tuniques se détachent aisément, on les rentre pour les étaler en couche mince dans un local ni trop sec ni trop humide, et dans lequel les gelées à glace n'ont pas accès. On doit éviter de leur enlever les tuniques sèches qui les recouvrent, parce qu'elles assurent leur conservation.

Les ognons qu'on sème en Algérie pendant les mois de septembre et octobre sont récoltés durant les mois de janvier et février ou en mai et juin.

On peut conserver les ognons en les mettant en tresses ou chapelets ou bottes, et en suspendant celles-ci le long des murs à des crochets ou à des perchettes.

VENTE. — Les *ognons* se vendent en vrac ou à l'hectolitre, ou après avoir été disposés en *tresses* ou *liasses* contenant 30, 40 ou 50 ognons. Il existe en automne de nombreuses foires aux ognons. Dans les années ordinaires, les ognons se vendent toujours au printemps un peu plus cher que le blé.

On expédie les ognons dans des sacs longs et étroits.

Les races qui se conservent bien jusqu'au printemps sont : l'*ognon jaune des Vertus*, l'*ognon jaune de Cambrai*, l'*ognon rouge pâle de Niort* et l'*ognon rouge foncé*.

En général, les ognons colorés sont plus cultivés que les ognons blancs.

Les *plants* qu'on fait naître à Niort sont vendus pour être exportés dans la Saintonge, le Limousin, la Touraine, le Maine, la Normandie, l'Angleterre et la Belgique. Arcissur-Aube, Anglure, Lescure, etc., spéculent aussi sur la vente des plants d'ognon.

Un hectolitre d'ognons pèse de 64 à 66 kilogrammes.

RÉCOLTE DES GRAINES. — Les ognons qui doivent fournir des graines sont plantés en février ou mars dans le Nord, et en octobre dans le Midi. On les espace de 0ᵐ.15 à 0ᵐ.20 en tous sens.

Quand les capsules formant de grosses houpes au sommet des hampes sont mûres, on coupe les tiges ou simplement les têtes, on les transporte à la ferme et on les fait sécher sur une bâche au soleil. Lorsque les capsules sont ouvertes, on les égrène et on crible ensuite les graines. On doit agir par un temps sec et un beau soleil.

La graine d'ognon est petite, anguleuse, aplatie, noire, luisante et ridée; elle conserve sa faculté germinative pendant deux années.

Un hectolitre de graine pèse de 46 à 50 kilogrammes.

Usages.

L'ognon est un excellent aliment. On le mange cru ou cuit, ou après l'avoir fait confire dans du vinaigre. Les *ognons doux d'Italie* et *d'Algérie* servent à faire la *purée Soubise*, et ils entrent dans la *salade russe*.

Les *ognons brûlés* servent à colorer le bouillon ou les sauces. Voici comment on les prépare :

Après les avoir débarrassés de leur pellicule ou enveloppe externe, on les met sur des plaques métalliques à rebords et qui contiennent un peu d'eau. Ces plaques sont ensuite exposées à la chaleur d'un four. Quand les ognons sont cuits on les aplatit, on les arrose avec le jus qu'ils rendent et on les enfourne de nouveau après les avoir placés sur des claies. On répète ces diverses opérations si cela est nécessaire.

Quand les ognons sont secs et noirs, on les conserve à l'abri de l'humidité.

Valeur commerciale.

Le prix des ognons varie suivant les circonstances : on les vend à la halle de Paris de décembre à juin de 7 à 12 francs les 100 kilog. C'est très accidentellement que le prix s'élève à 20 et 25 francs. Au commencement d'août, les ognons se vendaient, l'an dernier, de 7 à 10 francs les 100 kilog.

A la fin d'octobre, l'ognon jaune des Vertus de parfaite qualité s'y vendait 105 à 120 francs les 1 000 kilog. Les ognons les plus estimés à la Halle de Paris viennent de Verberie et d'Orléans; ceux d'Auxonne et d'Agen sont d'une conservation moins assurée. L'ognon rouge foncé, qui est peu estimé sur les marchés de Paris, ne valait que 70 francs les 1 000 kilog. La valeur des petits ognons dits *grelots* oscillait entre 20 et 25 francs les 100 kilog.

Les plants qu'on fait naître à Niort à l'aide de semis opérés en automne sont vendus à *la fourniture,* au prix de 20 à 35 francs, suivant la réussite des semis. Elle comprend 231 paquets de 100 plants chacun. Au détail, ces plants sont livrés au prix de 15 à 20 centimes le paquet, suivant les circonstances.

Les variétés les plus cultivées pour les marchés sont les suivantes :

Rouge pâle de Niort	Jaune des Vertus
Jaune de Cambrai	Rouge foncé
— de Lescure	Blanc hâtif
— de Danvers	— de Nocera.

Les ognons rouge pâle et jaunes sont partout d'une vente facile, parce qu'ils se conservent bien. Les *ognons rouge foncé* sont principalement cultivés dans les régions de l'Est et Nord-Est.

L'*ognon blanc à l'état vert* se vend facilement pendant la saison des petits pois.

La France exporte en Angleterre beaucoup d'ognons qui sont récoltés dans le Poitou, l'Agenais, la Normandie, etc.

En général, les ognons se conservent moins bien dans les hivers doux et humides que dans ceux qui sont secs et froids.

Au 15 avril dernier, les ognons de Verberie (Picardie) étaient cotés à la Halle de Paris de 300 à 320 francs les 1 000 kilog. Ceux importés de la Bourgogne et de l'Orléanais valaient, le même jour, de 150 à 200 francs selon leur conservation.

Il existe une variété que je n'ai pas mentionnée parce qu'elle a beaucoup de rapport avec l'*ognon jaune de Cambrai*. Cette race est connue sous le nom d'*ognon de Mulhouse*. C'est elle qui fournit les *petits ognons* dits *grelots* qu'on plante à la fin de l'hiver, dans le but d'avoir des ognons nouveaux en juin ou juillet. (Voir page 212.)

CHAPITRE II

L'AIL

(ALLIUM.)

Plante monocotylédone de la famille des Liliacées.

Anglais. — Garlic.
Allemand. — Knoblauch.
Italien. — Aglio.

Espagnol. — Ajo.
Portugais. — Alho.
Arabe. — Thoum.

L'ail est aussi cultivé en Asie depuis la plus haute antiquité. Jusqu'à ce jour on ne l'a pas trouvé à l'état sauvage. Il occupe annuellement d'importantes surfaces dans le Languedoc, le Comtat, la basse Provence, l'Italie, l'Espagne, les rivages de la Manche.

Les Provençaux, les Italiens et les Gascons ont toujours recherché l'ognon et l'ail.

Son bulbe (fig. 86) est tuniqué; il se compose de 8 à 12 *gousses* ou *caïeux*, qui sont réunis par une pellicule mince, blanchâtre et persistante. Sa hampe est cylindrique et haute de $0^m.40$ à $0^m.75$. Ses feuilles sont linéaires, aiguës, roulées en crosse dans le haut de la tige et légèrement pliées en gouttière. Sa spathe est formée d'une seule valve prolongée en pointe. Son ombelle est pauciforme. Ses fleurs, rares en France, sont d'un blanc rosé; elles s'épanouissent en juin ou juillet.

Espèces et variétés.

On cultive plusieurs espèces et variétés d'ail.

1. Ail ordinaire.

(ALLIUM SATIVUM, L.; PORRUM SATIVUM, R.)

Bulbe composé de 10 à 15 caïeux allongés à pellicule blanche.

Cette espèce, appelée souvent *ail blanc*, a produit la variété appelée *ail rose hâtif*, qui est remarquable par sa précocité et sa saveur moins forte et qui se distingue de l'ail

Fig. 86. — Ail en gousses.

ordinaire par sa pellicule rose. On le récolte un mois avant l'ail blanc. Il est très apprécié à Bordeaux.

L'*ail rouge* diffère des précédents par sa couleur rouge vineux et par ses caïeux, qui sont plus gros que ceux de l'ail blanc.

2. Ail d'Orient.

(ALLIUM AMPELOPRASUM, L.)

Bulbe très gros, mais ayant une saveur et une odeur moins prononcées ; feuilles planes, grandes ; fleurs roses disposées en grosse ombelle arrondie.

Cette variété est surtout cultivée dans le midi de l'Europe, en Asie et en Égypte. Sa saveur est moins forte que celle de l'ail ordinaire.

L'ail d'Orient ne ressemble pas à l'ail ordinaire. Par ses feuilles, ses tiges et ses fleurs, il a une grande analogie avec le poireau.

Cette espèce produit des graines qui germent facilement, mais on la propage principalement par ses caïeux.

3. Ail rocambole.

(ALLIUM SCORODOPRASUM, L.; PORRUM OPHIOSCORODON, R.)

Bulbe semblable à la gousse d'ail ordinaire; tige de 0ᵐ.50 à 0ᵐ.75 de hauteur, roulée en spirale vers son extrémité et portant des bulbilles ou *rocamboles* entre les pédoncules des fleurs.

Cette espèce est aussi connue sous les noms suivants : *ail d'Espagne, ail de Gênes, échalote d'Espagne;* ses bulbilles servent à la reproduire.

Culture.

Les contrées tempérées sont celles qui conviennent le mieux à l'ail. Les bulbes qu'on récolte dans les contrées méridionales ont, en effet, une saveur moins forte et plus agréable que les bulbes récoltées dans le nord de l'Europe.

L'ail demande une terre douce, substantielle, un sol argilo-siliceux ou silico-calcaire, sain et perméable. Il redoute les sols humides, où il est exposé à *graisser* ou à pourrir, et les terres récemment fumées.

Cette plante bulbeuse produit des graines, mais celles-ci, toujours peu nombreuses, sont rarement utilisées. La multiplication de l'ail par semence oblige à laisser les bulbes deux ans en terre avant de les livrer à la consommation.

On multiplie ordinairement l'ail par caïeux ou *gousses* que l'on plante la tête en haut en septembre, octobre ou novembre, ou en février ou mars dans le midi de l'Europe, et en mars et avril dans les contrées septentrionales. Les plus beaux caïeux sont enterrés de $0^m.05$ à $0^m.07$, et séparés de $0^m.10$ à $0^m.15$ sur des rayons espacés de $0^m.30$. Cette plantation se fait dans des trous pratiqués avec le doigt dans une terre bien préparée. Elle emploie environ 2 litres de gousses par are.

Quand on cultive l'ail à l'arrosage, on le plante en lignes sur chacun des côtés de petits billons qui ont $0^m.35$ à $0^m.45$ de largeur. Parfois, dans le Midi, on l'abrite un peu du soleil quand il n'est pas cultivé à l'arrosage, en plantant entre les lignes et sur le sommet des ados des pois nains, des fèves naines ou des panais.

Lorsque les feuilles commencent à jaunir, vers la fin de mai dans la région septentrionale, on tord les tiges et on les réunit par un nœud pour que la sève profite seulement aux bulbes ou on les couche sur le sol. Dans le Midi, cette opération est rarement pratiquée.

On arrache l'ail à la fin de juin et en juillet dans le Midi, et en juillet et août dans les contrées du Nord, quand les parties herbacées sont presque sèches c'est-à-dire avant leur maturité complète, puis on le laisse sécher sur le sol pendant quelques jours pour qu'il perde son humidité. On met ensuite les bulbes en petites bottes ou chapelets ou tresses, dont la grosseur et la longueur varient suivant les contrées. Ces bottes ou chapelets doivent être conservées dans un local très sain et à l'abri de la gelée.

L'ail est exposé à prendre le *gras*, maladie qu'on arrête dans son développement en déchaussant les gousses.

Les gousses de l'ail se conservent bien pendant une année quand elles ont été déposées dans un local non humide.

A Gaillac (Tarn), on compte 350 000 gousses par hectare, qui sont vendues 7 francs le 1 000.

Usages.

L'ail est utilisé comme condiment. Il aide à digérer les aliments, mais son goût est âpre, sa saveur brûlante, et son odeur forte, pénétrante et persistante. On le regarde à bon droit comme un excellent vermifuge. Il est échauffant.

En général, l'ail a une saveur moins âcre dans la région méridionale que dans les pays froids. C'est pourquoi on l'utilise souvent dans les cuisines provençales, languedociennes, espagnoles et italiennes.

Valeur commerciale.

La valeur commerciale de l'ail n'est pas très variable. Elle oscille en hiver, à la Halle de Paris, de 30 à 50 francs les 100 kilog. Son prix pendant la belle saison varie de 15 à 25 francs. L'ail de Cavaillon est très estimé et recherché. On le vend 22 à 25 francs les 100 kilog., alors que l'ail d'Auvergne ne vaut que 15 à 18 francs. L'Italie en expédie beaucoup en Amérique.

CHAPITRE III

L'ÉCHALOTE

(ALLIUM ASCALONICUM, L.)

Plante monocotylédone de la famille des Liliacées.

Anglais. — Shallot.

Allemand. — Eschlauch.

Italien. — Scalogno.

Espagnol. — Chalote.

L'échalote est originaire de l'Asie Mineure ; elle est très cultivée en Europe et dans les Indes.

Son bulbe est ovale ou arrondi, accompagné de caïeux logés sous les tuniques desséchées qui sont rougeâtres. La hampe a de 0^m.20 à 0^m.50 de hauteur ; elle est entourée de feuilles seulement dans le bas ; ces feuilles sont étroites, cylindriques, fistuleuses, droites et un peu rougeâtres. Son spathe est plus court que l'ombelle, qui est globuleuse et serrée. Les fleurs sont rougeâtres ou violacées ; elles s'épanouissent en juin ou juillet.

A Paris, au douzième siècle, les échalotes étaient appelées *eschalonges ;* on les récoltait alors aux environs d'Étampes.

Variétés.

On cultive deux variétés d'échalote :

1. Échalote ordinaire.

Bulbes de la grosseur du doigt, allongés, revêtus d'une pellicule jaune rougeâtre ; feuilles longues de 0^m.25 à 0^m.30.

Cette variété, appelée *échalote petite* (fig. 87), est hâtive et elle se conserve bien. Son bulbe, dépouillé de ses enveloppes, est verdâtre à sa base et violet à son sommet.

Les races dites *échalote hâtive de Bagnolet, échalote de Niort, échalote de Noisy,* sont plus ou moins grosses suivant les terrains où elles sont cultivées.

2. Échalote de Jersey.

Synonymie : Échalote petite d'Alençon, — échalote de Russie.

Bulbe développé, court, assez arrondi, revêtu d'une pellicule rouge jaunâtre; feuilles peu élevées, nombreuses et bien glauques.

Cette variété a une odeur qui rappelle un peu celle de l'ognon; elle est très hâtive, mais elle se conserve moins

Fig. 87. — Échalote.

bien que la précédente. Son bulbe dépouillé de ses enveloppes est violet. On l'appelle aussi *échalote d'Alençon, échalote de Russie, grosse échalote.*

Culture.

Ces plantes se multiplient par caïeux. Elles demandent

une terre légère ou de consistance moyenne ; elles redoutent les terrains abondamment fumés et ceux qui sont argileux et humides.

Le sol destiné à l'échalote doit avoir été bien ameubli. On le divise en planches ayant 1 mètre de largeur sur lesquelles on plante 4 à 5 lignes de caïeux. Les trous, peu profonds, se font avec le doigt. On espace les bulbes les uns des autres de 0m.12 à 0m.16. Chaque caïeu doit effleurer la couche arable. Dans le but de hâter la végétation, on déchire le bout des tuniques. On termine la plantation en opérant un léger râtelage sur la surface des planches.

C'est à l'automne que se font les plantations dans les provinces méridionales, et à la fin de l'hiver, c'est-à-dire en février, mars ou avril dans la région septentrionale.

Les caïeux sont quelquefois attaqués par la *larve de la mouche de l'échalote* (ANTHOMYIA PLANTURA, Mar.).

Pendant la végétation des plantes, on maintient le sol propre à l'aide de quelques binages ou sarclages.

Quand les bulbes sont formées par la réunion des caïeux, on *déchausse* les touffes avec la main pour éviter qu'elles s'échauffent et que l'échalote *tourne* ou qu'elle prenne le *gras* ou la *graisse*, sorte de pourriture.

Lorsque les feuilles sont jaunes ou fanées ou presque sèches, on procède à l'arrachage des bulbes et on les expose ensuite à l'action du soleil pendant un ou deux jours pour qu'ils se ressuient. Puis on les conserve sur des tablettes ou sur l'aire d'un local bien sec et à l'abri de la gelée.

Cette récolte a lieu ordinairement à la fin de juillet ou en août dans le centre de la France.

Quand les feuilles sont bien sèches, on sépare les bulbes et on les met en *liasses* ou en *chapelets*, ou en bottes. On réserve les plus petites bulbes pour la multiplication.

Lorsque l'échalote a une tendance à monter à graine,

on supprime avec l'ongle les tiges lorsqu'elles commencent à se développer.

L'échalote se vend de 12 à 15 francs les 100 kilogrammes.

Les bulbes de l'échalote se gardent bien; ils sont employés comme assaisonnement et les feuilles comme fourniture de salade.

L'échalote se vend, de décembre à juin, de 30 à 75 francs les 100 kilogrammes; au mois d'août son prix varie de 30 à 40 francs.

———

La *ciboule commune* (ALLIUM FISTULOSUM L.), remplace quelquefois l'ognon dans certaines préparations culinaires, principalement dans les pays chauds. Cette espèce est regardée comme bisannuelle, quoiqu'elle soit vivace. On la multiplie par graines qu'on sème en lignes et en pleine terre depuis le mois de mars jusqu'en juillet. On peut aussi la propager par caïeux qu'on plante en février ou mars.

La *ciboule de Saint-Jacques* est vivace; on la multiplie par éclats de pied.

Les feuilles de la ciboule sont aussi utilisées comme fourniture de salade. On vend sur les marchés la ciboule à l'état vert pendant la belle saison et lorsque ses bulbes sont secs durant l'hiver.

La *ciboulette*, ou *civette*, ou *ive*, ou *apetit* (ALLIUM SCHŒNOPRASUM), est vivace. On emploie ses feuilles, qui sont très fines, comme celles de la ciboule.

On propage cette plante en divisant les touffes en mars ou avril et en plantant ces divisions en lignes. On coupe ses feuilles avec un couteau.

La ciboulette est très connue en Europe, dans l'Amérique et au Japon.

La ciboule et la civette peuvent être plantées en bordure. Il en est de même de l'*échalote*, de l'*estragon* et du *thym* qu'on emploie aussi pour *assaisonnement*, du *cerfeuil*, de la *pimprenelle*, du *cresson alénois* qu'on utilise comme *fourniture de salade*.

L'*estragon* se propage par bouture ou par éclats de pied. Il demande un sol un peu argileux et fertile. Il craint les fortes gelées

Le *thym* se multiplie à l'aide de ses graines ou au moyen d'éclats de touffe. Il réclame un sol sec et chaud.

Le *cresson alénois* se propage par ses semences. Il demande un sol frais. Sa végétation est rapide.

La *sarriette annuelle* se multiplie à l'aide de ses graines. Elle demande un sol léger et bien exposé.

La *pimprenelle des jardins* se propage aussi par ses graines.

Le praticien qui cultive les gros légumes a intérêt à posséder quelques bordures des plantes qu'on utilise comme assaisonnement, dans le but de satisfaire les désirs de ses clients.

CHAPITRE IV

LE POIREAU

(ALLIUM PORRUM, L.)

Plante monocotylédone de la famille des Liliacées.

Anglais. — Leek. *Italien.* — Porro.
Allemand. — Lauch. *Espagnol.* — Puerro.

Le poireau, ou *porreau,* ou *porée,* est aussi une plante alimentaire bisannuelle, très ancienne dans l'Europe septentrionale. Son bulbe est allongé. Sa hampe a de $0^m.70$ à
$0^m.80$ de longueur ; elle est cylindrique et embrassée par
des feuilles vers son milieu ; ces feuilles sont linéaires,
aiguës, planes et vert glauque. Son ombelle est globuleuse
et munie d'un spathe univalve. Ses fleurs sont roses ; elles
s'épanouissent de juin à août.

Le poireau est cultivé sur d'importantes surfaces dans
l'arrondissement de Mantes (Seine-et-Oise).

Variétés.

On cultive quatre variétés de poireau.

1. Poireau long d'hiver.

Partie blanchâtre et comestible allongée et cylindrique ; feuilles très
longues et retombant vers la terre comme si elles avaient été cassées.

Cette variété résiste très bien aux froids des hivers
ordinaires (fig. 88) ; elle est très cultivée.

2. Poireau gros court d'été.

Partie comestible plus développée, mais peu allongée ; feuilles généralement disposées en éventail, dont les extrémités s'inclinent vers le sol en présentant une courbure.

Cette variété est hâtive, mais elle est bien moins rustique que le poireau long ; elle est répandue dans les contrées méridionales.

3. Poireau jaune du Poitou.

Partie comestible très grosse et peu allongée ; feuilles très larges, disposées en éventail et très blondes ou vert jaunâtre.

Cette variété est assez sensible aux froids ; néanmoins elle est très estimée à cause de sa couleur et de son développement.

4. Poireau très gros de Rouen.

Partie comestible très développée, mais peu allongée ; feuilles disposées en éventail, très larges et d'un beau vert glauque.

Fig. 88. — Poireau long.

Cette variété (fig. 89) est peu sensible aux froids ; elle est très répandue dans le nord de l'Europe. Il en est de même du *poireau monstrueux de Carentan* qui a une grande analogie avec le poireau de Rouen, mais qui est beaucoup plus gros.

Culture.

Le poireau est bisannuel ; il doit être cultivé dans des

terres très substantielles, un peu argileuses et un peu fraîches.

On le sème en pépinière en février, mars ou avril, à bonne exposition. Les semis exécutés en février dans le nord de la France se font toujours sur couche.

On le repique en mars ou avril ou en mai et juin, sui-

Fig. 89. — Poireau gros de Rouen.

vant les latitudes, quand les plants ont la grosseur d'un petit crayon. On doit opérer, autant que possible, par un temps pluvieux ou après avoir arrosé le terrain. Avant la transplantation, on habille les plants, c'est-à-dire on coupe les extrémités des racines et des feuilles. On doit éviter de laisser les plants qu'on a préparés à l'action du soleil avant de les mettre en place.

C'est dans des rayons ayant de 0^m.08 à 0^m.12 de profondeur et espacés les uns des autres de 0^m.33 à 0^m.40 qu'on opère la mise en place. Les plants dans les rayons doivent être éloignés de 0^m.12 à 0^m.25 les uns des autres, suivant la grosseur qu'ils peuvent prendre.

Quelquefois on plante, en mai ou juin, une ligne d'ognons entre les rangées de poireaux. Ces ognons sont récoltés en août.

Pendant l'été, on opère les binages et les arrosements nécessaires. Dans le but de faire grossir les pieds, on coupe deux à trois fois les feuilles à leur partie médiane. Les binages, en comblant les rayons, *buttent* les poireaux et font blanchir leur bulbe sur une plus grande longueur. Les poireaux qu'on a transplantés en mai peuvent être livrés à la vente dès le mois de septembre.

Dans les contrées du Midi, on sème le poireau en automne pour le repiquer en mars ou on le sème à la fin de l'été pour opérer la mise en place en automne. Alors on commence à le butter pour le faire blanchir vers la mi-février. Le plus ordinairement, dix à quinze jours suffisent pour qu'on puisse le livrer à la vente.

En Italie, on arrose les poireaux tous les quatre à cinq jours, depuis le mois de mai jusqu'en août.

La nature, la fertilité et la fraîcheur de la couche arable exercent une grande influence sur le développement du poireau.

On laisse ordinairement les poireaux en terre pendant l'hiver. Cependant, dans la région septentrionale, quand on craint de fortes gelées, on rabat les feuilles et on arrache les pieds pour les rigoler obliquement à la base d'un mur ou d'une palissade exposée au sud et les couvrir de feuilles ou, ce qui vaut mieux, de grande litière.

Les poireaux qui doivent produire des graines sont plantés à demeure en automne, ou on les laisse passer l'hiver en terre. Les pieds qu'on transplante au printemps donnent toujours moins de graines et des semences moins belles.

Quand les tiges sont presque sèches, c'est-à-dire en août, on les coupe, on les met en bottes et on les laisse sécher dans un grenier pendant l'hiver. On ne bat ordinairement les ombelles ou les capsules qu'au printemps suivant, c'est-à-dire un peu avant d'opérer les semis ou de livrer les graines à la vente.

Les graines de poireau sont noires, presque triangulaires et convexes sur une de leurs faces ; elles sont plus petites que les semences de l'ognon.

Un hectolitre de graines pèse de 52 à 55 kilogrammes.

Le poireau est d'un usage général ; depuis les Romains, il est un des éléments essentiels du pot-au-feu.

Valeur commerciale.

Les plantes qu'on livre à la vente sont nettoyées ou lavées et mises ensuite en bottes à l'aide d'un lien d'osier. Chaque botte pèse 2 kilogrammes et se compose de 30, 40 à 50 plants. Le *bottillon* ne comprend que 3 à 5 poireaux.

Les 100 bottes de poireau sont vendues à la halle de Paris, de novembre à avril, de 25 à 50 francs, suivant la température atmosphérique. Il faut qu'il survienne de très fortes gelées pour que leur prix atteigne 1 fr. la botte.

Le poireau est très cultivé dans les environs de Paris à Croissy, Viroflay, Épône, Noisy-le-Sec, Aubervilliers, Groslay, Mézières, Meulan, etc.

En général, on recherche sur les marchés les poireaux qui ont leur partie inférieure bien blanche jusqu'au point où s'emboîtent les premières feuilles les unes dans les autres.

QUATRIÈME DIVISION

PLANTES CULTIVÉES POUR LEURS PARTIES HERBACÉES (1)

CHAPITRE PREMIER

L'ARTICHAUT

(CYNARA SCOLYMUS, L.)

Plante dicotylédone de la famille des Composées.

Anglais. — Artichoke.   *Italien.* — Carciofo.
Allemand. — Artischoke.   *Espagnol.* — Alcachofa.

L'artichaut est connu en Europe depuis 1479. Il a été introduit des États barbaresques en France sous le règne de Louis XII. On en servait aux repas somptueux de Henri III. Son introduction en Angleterre date de 1548. De nos jours, il est cultivé très en grand à Roscoff, à Niort, Perpignan, Cavaillon, Laon, Angers, Saint-Quentin et dans les environs de Paris, à Saint-Gratien, Enghien, Sannois, Gonesse, Gennevilliers, Montmorency, etc.

Cette plante est vivace ; ses feuilles sont un peu épineuses, bipennatifides et indivises, tomenteuses en dessous ; ses tiges sont dressées, rameuses et hautes de $0^m.65$ à $1^m.20$;

---

(1) Je passerai sous silence les salades, parce que ces légumes appartiennent à la culture maraîchère.

ses involucres se composent d'écailles imbriquées, coriaces, tomenteuses, ovales, obtuses ou un peu échancrées ; le réceptacle des capitules est charnu, uni et frangé ; ses fleurs sont nombreuses et pourpres.

Vulgairement, les capitules non épanouis sont appelés *têtes,* les écailles *feuilles* et les fleurs naissantes *foin.*

L'artichaut est cultivé pour son réceptacle qui porte les fleurs et qu'on nomme *fond d'artichaut,* et pour sa partie charnue située à la base des écailles composant l'involucre.

On le cultive aussi en Égypte où il est appelé *kharchouf.*

Variétés cultivées.

L'artichaut a produit diverses variétés qui, jusqu'à ce

Fig. 90. — Artichaut de Laon.

jour, n'ont pas été bien étudiées, mais qui possèdent de grandes qualités aux yeux de ceux qui les cultivent.

1. Artichaut vert de Laon.

Involucre très gros; écailles très ouvertes ou renversées en dehors, très larges et d'un beau vert pâle; réceptacle très charnu et très large.

Cette variété (fig. 90) est très cultivée dans les environs

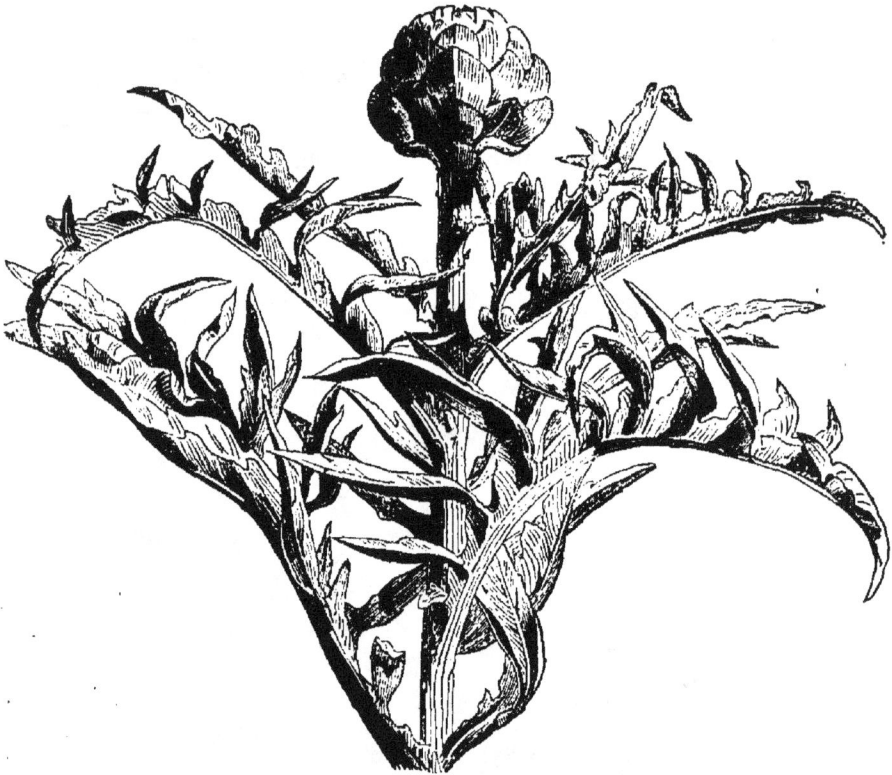

Fig. 91. — Artichaut camus.

de Paris et dans la région du Midi; elle est vigoureuse et assez rustique, mais elle n'est pas très hâtive. Nonobstant, elle est la plus estimée à Paris et dans la région du Nord.

2. Artichaut camus de Bretagne.

Involucre moyen, globuleux et un peu aplati au sommet; écailles serrées et d'un vert pâle; réceptacle assez charnu.

Cette variété (fig. 91) est plus hâtive que l'artichaut de

Laon; elle est très répandue dans la région de l'Ouest. On l'appelle quelquefois *artichaut pointu de Morlaix, artichaut de Niort, artichaut de Saint-Brieuc, artichaut d'Angers, gros camus de Nantes* et *artichaut cuivré de Bretagne*, parce que ses écailles sont rousses ou brunâtres sur les bords.

L'*artichaut de Roscoff* est une sous-race du précédent à tige un peu plus élevée; ses écailles sont épineuses et d'un vert pâle. L'*artichaut de Macau* (Gironde) est aussi une sous-race de l'artichaut camus de Bretagne; ses bractées sont très serrées.

3. Artichaut vert de Provence.

Involucre moins développé que l'artichaut de Laon; écailles allongées étroites, écartées, dressées et d'un beau vert; réceptacle peu charnu.

Cette variété, qui provient de l'artichaut de Laon, est répandue dans les provinces du Midi. On l'appelle quelquefois *artichaut d'Alger*. Elle rappelle un peu la manière d'être des capitules de l'artichaut de Laon. Ses têtes sont mangées souvent crues ou à la poivrade. Elle est très hâtive mais elle est peu charnue.

4. Artichaut blanc de Provence.

Involucre moyen, un peu allongé; écailles nombreuses d'un beau vert clair teinté de violet au printemps quand la chaleur est forte.

Cette variété, appelée *artichaut de Perpignan, artichaut de Gênes, artichaut des quatre saisons*, est cultivée à Perpignan depuis 1818, où elle est très estimée. Elle est précoce, mais elle n'est pas assez rustique pour pouvoir être cultivée dans le Nord de la France. Les bractées sont, comme celles de l'artichaut de Provence, surmontées d'une petite pointe brune.

L'artichaut appelé *artichaut gris* est une sous-race du

précédent qu'on cultive aux environs de Narbonne et dans le Roussillon ; il est très hâtif.

La variété appelée à Perpignan *artichaut maurisque* est moins précoce que l'artichaut blanc ; on récolte ses têtes pendant la seconde quinzaine d'avril.

5. Artichaut de mai.

Involucre développé et bien pommé ; écailles larges ; réceptacle bien charnu.

Cette variété est cultivée dans le Roussillon et le Languedoc. Elle est très appréciée quoiqu'elle ne soit pas très productive. Ses têtes sont fort belles. On les récolte du 15 avril à la fin de mai.

6. Artichaut violet petit.

Involucre petit en cône obtus ; écailles serrées et un peu courtes, terminées par une échancrure profonde et armée d'une pointe très courte ; sa nuance violette est intense.

Cette variété est précoce, mais un peu délicate. Elle est répandue dans les contrées méridionales où elle est connue sous les noms suivants : *artichaut pourpre, artichaut violet hâtif de Provence*. En Italie, on la nomme *artichaut violet de Toscane, artichaut de Venise*.

Cette variété est celle qui est la plus cultivée en Algérie, sur les champs les plus éloignés des rives de la Méditerranée. Sa qualité est très appréciée. On mange ses têtes à la poivrade du 15 février au 15 mai.

7. Artichaut gros violet.

Involucre développé et légèrement aplati ; écailles larges, assez serrées et nuancées de violet foncé ; réceptacle assez bien garni.

Cette variété est cultivée dans le Roussillon et le bas Languedoc ; on la nomme aussi *artichaut violet de Camar-*

gue, *artichaut violet du Roussillon, artichaut violet de Gênes,
artichaut violet de Perpignan*. Elle est moins hâtive et
moins estimée que l'artichaut violet à petit fruit. Elle est
aussi trop délicate pour pouvoir être cultivée dans les contrées septentrionales.

Culture.

L'artichaut se propage par *graines* et par *œilletons*. La
graine ne reproduit pas toujours la variété sur laquelle
elle a été récoltée, et souvent elle donne naissance à des
plantes ayant des têtes épineuses. Elle pèse 600 à 620
grammes par litre.

En général, on ne peut adopter la multiplication par
graine, que lorsqu'on n'a pas de plants ou d'*œilletons*, ou
qu'on désire obtenir une variété nouvelle.

TERRAIN. — L'artichaut, à cause de sa racine qui est
grosse et longue, demande une terre un peu argileuse, profonde, fraîche et très substantielle. Les plantes qui végètent
dans des sols fertiles et frais, sans être humides, produisent
toujours des têtes plus grosses, plus belles, et qui ont
l'avantage de se conserver fraîches pendant plus longtemps.
De plus, ces plantes donnent, en automne, des têtes plus
nombreuses et plus développées.

L'artichaut végète mal dans les terres humides ou ma-
récageuses et dans les sols calcaires ou sablonneux, qui sont
peu profonds et, surtout, peu fertiles.

PLANTATION. — Les œilletons ou *rejetons*, que l'on appelle aussi *cadels, radons, cabos*, etc., doivent être choisis
avec soin. Les plants faibles, peu vigoureux, doivent être
abandonnés.

Un œilleton (fig. 92) est bon quand il a été détaché
d'un vieux pied, à l'aide d'un instrument tranchant, lorsque son *talon* ou portion d'une racine semi-ligneuse est

développée et lorsqu'il a trois à cinq feuilles. On obtient de bons plants en déchaussant les pieds et en éclatant les pousses le plus près possible de la souche sur laquelle elles se sont développées. Les œilletons ont toujours peu de racines. On doit rejeter ceux qui sont très gros et très durs ou ligneux.

Il est très utile d'*œilletonner* de préférence les pieds qui produisent les plus beaux fruits et les fruits les plus précoces. On laisse trois drageons par pied.

Avant de mettre les œilletons en place, on enlève les feuilles pourries. on rafraîchit le talon avec la serpette et raccourcit les feuilles de manière que l'œilleton ait 0^m.20 à 0^m.25 de longueur. Cette opération est indispensable, parce que les feuilles des œilletons se fanent promptement. Les pétioles des plants qui ont été ainsi *habillés* restent presque toujours droits après la plantation.

La mise en place des œilletons se fait avec un *plantoir à bout arrondi.*

Fig. 92. — Œilleton.

On doit éviter de trop enterrer les plants. Quand les œilletons sont trop enfoncés dans la terre, ils s'échauffent, et l'œil pourrit s'il survient des pluies abondantes, ou si la plantation est faite dans une terre un peu humide. Ordinairement, on ne les enterre pas au delà de 0^m.05 à 0^m.08, suivant la nature et la fertilité de la couche arable.

Les pieds d'artichaut doivent être placés en *échiquier* à 0^m.75 ou 1 mètre de distance en tous sens. Généralement. on plante deux œilletons sur les points que les artichauts doivent occuper, en ayant soin de les séparer l'un de l'autre, de 0^m.15 à 0^m.25. Chaque are comprend de 100 à 130 pieds.

La plantation a lieu en avril dans les contrées septentrionales, et en février ou mars, ou en automne, dans les provinces méridionales. Dans la basse Provence et le bas Languedoc, on plante l'artichaut en juillet et août quand il doit fournir des têtes de novembre à mars. On l'exécute sur un sol parfaitement préparé et bien fumé.

Dans le Roussillon et dans la basse Provence, depuis quarante ans, on renouvelle souvent les carrés d'artichauts, en divisant, pendant le mois de mai ou de juin, les pieds âgés de quatre à six ans qui ont fourni des têtes, de manière à pouvoir planter des tronçons enracinés. Ce procédé permet d'avoir promptement des plantes vigoureuses, et des têtes après quatre mois de végétation.

Ailleurs, on renouvelle ordinairement les plants tous les trois ou quatre ans.

La culture de l'artichaut, sur le littoral de la Provence, diffère de celle qui est pratiquée dans le Roussillon. Voici comment on l'exécute sur diverses exploitations :

Vers la mi-août, alors que les tiges sont desséchées dans leur partie supérieure, on remarque à leur base des yeux latents ou de petits renflements qui vont bientôt se développer et produire des œilletons. Alors, on déchausse successivement tous les pieds pour supprimer une partie de ces yeux et n'en laisser que 2 à 3 sur chaque pied. On complète ce travail en coupant les tiges au-dessus des yeux qu'on se propose de conserver, en appliquant une bonne fumure, en arrosant copieusement et en couvrant la base des pieds de $0^m.04$ à $0^m.05$ de terre. Un mois après tous ces travaux, les œilletons ont $0^m.25$ à $0^m.30$ de longueur.

Les artichauts hâtifs qui sont ainsi cultivés fournissent des têtes depuis les mois de janvier ou février jusqu'en mai et juin.

En Algérie, les artichauts sont cultivés souvent à l'arrosage.

Dans la région méditerranéenne, l'artichaut violet est celui qu'on préfère pour l'hiver, c'est-à-dire pour être vendu depuis le mois de novembre jusqu'en février. Les têtes qu'il fournit sont expédiées à Paris comme primeurs.

Divers agriculteurs dans le Roussillon et la Provence cultivent l'*artichaut comme plante annuelle*. Au mois de juillet ou août, après que la récolte des têtes a eu lieu, ils plantent des œilletons dans des rigoles espacées les unes des autres de 1^m.50, en espaçant ces plants de 0^m.70 à 0^m.80. Tous les pieds sont copieusement arrosés pendant les chaleurs. Ceux qui ont bien végété sont buttés à l'approche de l'hiver du côté du nord.

Les artichauts qui ont été cultivés dans des terrains fertiles fournissent des têtes en abondance depuis le mois d'avril jusqu'en juin ou juillet.

SOINS PENDANT LA VÉGÉTATION. — Après la plantation, on *arrose* pour attacher le plant à la terre, on répète de temps à autre les arrosages, si cela est possible, et on on exécute des binages afin de maintenir le sol toujours meuble et propre. Dans la banlieue de Perpignan, les artichauts sont arrosés avec l'eau de la rivière la Basse, dans laquelle s'écoulent les égouts de la ville.

Vers la Toussaint et avant l'arrivée des froids ou de la neige, qui est si nuisible à l'artichaut, on rabat les tiges et les feuilles à 0^m.10 ou 0^m.15 du sol et on butte tous les pieds. Quand la température s'abaisse ou qu'on craint de grandes gelées à glace, dans l'ouest, le centre et le nord de la France, on étend sur toute la culture une forte épaisseur de feuilles d'arbres, qu'on recouvre d'une couche de litière ou de fumier d'écurie plus ou moins épaisse selon les contrées. Durant l'hiver, lorsque le temps se radoucit, on découvre les buttes afin d'aérer les pieds d'artichaut et les empêcher de pourrir.

Au printemps, pendant la première ou la seconde quin-

zaine de février ou de mars, suivant les régions, et lorsque les froids ne sont plus à craindre, on enlève les feuilles et la litière, on détruit les buttes de terre et on donne un bon labour à bras ou à la charrue, suivant l'espacement des lignes. On profite ordinairement de cette dernière opération pour fumer le sol.

Les artichauts, qu'on cultive à Hyères, Nice, Perpignan, etc., ont rarement besoin d'être garantis des froids pendant l'hiver par une couverture de feuilles. Le plus généralement on se contente de les butter en novembre ou décembre du côté du nord, afin de laisser à découvert le côté sur lequel agit la chaleur solaire.

Aux mois de mars et d'avril, suivant les contrées, quand les feuilles ont environ 0^m.30 de longueur, on pratique l'œilletonnage, après avoir déchaussé successivement tous les pieds. Cette opération, qui doit être faite avec soin, consiste à laisser les deux ou trois plus beaux œilletons, les mieux placés et les mieux attachés, et à éclater les autres en évitant de blesser les racines. Quand un pied a été œilletonné ou débarrassé de ses pousses secondaires, on le rechausse avec de la terre bien ameublie. On doit le renouveler tous les quatre années.

Depuis plusieurs années, divers cultivateurs des environs de Niort ne laissent qu'un seul œilleton, afin d'avoir 4 à 5 têtes par pied, soit 1 grosse tête, 2 moyennes et 3 petites. Une tête de 0^m.63 de circonférence pèse 1 k. 200 grammes.

Les œilletons se vendent ordinairement de 2 à 3 francs le 100.

Au printemps comme en automne, on doit, aussitôt la récolte des capitules terminée, couper toutes les tiges qui les ont produites.

Pour conserver l'artichaut dans les localités où la neige couvre la terre pendant cinq à six mois, il faut pendant la belle saison planter des œilletons en pépinière et les enterrer avant l'hiver dans du sable frais déposé dans une cave ou un cellier. On les met en terre aussitôt après la fonte des neiges.

Dans le Midi, l'œilletonnage a souvent lieu en automne.

ANIMAUX ET INSECTES NUISIBLES. — L'artichaut est attaqué par le *mulot*, le *puceron*, les *vers blancs* et la *courtilière*. Le mulot détruit souvent un grand nombre de pieds. On éloigne des pieds les deux derniers insectes précités en plantant des laitues entre les lignes d'artichauts.

RÉCOLTE DES TÊTES. — L'artichaut bien cultivé produit de nombreuses têtes ou capitules pendant trois ou quatre ans. Chaque pied donne, en moyenne, une grosse tête, trois têtes de grosseur moyenne et quatre à six têtes petites; mais les pieds vigoureux fournissent souvent, jusqu'à dix et même quinze têtes, chaque année. Les plus belles têtes pèsent, parfois, plus d'un kilogramme. La récolte des têtes a lieu quand elles sont complètement développées, mais bien avant qu'elles commencent à montrer leurs organes floraux.

L'artichaut produit au printemps et à l'automne. Dans les provinces méridionales, les premières têtes des variétés précoces peuvent être livrées à la vente dès le mois de janvier ou de février. Ces mêmes variétés produisent de nouveau en automne jusqu'en novembre et décembre.

A Roscoff, où le climat est très tempéré, la récolte a lieu : 1° d'avril à mai, 2" de juillet à octobre.

Les œilletons qui ont été mis en place en mars ou avril produisent très souvent quelques têtes vers la fin d'août ou au commencement de septembre.

Rendement.

En général, on compte par hectare de 10 000 à 12 000 pieds qui fournissent, en moyenne, 40 000 à 60 000 têtes de **grosseurs diverses**.

Dans la plaine de Saint-Denis (Seine), où l'hectare comprend 10 000 pieds, le produit atteint 30 000 têtes, qui sont vendues de 10 à 12 francs le 100, soit une recette de 3 000 à 3 600 francs, sans compter la valeur des petits capitules. A Senlis (Oise), le produit d'un hectare d'artichauts s'élève annuellement à 2 000 francs.

A Cavaillon (Vaucluse), où l'artichaut est cultivé concurremment avec le melon, un hectare ne comprend que 5 400 pieds. Chaque touffe produit de 12 à 15 têtes, qui se vendent, terme moyen, 0 fr. 20 à 0 fr. 30 la douzaine. Le produit s'élève donc de 2 200 à 2 700 francs.

Aux environs de Niort, où la culture légumière comprend plusieurs plantes sur le même terrain, où par conséquent les pieds sont espacés de 1m.80, l'hectare ne contient que 3 700 plants. Chaque artichaut présente, en moyenne, trois tiges et chaque tige donne trois artichauts. Un hectare produit donc annuellement environ 33 000 têtes, ou un produit brut de 1 650 francs.

A Roscoff, à cause de la douceur du climat, un pied produit annuellement de 15 à 20 têtes.

Il n'est pas inutile de constater ici que les artichauts cultivés dans la plaine de Gennevilliers (Seine) reçoivent chaque année 42 000 mètres cubes d'eau des égouts de Paris.

Valeur commerciale.

Les premiers artichauts sont vendus à Perpignan de 0 fr. 75 à 1 franc la douzaine ; ceux qu'on récolte en avril, mai et juin sont livrés au prix de 0 fr. 25 la douzaine. A Niort, le prix moyen est de 5 francs le 100.

A Paris, les têtes d'artichaut se vendent à la botte ou paquet de 10 têtes. Les gros artichauts valent chacun de 0 fr. 10 à 0 fr. 15 et les moyens de 0 fr. 05 à 0 fr. 10. Les paquets de têtes que l'on mange à la poivrade sont vendus de 0 fr. 15 à 0 fr. 20. Ces derniers artichauts ne doivent pas être couverts de *pucerons noirs*.

Sur le carreau de la halle les artichauts sont toujours vendus au cent. Les capitules qu'on récolte de très bonne heure dans le comté de Nice, la plaine d'Hyères et les environs de Perpignan, etc., sont vendus 2, 3 et parfois 4 francs la douzaine, mais ceux qui y arrivent des mêmes localités et de l'Algérie pendant les mois de décembre et janvier ne sont pas vendus au delà de 50 francs le 100. Ceux récoltés dans les environs de Paris se vendent à la même date 10 à 22 francs le cent.

Les capitules vendus au cent à la halle de Paris ont les prix suivants : en mars, avril et mai, les têtes de grosseur valent de 25 à 60 francs ; ceux qu'on y importe en juillet et août ne sont vendus que 10 à 15 francs. Le prix des petites têtes dépasse rarement 7 à 8 francs pendant les mois de juin et juillet. Les très gros artichauts sont parfois fort chers.

Les artichauts vendus à Paris de décembre à mars viennent d'Alger, de Nice, de la basse Provence et du Roussillon ; ceux qu'on y vend en mai sont importés des palus du Bordelais, de Cavaillon, d'Angers, de Roscoff, de la Baie du Mont Saint-Michel et du Roussillon ; ceux qui y viennent en juin et juillet sont expédiés du Poitou, de Tours, de Niort, d'Angers, de la basse Bretagne et des environs de Paris ; enfin, ceux qui sont livrés à la consommation en août viennent d'Angers, de Bordeaux, de la Charente, de Perpignan et de la Bretagne. Leur valeur oscille entre 15 et 25 francs le cent.

L'*artichaut de Laon* est celui qui alimente principalement les marchés de la région du Nord-Ouest ; l'*artichaut camus de Bretagne* est répandu dans toute la région de l'Ouest et les *artichauts vert* et *violet de Provence* dans celle du Sud.

L'expédition des têtes oblige à prendre quelques précautions afin qu'elles arrivent fraîches à leur destination. Quand les artichauts sont trop pressés les uns contre les autres dans les emballages qui servent à les transporter au loin, ils perdent facilement leur nuance vert glauque pour prendre une teinte brune plus ou moins foncée, et perdent alors une partie de leur valeur commerciale. Les artichauts qui viennent en France d'Algérie, sont expédiés dans des paniers à claire-voie fabriqués avec des roseaux.

Ceux qu'on vend à Alger pendant les mois de décembre et de janvier 1 franc la douzaine et qu'on expédie en France sont vendus à la halle de Paris de 3 fr. 50 à 4 fr. 50 la douzaine.

Emplois des capitules.

Les gros artichauts se mangent cuits, à la sauce blanche, ou à l'huile et au vinaigre, ou farcis. Les jeunes têtes sont ordinairement consommées crues ou à la poivrade.

On prolonge la fraîcheur des têtes qu'on récolte en automne, en plantant leurs tiges dépourvues de feuilles dans du sable humide déposé dans une cave ou dans une serre à légumes.

Les feuilles d'artichaut sont très amères ; on ne doit pas les donner aux vaches laitières.

CHAPITRE II

L'ASPERGE

(ASPARAGUS.)

Plante monocotylédone de la famille des Liliacées.

Anglais. — Asparagus.
Allemand. — Spargel.

Italien. — Sparagio.
Espagnol. — Esparrago.

L'asperge est connue depuis les temps les plus anciens ; elle est indigène dans l'Europe méridionale. Pline rapporte qu'elle végétait sans culture dans l'île de Nisita, qui appartenait à la Campanie, et à Pouzzoles, près de Naples : mais il signale la beauté des pousses de l'asperge cultivée à Ravenne. Caton, Columelle et Palladius ont aussi fait connaître comment les Romains cultivaient cette plante.

L'asperge est vivace ; son rhizome est horizontal et rampant ; ses tiges sont annuelles, dressées et rameuses ; ses feuilles sont ovales-lancéolées et réunies par faisceaux de six à neuf ; ses fleurs sont dioïques, petites et vertes ; ses baies sont globuleuses, rouges ou noires, et à trois loges dispermes ; ses graines sont noires et triangulaires. Elle est cultivée pour ses *turions* ou *bourgeons*.

Espèces et variétés.

Les espèces dont les pousses sont alimentaires sont au nombre de trois, savoir :

a. *Asperge officinale.*

(ASPARAGUS OFFICINALIS, L.; ASPARAGUS SATIVA, Bauh.)

Cette espèce est la seule qui soit cultivée comme plante potagère ; *ses baies sont rondes, rouges* et à deux loges contenant des graines noires. Elle a produit les variétés ci-après :

1. Asperge verte ou commune.

Pousse très moyenne, ordinairement verte, mais quelquefois nuancée de violet.

Les asperges produites par cette variété sont les moins

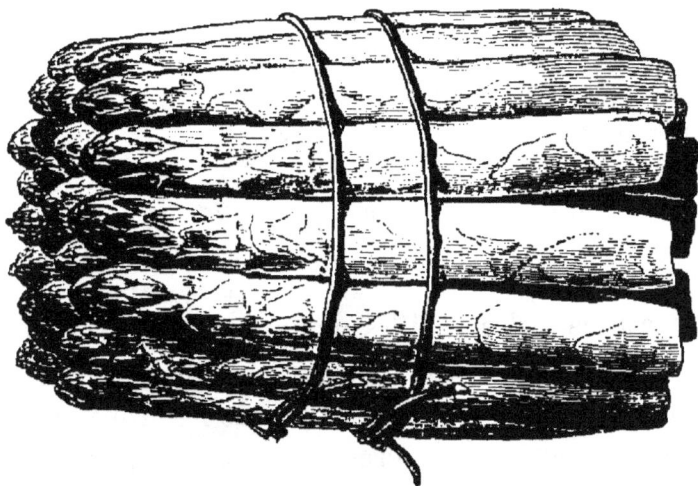

Fig. 93. — Botte d'asperges violettes de Hollande.

estimées. Cependant, l'*asperge verte de Bazas* est regardée comme de qualité remarquable.

2. Asperge violette de Hollande.

Pousse souvent très développée, ronde, quelquefois aplatie, blanche mais ayant son extrémité colorée en violet ou rouge violacé.

Cette variété (fig. 93) à laquelle on a donné les noms

suivants : *asperge de Vendôme, asperge d'Argenteuil, asperge de Marchiennes, asperge de Trélazé, asperge de Pologne, asperge rose*, produit des pousses très belles et très tendres. Ces pousses atteignent jusqu'à $0^m.12$, et même $0^m.16$ de circonférence, quand les asperges végètent dans des terres très fertiles, bien fumées et bien cultivées.

La sous-variété appelée *asperge hâtive d'Argenteuil* diffère de l'asperge de Hollande, en ce qu'elle est plus précoce; celle connue sous le nom d'*asperge tardive d'Argenteuil* fournit des turions plus tardivement.

La sous-variété connue sous le nom d'*asperge d'Ulm* ou *asperge d'Allemagne* est aussi hâtive; l'extrémité de ses pousses est d'un violet un peu plus foncé.

Les asperges cultivées à Argenteuil produisent des turions d'un volume extraordinaire parce qu'elles sont fertilisées par des engrais organiques, calcaires et potassiques appliqués chaque année à haute dose.

b. *Asperge à feuilles piquantes.*

(ASPARAGUS ACUTIFOLIUS, L.)

Cette espèce a des feuilles piquantes et des fleurs jaunâtres et odorantes; *ses baies sont noires;* elle est assez commune dans les terrains pierreux de l'Europe méridionale. Les pousses qu'elle produit sont peu développées; mais elles sont bonnes à manger. On les récolte dans le Languedoc, la Provence, la Sardaigne, etc.

L'*asperge maritime* qui croît dans les sables le long de la Méditerranée, donne naissance à des pousses qui ont un goût très amer.

c. *Asperge verticillée.*

(ASPARAGUS VERTICILLATUS, L.)

Cette espèce est répandue dans l'Asie Mineure, en Grèce,

dans le Caucase. Elle a été introduite en France en 1752, mais elle n'y est pas cultivée. Ses tiges portent de nombreux rameaux divariqués et bien étalés. Ses pousses sont très alimentaires.

Culture.

L'asperge se propage par ses graines ou à l'aide de jeunes plants que l'on nomme *griffes* ou *pattes* (fig. 94).

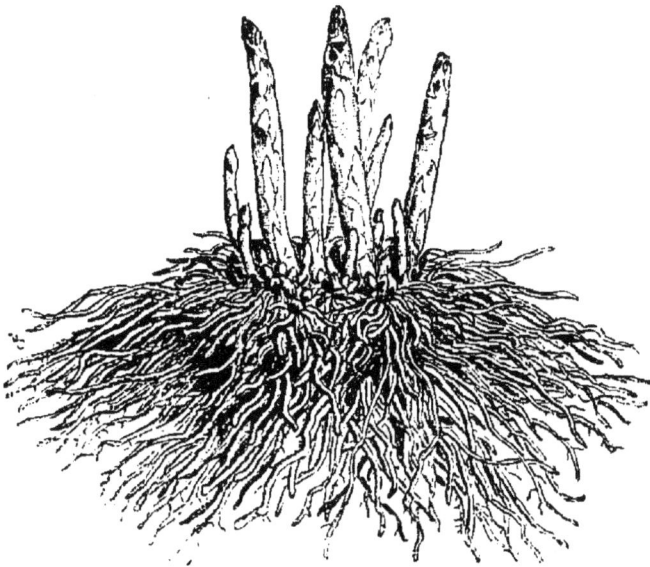

Fig. 94. — Griffe d'asperge de 4 à 6 ans.

TERRAIN. — L'asperge peut végéter dans tous les terrains qui ne sont pas humides, parce que sa racine n'a pas de tendance à s'enfoncer, mais elle ne prospère bien que dans les sols de consistance moyenne, profonds, un peu calcaires et fertiles. C'est dans des terres légères mais très riches en humus que cette plante est cultivée dans les environs de Paris, à Ermont, Herblay, Argenteuil, Épinay, Montmorency, Franconville, etc.

Les terrains argileux, compacts et humides ainsi que

les sables arides à sous-sol imperméable, ne lui sont pas favorables. Cultivée dans de telles conditions, ses pousses sont toujours grêles et peu nombreuses.

Les terres fraîches, perméables et très substantielles, les alluvions profondes et fertiles, les limons sablonneux de Malines, Gand, Anvers, etc., sont celles qui lui permettent de produire des pousses remarquables par leur développement.

Il existe dans l'arrondissement de Vouziers des aspergeries très productives situées sur des terrains tourbeux assainis appartenant aux marais de Challerange.

SEMIS. — Les semis se font rarement à demeure ou en place. Le plus généralement on les exécute en pépinière dans le but d'avoir des griffes, qu'on transplante plus tard sur des terrains disposés d'une manière spéciale.

Ces semis doivent être un peu clairs ; ils se font en lignes espacées de $0^m.15$ à $0^m.20$ sur une terre légère fertile et bien préparée. On les exécute pendant les mois de février, mars ou avril ; la graine doit être de la dernière récolte. Quand les semences ont été enterrées à 1 ou 2 centimètres, on couvre le sol de fumier pailleux très divisé ; on arrose, on sarcle, on éclaircit les plantes, si cela est nécessaire.

La graine met de 20 à 30 jours pour lever ; elle pèse 800 grammes le litre et conserve sa faculté germinative pendant quatre ans ; elle est noire, triangulaire et assez grosse. On la récolte sur des pieds déjà âgés lorsque les baies sont bien rouges.

PLANTATION. — Les plants ou griffes d'asperge ne doivent rester dans la pépinière que pendant une ou deux années.

Autrefois, comme au temps de Columelle, on plantait des griffes de deux ans. De nos jours, les meilleurs cultivateurs d'asperges suivent le conseil donné en 1779 par Filassier, c'est-à-dire plantent des griffes ayant seulement une année. Ils disent avec raison que les plants de deux ans sont relativement moins développés et qu'ils reprennent plus difficilement.

La mise en place des griffes est simple, mais elle est minutieuse. Voici comment on doit l'opérer :

On divise le terrain qu'on destine à l'*aspergerie* en planches de 1ᵐ.20 à 1ᵐ.30 de largeur, et on creuse sur le milieu de chacune d'elles une *fosse* ou *tranchée* de 0ᵐ.50 à 0ᵐ.65 de largeur, et profonde de 0ᵐ.16, 0ᵐ.20 ou 0ᵐ.30, suivant la nature et l'épaisseur de la couche arable et du sous-sol. La terre provenant de ce travail est disposée en ados sur les parties qui séparent les fosses les unes des autres et qui ont de 0ᵐ.60 à 0ᵐ.70 de largeur.

Ce travail terminé, on ameublit le fond de toutes les fosses, puis on y répand une couche de fumier bien consommé qu'on recouvre d'un lit de très bonne terre, en ayant la précaution d'établir sur la ligne médiane de la fosse de petits *monticules* ou cônes élevés de 0ᵐ.04 à 0ᵐ.05, et espacés de 0ᵐ.50, 0ᵐ.60, ou 0ᵐ.70, ou 0ᵐ.80, les uns des autres.

Lorsque les fosses ont 1 mètre de largeur, on plante deux rangées de griffes, et celles-ci sont disposées en échiquier.

Quand les fosses ont été ainsi préparées, on procède à l'arrachage des griffes en ayant la précaution, pendant cette opération, de ne pas endommager les racines.

On met en place les plants en étalant leurs racines sur les *monticules* précités, de manière qu'elles ne se touchent ni ne se croisent, et en les recouvrant de 0ᵐ.08 à 0ᵐ.10 de terre très meuble et additionnée de terreau ou de fumier décomposé très divisé; puis, on implante obliquement des baguettes indiquant les endroits où les griffes ont été plantées en ayant soin de les enfoncer en dehors de la place occupée par les griffes. Chaque hectare comprend de 8 000 à 10 000 plants.

On termine la plantation en jetant de la bonne terre dans les intervalles qu'on observe entre les monticules, et on nivelle le sol à l'aide d'un râteau. Au bout d'un mois, on voit apparaître les pousses.

La mise en place des griffes se fait en février, mars ou avril dans la région septentrionale, et en novembre et décembre dans les pays méridionaux.

SOINS D'ENTRETIEN. — Pendant l'année qui suit la plantation, on sarcle et on bine, afin de maintenir la surface des fosses propre et meuble.

Tous les ans, en octobre ou novembre, on coupe les tiges et on couvre la fosse de quelques centimètres de terre qu'on prend sur les ados. On doit avoir le soin de conserver les baguettes qui indiquent les endroits où les griffes sont situées.

A la fin de l'hiver, on remplace les griffes qui ont manqué, on couvre les fosses de fumier et on les laboure avec la fourche à dents plates afin de ne pas endommager les griffes et leurs racines. On peut, avant l'apparition des jeunes turions, opérer un second *terrage*.

Pendant cette troisième année on exécute les binages nécessaires.

Dans la région du Sud, on opère un buttage en avril pour préserver les plantes du soleil ardent.

Avant l'hiver, on coupe les tiges à 0^m.10 à 0^m.15 au-dessus du sol, on déchausse un peu les griffes et on répand de nouveau une légère couche de fumier ou, ce qui vaut mieux, du terreau composé de bonne terre, de fumier, de vieux plâtras, de chaux, de terre salpêtrée, etc.

L'asperge est une plante vorace ; elle exige d'*abondantes fumures* et s'approprie avec succès les sels calcaires et potassiques. C'est en lui appliquant des engrais actifs qu'on parvient à en obtenir des produits abondants et remarquables **par leur grosseur.**

Au printemps suivant, on opère un second terrage, et on exécute un deuxième labour à la fourche.

Toutes les opérations qui précèdent doivent être répétées chaque année.

Le plus ordinairement, quand l'aspergerie est en rapport, on la laboure en février ou au commencement de mars avec une fourche à dents plates, et on renouvelle cette opération aussitôt après la récolte des asperges.

Dans diverses *aspergeries*, chaque année on soutient les tiges des asperges en les attachant avec un brin de paille de seigle à des tuteurs plantés obliquement ou on réunit légèrement toutes les tiges de chaque touffe à l'aide d'un seul lien. Cette opération est faite dans le but de prévenir les dommages que cause aux griffes le décollement des tiges par le vent.

Les ados qui séparent les fosses sont occupés pendant les trois années qui suivent la plantation par des haricots nains ou des pommes de terre hâtives.

INSECTES NUISIBLES. — Les tiges de l'asperge sont attaquées par deux insectes coléoptères :

Le *criocère de l'asperge* (CRIOCERIS ASPARAGI, L.), qui est bleuâtre, avec un corselet rouge ; ses élytres sont noir bleuâtre ;

Le *criocère à douze points* (CRIOCERIS PUNCTATA, L.), qui est fauve, avec six points noirs sur chaque élytre.

Ces deux insectes sont surtout communs dans les contrées méridionales. Leurs larves se couvrent de leurs déjections pour que les oiseaux ne les détruisent point ; elles passent l'hiver en terre où elles se changent en nymphe.

On prévient leurs ravages en secouant le matin les tiges sur lesquelles ils existent à l'état parfait après avoir étendu une toile à la surface du sol ou au-dessus d'un sac fixé à un très large entonnoir. Les criocères se laissent choir au moindre mouvement.

Récolte.

On commence la récolte des turions ou asperges pendant le printemps de la troisième ou de la quatrième année ; alors les plantes ont quatre ou cinq années de végétation au maximum.

On doit faire cette récolte quand l'asperge est sortie de terre de 0^m.04 à 0^m.05 et que son bout est rougeâtre ou violacé. Il est utile d'opérer le soir, ou le matin de très bonne heure. Les asperges ainsi récoltées sont plus marchandes en ce qu'elles ont moins de *verdure* et plus de *violet*. Lorsqu'on récolte trop tardivement on a des pousses moins belles, plus dures et plus amères.

Cette récolte dure six semaines à deux mois.

Autrefois, on coupait les turions avec un long couteau à lame unie ou à lame dentée. De nos jours, les cultivateurs qui connaissent mieux la culture de l'asperge, les récoltent à l'aide d'une *gouge* très tranchante fixée à une tige en fer terminée par une poignée en bois ou par *éclatement*. Dans ce dernier cas, après avoir dégagé avec le doigt ou au moyen d'un outil spécial la terre qui enveloppe une pousse, ils décollent celle-ci du rhizome en exerçant une pression sur sa base et ils rebouchent aussitôt le trou que laisse la pousse récoltée.

Quand, au commencement du printemps, la terre de l'aspergerie se prend en croûte après des pluies battantes, on divise la surface de la couche arable à l'aide d'un fort râteau ; cette opération favorise toujours l'apparition des pousses.

Les asperges une fois récoltées doivent être soustraites à l'action de l'air et de la lumière. On peut les conserver pendant 24 à 48 heures, dans une cave ou un cellier, avant de les livrer à la vente.

Les asperges qu'on récolte dans les terres sablonneuses

de Gravelines sont renommées pour leur qualité. Celles qu'on obtient à Argenteuil se distinguent par leur développement extraordinaire et la nuance *violacée* de leur partie supérieure. Les asperges les plus estimées dans la région du Midi sont celles dont les pointes sont *vertes*.

La récolte des turions, dans la région septentrionale, commence en avril et se termine à la mi-juin. Prolongée plus tardivement, cette récolte affaiblirait les plantes. Dans le midi de l'Europe, cette récolte commence dans la première quinzaine de mars. A Lauris, dans la vallée de la Durance, on récolte des asperges depuis le 15 février jusqu'à la mi-mai. Pour obtenir des turions de très bonne heure, on amoncelle du sable sous forme de petit billon sur chaque rangée d'asperges, qu'on protège par un châssis à double versant. Ailleurs, c'est en entourant les coffres des châssis d'une bonne couche de fumier qui constitue un véritable *réchaud*, qu'on obtient des asperges dès le mois de janvier.

Une aspergerie bien établie et bien cultivée peut durer de vingt à vingt-cinq ans.

Bottelage.

On met les asperges en botte à l'aide d'un *moule* ayant $0^m.12$ de diamètre pour les bottes ordinaires et $0^m.18$ pour les grosses bottes. Ces dernières sont généralement formées des *asperges les plus belles*. Les *asperges moyennes* servent à parer le pourtour des bottes dans lesquelles il entre beaucoup des *asperges petites, courtes ou cassées*. Ces bottes comprennent de douze à soixante brins turions, suivant leur développement. On les lie avec deux brins d'osier, en ayant le soin de ne pas endommager les têtes.

Le bottelage une fois terminé, on met toutes les bottes, pendant quelques heures, dans un baquet rempli d'eau,

puis on les retire, on les brosse, on les laisse égoutter et
on les emballe dans des paniers, garnis intérieurement de
paille ou de foin ou d'herbe verte. Les rangées de bottes
doivent être séparées par une couche de paille ou d'herbe,
et il importe que les têtes soient placées de manière qu'elles
ne puissent être endommagées.

Les ouvriers chargés du bottelage ont le soin de placer
les plus belles asperges au dehors et les plus petites à l'intérieur, afin de *parer* les bottes.

Quand les asperges ne doivent pas être expédiées au loin,
on met toutes les bottes, la pointe en haut, dans un vase
contenant $0^m.05$ à $0^m.10$ d'eau, afin qu'elles conservent
leur fraîcheur jusqu'au moment de la vente.

Une *grosse* botte de très belles asperges dans la région
septentrionale pèse environ 5 kilog.; elle contient de cent
à cent vingt turions, les *bottes moyennes* pèsent de 2 à
3 kilog. Le poids des *petites bottes* n'atteint point toujours 1^{kil}. 50; celles de Perpignan ne pèsent que 250 à 350
grammes.

Le poids des bottes d'asperges qu'on récolte dans le
Midi ne dépasse pas 500 grammes. Celles qui viennent de
Châtellerault sont petites, plates ou rondes.

Dans les aspergeries bien conduites on récolte ordinairement chaque année une demi-botte moyenne par touffe, soit
de 3000 à 4000 bottes par hectare au prix moyen 1 fr. 50.

Emplois de l'asperge.

La partie colorée du turion de l'asperge est très alimentaire. Ses propriétés diurétiques sont bien connues.

On mange l'asperge cuite à la sauce blanche ou à l'huile
et au vinaigre. Les asperges un peu montées servent à
faire les *asperges aux petits pois*.

Les asperges récoltées dans le Midi n'ont ni la beauté ni
la qualité des asperges du Nord.

Les racines fraîches sont aussi utilisées, comme diurétiques, dans les hydropisies et les maladies des voies urinaires.

Valeur commerciale.

Au mois de mars, époque où les asperges sont encore rares, on vend celles qu'on expédie à Paris de Perpignan et de Lauris (Vaucluse), à un prix très élevé.

Les asperges importées à Paris pendant le mois d'avril viennent de Perpignan, de Châtellerault, d'Orléans, de la Bourgogne, de Romorantin, de Blois, de Bordeaux, de la Rochelle, de la Touraine; leur prix varie depuis 10 jusqu'à 40 francs les 12 bottes; celles qui sont livrées à la consommation en mai proviennent de Perpignan, de Laon, de l'Orléanais, de Blois, de Tours, de Bordeaux, du Mans, de Port-Sainte-Marie et des environs de Paris; enfin, celles vendues en juin sont importées du département de Seine-et-Oise, de la Bourgogne, de Blois et de Vernon. Toutes sont vendues en gros par 12 bottes qui varient de forme : les unes sont rondes, les autres sont plates.

En général, pendant les mois de mai et de juin, le prix s'abaisse successivement jusqu'à 1 franc la botte ordinaire, mais il s'élève quand il survient une sécheresse prolongée.

Les asperges en vrac de toutes provenances valaient à Paris, le 15 mai, de 35 à 60 francs les 100 kilog., suivant leur grosseur.

Les *asperges de pleine terre les plus précoces* viennent de Valence et de Murcie (Espagne). Elles sont vendues à la halle de Paris de 10 à 15 francs la botte.

Les asperges qu'on récolte dans les alluvions de la Loire et dans les plaines sablonneuses et fertiles de la Belgique et de l'Italie sont renommées pour leur qualité.

Les *asperges d'Argenteuil* de choix se vendent en gros au printemps de 36 à 60 francs les 12 bottes.

CHAPITRE III

LE CRESSON DE FONTAINE

(SISYMBRIUM NASTURTIUM, L., NASTURTIUM OFFICINALE.)

Plante dicotylédone de la famille des Crucifères.

Anglais. — Water cress.   *Italien.* — Crescione di fontana.
Allemand. — Brunnenkresse.   *Espagnol.* — Berro.

Le *cresson de fontaine* végète naturellement dans toutes les contrées du globe ; il croît rapidement dans les lieux humides où l'eau est courante et de bonne qualité.

La culture de cette plante remonte, en France, au quatorzième siècle. C'est dans la Picardie et l'Artois qu'elle a été tentée pour la première fois. De nos jours, elle occupe de grandes surfaces près de Gonesse, Senlis, Saint-Gratien, Louvres, Provins, Angers, Beaumont-sur-Oise et dans les vallées de l'Essonne, de l'Yvette, de l'Orge, de l'Oise, etc. Le cresson est aussi cultivé très en grand aux environs de Dresde et dans la plaine d'Erfurt, qui est traversée par de nombreux canaux (1).

Le cresson est vivace ; ses tiges (fig. 95) sont couchées ou rampantes ; ses feuilles sont glabres et à folioles arrondies ; ses fleurs sont petites, blanches et disposées en corymbe ; son fruit est une silique légère et arquée ; ses graines sont très petites et brun rougeâtre.

(1) C'est en 1811 que les grandes cressonnières ont été établies dans la vallée de la Nonette, entre Senlis et Chantilly (Oise).

Au Chili, c'est la *cardamine à feuilles de cresson* (CARDA-
MINE NASTURTIOÏDES) qu'on cultive comme plante condi-
mentaire.

Cressonnières.

Cette plante ne peut être cultivée que dans les terrains

Fig. 95. — Cresson (rameau).

qui retiennent l'eau ; elle est exigeante et demande un bon
fonds argilo-siliceux, des engrais azotés et une eau abondante et sans cesse ruisselante. Elle végète difficilement
dans les eaux dormantes ou stagnantes et dans les fosses où
le fond est acide, sableux, tourbeux ou calcaire.

Les fosses dans lesquelles on cultive le cresson ont en
moyenne 60 à 80 mètres de longueur, (fig. 96) 1^m.50 à
2 mètres de largeur et 0^m.40 à 0^m.50 de profondeur, avec
une pente totale de 80 à 160 millimètres, soit 0^m.001 à
0^m.002 par mètre. Une telle fosse doit être alimentée par
un débit continu de 75 à 80 litres d'eau par minute.

Le fond de chaque fosse doit être bien nivelé et recouvert de 0^m.08 à 0^m.10 de terre végétale fertile et un peu sableuse.

Les fonds perméables exigent trop d'eau et sont souvent à sec pendant l'été.

Chaque fosse doit être en communication par deux

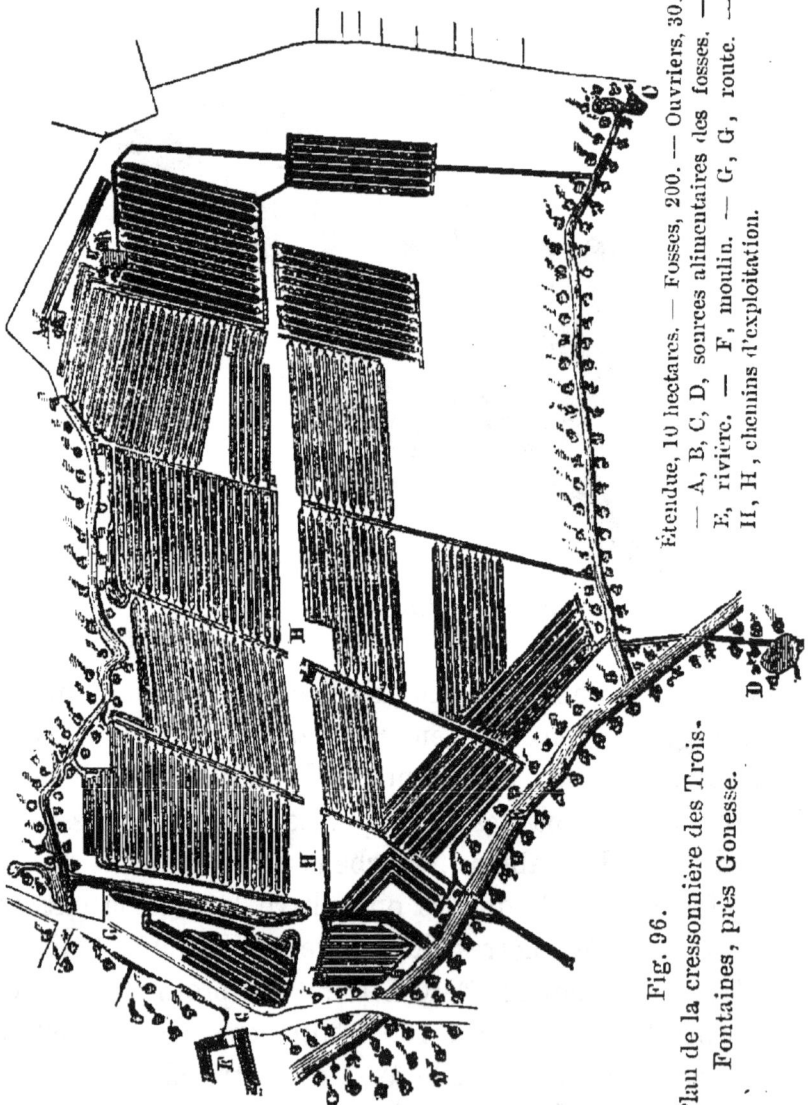

Fig. 96.

Plan de la cressonnière des Trois-Fontaines, près Gonesse.

Étendue, 10 hectares. — Fosses, 200. — Ouvriers, 30. — A, B, C, D, sources alimentaires des fosses. — E, rivière. — F, moulin. — G, G, route. — H, H, chemins d'exploitation.

tuyaux de terre cuite de 0^m.10 de diamètre, avec un *canal d'alimentation* et un *fossé de décharge*. Toutes les fosses sont parallèles entre elles et séparées par un intervalle de même largeur.

Culture.

MULTIPLICATION. — Le cresson se multiplie facilement à l'aide de boutures de tiges enracinées, prises dans les ruisseaux ou extraites d'anciennes cressonnières. On plante ces boutures et ces plants en mars ou en août par petites touffes et en quinconce après avoir bien imbibé le fond de la fosse. On a soin de placer les plants de manière qu'ils soient espacés en tous sens les uns des autres de 0^m.12 à 0^m.16. Le sommet des tiges doit être dirigé à l'encontre de la direction de l'eau. Cette plantation est faite à l'aide des mains. A mesure qu'on place les plants, on les recouvre de 0^m.04 à 0^m.06 de terre végétale. Il est très utile que les plants soient très propres et qu'ils ne comportent pas de *lentille d'eau* ou *lenticula*.

En général, les plantations de septembre sont celles qui donnent les meilleurs résultats.

Quand la reprise du cresson a eu lieu, c'est-à dire au bout de cinq à six jours, on fait arriver assez d'eau dans la fosse, pour que la terre soit couverte d'une nappe d'eau épaisse de 0^m.04 à 0^m.06. Six ou huit jours plus tard, on couvre le fond de la fosse avec du fumier à demi-décomposé en évitant de couvrir les jeunes tiges, et en ayant la précaution de bien presser l'engrais contre la terre; puis, on donne à l'eau une épaisseur de 0^m.10 à 0^m.12, et on règle le débit et la sortie de l'eau au moyen de petites vannes de manière que la nappe ait un niveau presque constant.

On tasse le cresson ou le fumier contre le fond des fosses en se servant d'une planche ayant environ un mètre

15.

de longueur fixée à un très long manche. L'ouvrier chargé d'exécuter ce tassement marche sur les ados qui séparent les fosses; cet appareil est appelé *schüel*.

QUALITÉS DES EAUX. — Les eaux froides, les eaux séléniteuses et carbonatées et les eaux qui sourdent des terrains tourbeux et de bruyères ou qui ont traversé des bois ne sont pas favorables au cresson de fontaine.

Les eaux gypseuses et carbonates ont le grave défaut de former sur les plantes des dépôts calcaires.

Les eaux qui favorisent le mieux la végétation de cette plante sont celles des rivières, des ruisseaux et des sources vives ayant une température de 15°.

Dans toutes les contrées, le cresson sauvage végète toujours facilement dans des eaux fertilisantes et très propres à l'irrigation des prairies naturelles.

SOINS D'ENTRETIEN. — Les cressonnières n'exigent pas annuellement de nombreux soins d'entretien.

Chaque année, à la fin de l'hiver, on fume les fosses avec du fumier d'étable à demi décomposé et parfois avec de la poudrette à raison de 50 litres par cressonnière. Les fumiers activent la végétation des plantes, et en formant un véritable *paillis* à la surface de la terre, ils empêchent celle-ci de salir les tiges et les feuilles.

L'application des fumiers est suivie immédiatement par un plombage, exécuté à l'aide de la *schüel* ou au moyen d'un rouleau ayant deux manches et traîné par deux ouvriers marchant sur les ados qui bordent la fosse de chaque côté. Cette opération a pour but de faire adhérer l'engrais et le cresson à la terre.

Pendant l'hiver, lorsqu'on redoute de fortes gelées, on submerge complètement le cresson, en élevant le plan d'eau le plus tôt possible.

Il ne faut pas oublier qu'une seule nuit suffit pour détruire une cressonnière quand celle-ci est trop éloignée des sources d'eaux vives; on cesse l'immersion quand le danger a disparu.

Plantes et insectes nuisibles.

Les cressonnières sont souvent envahies par diverses plantes aquatiques : la *véronique*, la *berle*, l'*ache*, le *mouron*, la *lentille d'eau*, etc. Il est utile d'arracher ces plantes pour empêcher qu'elles se multiplient aux dépens du cresson.

L'*altise du cresson* (ALTICA SISYMBRII, Fab.) cause parfois de grands dommages dans les cressonnières en perforant les feuilles. On détruit cet insecte en submergeant momentanément la cressonnière.

Renouvellement des cressonnières.

Une cressonnière bien établie et bien entretenue peut fournir du cresson en abondance pendant plusieurs années.

Lorsque, par des causes particulières, elle commence à dépérir, il faut mettre la fosse à sec, arracher tout le cresson, et enlever la terre si la fosse n'est plus assez profonde, ou la boue si celle-ci n'a plus la consistance qu'exige le cresson. Ce travail terminé, on refait le fond de la fosse avec du terreau ou de la bonne terre, on le laboure avec la fourche à dents plates, on plante le cresson qu'on a arraché, après l'avoir bien nettoyé, et on fume aussitôt toute la cressonnière.

Récolte.

La récolte du cresson dans les cultures bien établies et bien conduites est presque continue. La première récolte a lieu trois mois environ après la plantation des plants ou des boutures.

L'ouvrier chargé de l'exécuter, ayant les genoux garnis

d'épaisses genouillères, se met à genoux sur une forte planche placée en travers de la fosse, saisit de la main gauche une poignée de cresson et la coupe avec le couteau qu'il tient dans sa main droite.

Lorsqu'il a ainsi récolté *trois poignées*, il les réunit en une botte à l'aide d'un brin d'osier ou de deux brins de de paille de seigle. Cette botte terminée et parée, il la jette dans l'eau à l'abri du soleil et procède à la récolte d'une nouvelle botte.

Un ouvrier habitué à ce genre de travail récolte de 800 à 1 000 bottes par journée de huit heures, soit deux bottes par minute.

Chaque botte pèse de 250 à 300 grammes ; elle a de $0^m.26$ à $0^m.30$ de circonférence et $0^m.15$ environ de longueur.

La récolte du cresson se renouvelle en été tous les quinze ou vingt jours, suivant la température de l'eau et l'engrais appliqué.

Il n'est pas utile d'attendre que le cresson soit en fleurs pour le récolter.

Les ouvriers doivent éviter, en coupant le cresson, de le soulever et de déchausser les pieds. C'est dans le but de consolider ceux-ci qu'on opère après chaque récolte un *schuelage* ou foulage et un roulage quand on a fumé de nouveau une ou plusieurs fosses.

Une fosse bien conduite ayant 80 mètres de longueur et 2 mètres de largeur peut produire par an 4 000 bottes ou 300 douzaines de bottes de cresson.

Dans les fosses bien établies et convenablement fertilisées, on fait dans les bonnes années jusqu'à douze et quinze récoltes annuelles.

Dans le but de favoriser la production de la récolte suivante, le cressonnier laisse sur les pieds les tiges secondaires afin qu'elles puissent mieux se développer et porter de très belles feuilles.

Transport du cresson.

Le cresson doit être transporté avec *rapidité,* parce qu'il s'échauffe et se fane s'il reste longtemps réuni en grande masse.

De plus, il est utile, comme cela a lieu presque toujours pendant l'été ou les fortes chaleurs, de l'arroser et de le transporter pendant *la nuit* pour qu'il conserve sa fraîcheur jusqu'au moment de la vente.

Dans plusieurs localités de la Picardie et des environs de Paris, on l'expédie dans de grands paniers à claire-voie carrés ou coniques pouvant contenir de 15 à 20 douzaines de bottes.

Ces paniers à trois compartiments présentent à leur partie médiane une double séparation, qui aère le cresson et l'empêche de fermenter et de jaunir pendant son transport sur des voitures ou par les chemins de fer.

Valeur commerciale.

Le prix du cresson à la halle de Paris varie en hiver de 1 francs à 1 fr. 50 et en été de 0 fr. 50 à 0 fr. 70 les douze bottes du poids de 260 grammes environ chacune.

Ces bottes sont revendues 10 centimes ou 5 centimes, lorsque les fruitiers les ont dédoublées.

Le plus généralement, on le vend par paniers contenant 20 douzaines de bottes. Son prix pendant les mois de février et mars varie de 20 à 35 francs le panier, soit environ 9 à 15 centimes la botte. Pendant la belle saison, chaque panier est vendu de 7 à 10 francs.

Usages.

Le cresson est mangé cru ou cuit. Il est à la fois excitant, diurétique et antiscorbutique. C'est pourquoi, depuis longtemps, on l'appelle *santé du corps*.

M. Chatin a constaté que le cresson de fontaine cultivé et abondamment fumé contient plus de principes piquants (huiles sulfo-azotées) que le cresson sauvage.

Le cresson renferme une huile essentielle sulfureuse, une autre huile à la fois sulfureuse et azotée, un principe amer, de l'iode, plus ou moins de fer et de phosphore. Voici son analyse :

Matières albuminoïdes...............	1,7
Gomme, sucre....................	2,7
Cellulose......................	0,7
Matières grasses................	0,5
— minérales..............	1,3
Eau..........................	93,1
	100,0

Le cresson perd à la cuisson ses principes volatils azoto-sulfurés et une partie des matières solubles entrées en dissolution dans l'eau dans laquelle on le fait blanchir.

La halle de Paris reçoit annuellement cinq millions de kilog. de cresson. C'est au printemps et en automne que la vente est dans toute son activité.

CHAPITRE IV

LA CHICORÉE SAUVAGE

(CICHORIUM INTYBUS, L.)

Plante dicotylédone de la famille des Composées.

Anglais. — Chicory.　　　*Italien.* — Cicorea.
Allemand. — Chicorie.　　*Espagnol.* — Chicorea.

Cette plante est indigène en Europe ; elle est commune dans les sols calcaires.

Elle appartient à la classe des légumes, parce que ses feuilles, blanchies par *étiolement*, constituent les salades que l'on appelle *barbe de capucin, chicorée à couper* et *endive.*

La chicorée sauvage se cultive comme le salsifis ou la scorsonère. Ainsi, en avril ou mai, on la sème en lignes distantes les unes des autres de 0^m.25 à 0^m.30 sur un sol de consistance moyenne, profond, bien préparé et fumé copieusement l'année précédente. Quand les plantes ont développé plusieurs feuilles, on les éclaircit, s'il y a lieu, afin que les pieds soient espacés sur les rayons de 0^m.05 à 0^m.08 Pendant leur végétation, on exécute les binages nécessaires.

Un litre de graines pèse 700 grammes. On en répand 20 kilog. par hectare.

1. *Barbe de capucin.*

Voici comment on transforme les feuilles de la chicorée

sauvage en *salade d'hiver* (fig. 97) dans les environs de Paris, et principalement à Rosny, Montreuil, Montmagny, Fontenay-sous-Bois, Neuilly-sur-Marne, Créteil, Bobigny, Pantin, Créteil, Bondy, etc.

Les racines sont arrachées en novembre ou décembre à l'aide d'une fourche à dents plates. Après les avoir net-

Fig. 97. — Chicorée barbe de capucin.

toyées avec soin, on les réunit en bottes à l'aide de deux liens d'osier sans couper leur collet. On a soin de choisir des racines droites et de même force végétative. Celles dont les têtes ont été écrasées pendant l'arrachage doivent être rejetées. Chaque botte a 30 à 50 centimètres de largeur. Il est très utile de ne pas trop les serrer. Toutes les racines proviennent de semis exécutés au printemps précédent. Les meilleures racines ont de 10 à 15 millimètres de diamètre au collet.

Quand un certain nombre de bottes ont été préparées ou nettoyées, on les enterre debout en les pressant les unes contre les autres, dans un lit épais de fumier frais de cheval déposé dans une *cave obscure*, ou dans un cellier dans lequel l'air et la lumière n'ont pas accès.

La plantation terminée, on arrose le fumier avec de l'eau limpide, opération qu'on répète chaque jour ou tous les deux jours, selon le degré de fermentation de la meule.

Au bout de 12, 15, 20 jours, selon la température et le degré d'humidité du fumier, les feuilles de la chicorée, par suite de l'*étiolage,* sont blanc-jaunâtre et longues de 0ᵐ.25 à 0ᵐ.35. Alors on retire les bottes de la meule, on les divise en botillons en opérant avec précaution sur une table, on les nettoie et on les livre à la vente en se servant de larges paniers pouvant en contenir 150 à 200. Ces paniers sont garnis intérieurement d'un linge propre.

En décembre ou en janvier, on monte de nouvelles meules destinées à remplacer celles qui ont été établies en novembre.

Les meules de fumier ont de 0ᵐ.40 à 0ᵐ.50 d'épaisseur ; leur chaleur doit varier entre 18 et 20 degrés. Elles peuvent servir plusieurs mois si à chaque récolte on enlève le fumier le plus consommé pour le remplacer par du fumier chaud. Dans quelques localités du Midi, on remplace le fumier par du sable humide.

Dans les environs de Rouen, les racines ne sont pas réunies en bottes. On les place horizontalement par lits au centre d'une meule de terreau, établie dans un local où ne pénètre ni l'air ni la lumière. Avant de les livrer à la vente, on réunit les feuilles en petites poignées qu'on lie avec un brin de paille.

Les racines de chicorée sauvage, ainsi cultivées, fournissent trois récoltes successives de feuilles étiolées.

En résumé comme l'a dit Delille :

> ... Loin du soleil, dans nos celliers captive,
> Pâlit la chicorée verte et blanchit l'endive.

La barbe de capucin qu'on obtient avec la *chicorée sauvage à feuilles panachées* présente des feuilles jaunâtres panachées de rouge vif qui plaisent beaucoup.

Les feuilles de la chicorée sauvage qu'on a fait blanchir par étiolement constituent une salade qui est très estimée. Chaque année on en consomme beaucoup dans la région septentrionale de l'Europe.

A Paris, la botte de barbe de capucin du poids moyen de 1 kilog. environ se vend, en moyenne, de vingt à trente centimes, selon la longueur des feuilles. On ne livre cette salade à la vente qu'après avoir enlevé les feuilles altérées ou pourries et l'avoir divisée en *botillons* contenant de 30 à 50 racines suivant leur grosseur.

Un hectare de chicorée sauvage peut fournir 1 000 bottes de $0^m.50$ de diamètre ou 30 000 à 40 000 botillons.

La barbe de capucin est peu en usage dans les contrées méridionales.

La *chicorée sauvage améliorée* fournit des feuilles qui rappellent celles de la scarole et qui ont moins d'amertume que celles de la chicorée sauvage ordinaire.

2. *Chicorée à couper.*

La chicorée sauvage ordinaire fournit aussi au printemps la salade connue sous le nom de *chicorée à couper*. A cet effet, en février ou mars, les cultivateurs de Chambourcy (Seine-et-Oise) couvrent cette plante, qui a été semée en lignes au printemps précédent, d'une couche de très bonne terre légère épaisse de $0^m.04$ à $0^m.06$. Au bout de 15 à 25 jours selon la température, la végétation de la chicorée est assez développée ($0^m.05$ à $0^m.06$) pour qu'on puisse déchausser les pieds, couper leurs feuilles entre deux terres sans atteindre et endommager les collets et livrer ces feuilles à la consommation. On répète cette récolte une ou deux fois en avril, mai ou juin.

La salade ainsi obtenue est tendre, amère, hygiénique et très estimée. On la vend au kilog. de 0 fr. 40 à 0 fr. 60.

La chicorée sauvage ainsi cultivée est plus agréable à manger que le pissenlit indigène, en ce qu'elle est beaucoup plus tendre et que son amertume est bien moins prononcée.

Cette culture exige qu'on lui destine des terres un peu légères, bien exposées et qui s'échauffent promptement au commencement du printemps.

Les jardins maraîchers sont trop garnis en été de salades : laitues, romaines, chicorées frisées, pour qu'on puisse songer à livrer à cette époque sur les marchés de la chicorée à couper.

On renouvelle les semis chaque année.

CHAPITRE V

LA CHICORÉE ENDIVE OU WITLOOF

La *chicorée à café* ou *à grosse racine de Magdebourg* a produit une race qui fournit les racines avec lesquelles on obtient en Belgique et en France la salade qu'on appelle maintenant *endive* (fig. 98) ou *chicon*. Cette race est aussi connue sous les noms de *chicorée Witloof* (ouitlouf) et *chicorée à grosses racines de Bruxelles*. Les feuilles étiolées qu'elle fournit constituent un légume qui est aujourd'hui très recherché depuis le mois de décembre jusqu'en avril.

Voici comment on obtient ce produit :

Au printemps, du 15 mai au 15 juin, sème la chicorée en lignes espacées de 0ᵐ.26 à 0ᵐ.33, dans une terre profonde, de consistance moyenne, perméable et de bonne fertilité. Les plants sont éclaircis de manière qu'ils soient éloignés les uns des autres sur les lignes de 0ᵐ.16 à 0ᵐ.20.

Il est très important de ne semer que des graines récoltées sur des racines produites par la variété dite *endive de Bruxelles*.

Fig. 98.
Endive.

Pendant l'été on exécute les binages nécessaires.

On compte en moyenne 15 pieds par mètre carré.

_____

(1) Jusque dans ces temps, le mot *endive* a été appliqué aux *chicorées frisées*.

En octobre, novembre ou décembre, on arrache les pieds de cette chicorée qui à cette époque, ont quatre ou cinq mois de végétation. Après avoir nettoyé les racines et coupé leurs feuilles à 0^m.02 à 0^m.03 au-dessus des collets et sans attaquer ceux-ci et avoir raccourci les racines afin que leur longueur n'excède pas 0^m.30, on les enterre un peu obliquement dans une fosse ayant 0^m.33 à 0^m.40 de profondeur et dans laquelle le sol est un peu sableux, perméable et riche en humus. Il est indispensable que les collets de toutes les racines soient en contre-bas de 0^m.07 à 0^m.10 environ de la partie supérieure de la fosse et que ces racines soient espacées de 0^m.02 à 0^m.04 selon leur grosseur.

Ce travail terminé, on couvre la fosse d'une couche de fumier chaud de cheval ayant 0^m.35 à 0^m.75 d'épaisseur. Au bout de 20 jours, d'un mois ou six semaines selon la température de la fosse on enlève le fumier, on déterre les racines et on détache toutes les pousses blanches et étiolées avec une petite portion du collet de chaque racine. Ces pousses ont alors 0^m.15 à 0^m.20 de longueur. La partie du collet qui est attenante au bourgeon empêche celui-ci de s'ouvrir.

Les racines dans les tranchées sont placées assez près les unes des autres sur trois rangées.

Lorsque les circonstances ne permettent pas de procéder de suite à la mise en fosse des racines qui viennent d'être arrachées, il faut les rigoler jusqu'à leur collet.

Les *réchauds* placés sur les fosses se refroidissent assez promptement sous l'action de froids intenses, de la pluie et de la neige. Pour éviter que ces agents ne fassent pourrir les pousses, on couvre le fumier de paillassons ou de planches légères disposées comme le sont les tuiles ou les ardoises.

Les pousses formées de larges pétioles bien coiffés sont tendres, mais un peu amères. Elles constituent un légume très sain, très alimentaire, qu'on mange cru en salade ou après l'avoir fait cuire et assaisonné avec du jus de viande. Ces pousses sont blanc jaunâtre et ont l'aspect d'une petite romaine ou chicon. On peut les expédier à de grandes distances.

En général, il faut plus de temps en automne qu'à la fin de l'hiver pour obtenir des pousses d'endive bien coiffées.

Les pousses qui s'ouvrent ou ne se coiffent pas ne sont point acceptées par le commerce et les consommateurs.

En Belgique le producteur vend ses endives au commerce de 25 à 60 francs les 100 kilog., suivant la température hivernale.

La Belgique produit annuellement beaucoup d'endives : chaque année elle en exporte 12 millions de kilogrammes. A la halle de Paris, la vente annuelle dépasse un million de kilogrammes.

Ce légume est très estimé à Paris, Lille, Valenciennes et en Belgique.

Le prix des endives à la halle de Paris, pendant l'automne et l'hiver, varie de 70 à 100 francs les 100 kilog., selon les circonstances. En mars et avril, leur valeur ne dépasse pas 35 à 40 francs les 100 kilogrammes.

Chaque endive ou chicon pèse en moyenne de 75 à 120 grammes. On a constaté qu'un hectare peut fournir de 10 000 à 15 000 kilog. d'endives.

CHAPITRE VI

LE CHOU

(Brassica.)

Plante dicotylédone de la famille des Crucifères.

Anglais. — Cabbage.
Allemand. — Kohl.
Suédois. — Kohl.
Norvégien. — Kaal.
Égyptien. — Couromb.

Italien. — Cavolo.
Espagnol. — Col.
Hindoustan. — Kopi.
Bengalien. — Kopee.

Le chou est connu depuis les temps les plus reculés. Il est cultivé dans toutes les contrées du globe.

Les choux cultivés pour l'alimentation de l'homme doivent être divisés en quatre classes : 1" les choux pommés; 2° les choux non pommés; 3° les choux-fleurs; 4" les choux à racines ou à tiges globuleuses.

Les premiers ont leurs feuilles concaves et réunies, en tête, avant la floraison; les seconds ont des feuilles étalées, lisses ou crispées, qui ne pomment jamais; les troisièmes produisent des fleurs réunies en pommes, serrées et blanc jaunâtre, avant leur épanouissement; les derniers présentent des parties renflées et globuleuses, à l'origine des feuilles.

En résumé, ces divers choux diffèrent les uns des autres, par le développement exagéré du parenchyme, tantôt dans la tige, tantôt dans les feuilles, tantôt dans les pédoncules floraux.

Les choux pommés sont cultivés très en grand dans les environs des villes.

Les choux-fleurs, qu'on appelait autrefois *choux fleuris*, *choux de Chypre*, occupent annuellement de grandes surfaces dans les environs de Paris, de Roscoff, de Perpignan, etc. Ils sont aussi très cultivés dans la basse Égypte où ils acquièrent un remarquable développement.

Le chou-fleur produit une pomme serrée, mamelonnée, grenue, blanche ou blanc jaunâtre, qui est la réunion de ses ramifications florales raccourcies et épaissies. Cette pomme est toujours dominée et entourée par des feuilles très amples et nombreuses.

Le brocoli est une variété de chou-fleur. Il s'en distingue par des feuilles plus nombreuses mais plus étroites, plus raides, à nervures fortes et souvent ondulées sur leurs bords. Sa pomme n'est jamais aussi grosse que celle du chou-fleur.

Le brocoli ne forme sa pomme que dans le courant de mars après sept à huit mois de végétation. C'est pourquoi on l'appelle *chou-fleur d'hiver*.

Le chou cabus tardif et à pomme très volumineuse est très cultivé dans la Lorraine, en Alsace et en Allemagne. Il sert à faire la conserve qu'on appelle *choucroute*. C'est lui qu'on cultive le plus communément en Égypte.

Voir pour la *culture des choux à racines globuleuses :* chou-navet, chou-rave, etc., LES PLANTES FOURRAGÈRES, tome premier.

Espèces et variétés.

Les variétés du chou sont très nombreuses. Je me bornerai à mentionner celles qui sont généralement cultivées par la petite et la moyenne culture.

I. — CHOUX POMMÉS CABUS.

Les choux cabus ont des *feuilles lisses* et concaves.

1. Variétés de première saison.

1º **Chou d'York petit.** — Pomme petite, un peu allongée, assez serrée, feuilles d'un vert cendré et glacé, les extérieures peu nombreuses et à nervures blanc verdâtre ; pied court ; variété très estimée.

2º **Chou d'York gros.** — Pomme courte, renflée et pleine ; feuilles semblables à celles du chou d'York petit.

3º **Chou joannet.** — Pomme petite, ronde et très blonde. Cette variété est souvent appelée *chou nantais, chou angevin*.

4º **Chou cœur de bœuf petit.** — Pomme conique ; feuilles d'un vert foncé, arrondies, à nervures blanchâtres assez nombreuses.

Cette race a produit le *chou très hâtif d'Étampes* qui se distingue par sa pomme moyenne d'une grande précocité.

Fig. 99. — Chou cœur de bœuf.

5º **Chou cœur de bœuf moyen** (fig. 99). — Même caractère que le précédent, mais la pomme est plus développée et assez précoce.

2. Variétés de deuxième saison.

6º **Chou bacalan** (fig. 100). — Pomme moyenne, serrée et allongée ;

16

variété assez précoce et très estimée en Bretagne et dans le Bordelais. Elle est aussi connue sous les noms de *chou de Saint-Brieuc*, *chou d'Angerville.*

Fig. 100. — Chou bacalan.

7° **Chou de Schweinfurt** (fig. 101). — Pomme volumineuse, large, aplatie, mais peu serrée; feuilles légèrement cloquées rappelant celles des choux de Milan.

Fig. 101. — Chou de Schweinfurt.

8° **Chou gros cabus Saint-Denis.** — Pomme grosse, ferme, ronde, légèrement aplatie et colorée de marques rougeâtres au sommet; feuilles glauques, à nervures saillantes, et ayant leur bord supérieur renversé en dehors; pied assez haut. Cette variété est aussi appelée *chou de Bonneuil*.

9° **Chou d'Alsace** ou **chou quintal**. — Pomme très grosse et aplatie; feuilles glauques, fermes, raides, celles de la pomme roulées en dehors; pied court.

Le *chou quintal d'Auvergne* est remarquable par le grand développement de sa pomme qui est très serrée et qui peut atteindre un poids de 15 kilog. Cette race est plus tardive que le chou quintal d'Alsace.

10° **Chou de Vaugirard**. — Pomme ronde, déprimée sur le dessus, ferme et colorée de rouge brun; feuilles à nervures grosses, d'un vert particulier; pied court. Cette variété résiste assez bien aux froids; elle est très connue dans les environs de Paris.

3. Variétés à pomme rouge.

11° **Chou rouge petit**. — Pomme assez ronde, d'un rouge violacé; feuilles extérieures vert rougeâtre; pied court. Cette variété est aussi connue sous le nom de *chou rouge d'Autriche*; elle est hâtive.

Fig. 102. — Chou rouge gros.

12° **Chou rouge gros** (fig. 102). — Pomme assez grosse et ronde, d'un rouge noir; feuilles extérieures rouge verdâtre; pied un peu élevé. Cette variété est de seconde saison.

II. — CHOU MILAN.

Les choux de Milan ont tous des *feuilles cloquées* et concaves.

1. Variétés à pommes terminales.

13° **Chou Milan court hâtif.** — Pomme petite, déprimée; feuilles
très cloquées et d'un vert foncé. Variété très estimée.

14° **Chou Milan pancalier** (fig. 103).— Pomme assez petite, ronde,

Fig. 103. — Chou Milan pancalier.

peu **serrée**; feuilles très cloquées, étalées et à grosses côtes; pied
court. Variété de moyenne saison. Cette variété est aussi appelée *chou
pancalier de Tours, chou pancalier de Touraine.*

Fig. 104. — Chou Milan des Vertus.

15° **Chou Milan des Vertus** (fig. 104). — Pomme ronde, très serrée;

feuilles d'un beau vert ; pied assez haut. Cette variété est la plus grosse de tous les choux de Milan. On l'appelle aussi *chou Milan d'Auberville, chou Milan d'Allemagne*.

Le *chou Milan de Pontoise* (fig. 105) a un peu d'ana-

Fig. 105. — Chou Milan de Pontoise.

logie avec le chou Milan des Vertus, mais il est plus tardif. Cette race est rustique et très cultivée dans les environs de Paris.

2. Variétés à pommes axillaires.

16° **Chou de Bruxelles nain.** — Tige peu élevée ; pommes de la grosseur d'une prune à l'aisselle des feuilles inférieures, mais peu nombreuses.

17° **Chou de Bruxelles demi-nain de la halle** (fig. 106). — Tige de 0m.50 à 0m.75 de hauteur, terminée par un bouquet de feuilles étalées ; pommes de la grosseur d'une noix, très nombreuses, disposées en spirale autour de la tige. Variété la plus répandue, mais moins productive que le chou de *Bruxelles, ordinaire* qui atteint de 0m.75 à un mètre de hauteur.

Le chou de Bruxelles est rustique. On le nomme aussi *chou à jets, chou rosette, chou à mille têtes*. Il est très cultivé à Rosny, Pantin, Bagnolet, etc., dans les environs de Paris et dans le Bordelais.

III. — CHOUX NON POMMÉS.

18° **Chou frisé.** — Tiges de 1 mètre à 1m.30 ; feuilles vertes ou rouges très découpées et très frisées. Variété très rustique.

16.

19° **Chou à grosse côte.** — Tige moyenne ; feuilles lisses à grosses nervures et à pétiole charnu et blanc. Variété très rustique et excellente, surtout après les gelées.

Fig. 106. — Chou de Bruxelles demi-nain.

Fig. 107. — Chou à grosse côte frangée.

20° **Chou à grosse côte frangé** (fig. 107). — Tige moyenne ; feuilles à pétiole assez élargi et à lobes divisés contournés et très ondulés. Variété remarquable par sa grande rusticité appelée aussi *chou fraise de veau*.

IV. — CHOUX-FLEURS ET BROCOLIS.

21° Chou-fleur tendre ou **chou-fleur hâtif.** — Tête moyenne, entourée de feuilles assez étroites et moyennement ondulées; pied un peu élevé. Cette variété est précoce, mais sa tête se déforme assez promptement.

22. Chou-fleur demi-dur. — Tête très belle, bien serrée et blanche; feuilles embrassantes, larges et ondulées. Cette variété est demi-hâtive.

Fig. 108. — Chou-fleur Lenormand.

La race dite *chou-fleur demi-dur de Saint-Brieuc* est très cultivée en pleine terre dans la basse Bretagne.

23. Chou-fleur dur. — Tête volumineuse à grain fin et très blanc, lente à se former et à se désagréger; feuilles très amples, longues, qui couvrent la tête; pied assez court. Cette variété est la plus tardive.

24° Chou-fleur Lenormand (fig. 108). — Pomme très développée, très belle variété à pied court pour la pleine terre, dont la culture est très répandue.

25. Chou brocoli blanc hâtif (1). — Pied court; pomme grosse, bien faite, se formant assez vite; feuilles moyennes, un peu raides, nombreuses. Variété ayant une grande analogie avec le *chou brocoli de Roscoff* (fig. 109) qui est très cultivé dans la basse Bretagne.

Fig. 109. — Chou brocoli de Roscoff.

26. Chou brocoli violet. — Pied assez élevé; pomme mamelonnée violette ou violet verdâtre; feuilles pointues à pétioles violet rougeâtre et à nervure médiane violacée. Cette variété est moins précoce que la précédente.

27° Chou brocoli Mammouth. — Variété tardive à pomme très grosse, d'excellente qualité, très vigoureuse et très répandue dans les environs de Paris.

Culture.

Les variétés les plus cultivées pour les marchés sont les suivantes :

(1) Les brocolis ont une grande analogie avec les choux-fleurs, mais leurs feuilles sont plus nombreuses, moins allongées et à nervures plus fortes et plus raides. Ces choux peuvent passer l'hiver en pleine terre; on les livre au printemps à la consommation.

Choux cabus. — Très hâtif d'Étampes, York petit et gros, cœur de bœuf moyen, Joannet, Saint-Denis, Bacalan, Vaugirard, quintal et rouge gros.

Choux Milan. — Milan court hâtif, Milan de Pontoise, Milan des Vertus, Bruxelles demi-nain.

Choux-fleurs. — Demi-dur de Paris, Lenormand.

Brocolis. — Blanc hâtif, mammouth et de Roscoff.

Choux non pommé. — A grosses côtes.

TERRAIN. — Les *choux pommés* et les *choux de Bruxelles* doivent être cultivés sur des terres un peu argileuses, profondes et fertiles.

Les *choux non pommés* ou *choux verts* sont les moins exigeants; toutefois, ils se développent mal sur les terres de médiocre qualité, et ils périssent souvent pendant l'hiver, quand on les cultive sur des terrains humides.

Les choux-fleurs et les *choux brocolis* sont les plus exigeants; ils demandent des terrains de consistance moyenne, substantiels et frais. Ils réussissent mal dans les terres compactes et les sols humides.

La culture du chou-fleur d'été n'est possible dans les contrées méridionales que sur les terres légères, profondes, bien exposées et qu'on peut arroser à volonté.

SEMIS. — Les *choux d'York* et *cœur de bœuf* qu'on sème vers la fin d'août ou en septembre et qu'on met en place en novembre ou décembre, donnent des têtes en avril, mai et juin.

Les choux *Joannet,* de *Saint-Denis, Milan de Paris* et *d'Allemagne* qu'on sème en avril et qu'on transplante en mai ou juin sont récoltés en octobre ou novembre.

Les *choux de Vaugirard, Milan de Pontoise* et *Milan des Vertus,* semés en mai et transplantés en juin, fournissent des pommes pendant les mois d'octobre, décembre et janvier.

Les *choux de Bruxelles* sont semés en février, mars ou

avril et repiqués en avril, mai et juin ; ils fournissent des
jets ou petites pommes pendant les mois d'octobre à mars.
Un are en fournit 300 litres. Ces choux demandent de l'air
et de la lumière. Il faut qu'ils soient suffisamment espacés
les uns des autres. Ils résistent à des froids de 6° à 7° au
dessous de zéro, mais ils s'emportent dans les sols fertiles
et donnent moins de jets. On les vend 40 fr. les 100 kilog.

Un litre de choux de Bruxelles pèse 450 grammes.

Les *choux verts* sont cultivés de la même manière que les
choux de Bruxelles. On récolte leurs feuilles d'octobre à
mars.

La culture du *chou-fleur* comprend trois saisons :

Les choux-fleurs qui doivent fournir des pommes au *printemps* sont semés dans la première quinzaine de septembre,
hivernés sous châssis et mis en place en mars en pleine
terre sur une costière abritée des vents froids. On les récolte vers la fin de mai ou dans le courant de juin.

Les choux-fleurs qu'on désire consommer ou vendre en
été sont semés sur couche en janvier ou février, repiqués
sur couche et mis en pleine terre en avril ou mai, quand ils
ont quatre à cinq feuilles. On les récolte en juin et juillet
ou en août et septembre. Les marais légumiers de Saint-
Omer (Pas-de-Calais) en récoltent chaque année un nombre
considérable.

Les choux-fleurs qui fournissent des produits en *automne*
sont semés en mai ou dans la première quinzaine de juin
et transplantés depuis le 15 juin jusqu'à la mi-août ; on
les récolte en automne et en janvier et février.

A Chambourcy (Seine-et-Oise), où cette culture automn-
nale est pratiquée en grand et avec succès, on sème de préférence le chou-fleur demi-dur. On en plante 10000 à 12000
par hectare. Cette troisième saison est la plus facile ; elle
succède aux pommes de terre de première saison. Il est
utile d'opérer de fréquents arrosages après la mise en place.

Au mois de septembre, lorsque la pomme apparaît, on la couvre d'une ou plusieurs feuilles afin qu'elle soit aussi blanche que possible. Le sol est fertilisé avec la gadoue. A Roscoff, on sème fin mai, on repique en août pour récolter en janvier et février.

Les choux-fleurs ainsi obtenus sont vendus 30 à 45 fr. le 100 à la halle de Paris.

Les *brocolis* sont semés en avril, repiqués en mai et récoltés en décembre ou de février à avril.

Les choux cabus sont semés en Égypte depuis septembre jusqu'en novembre.

Les graines de chou pèsent 700 grammes le litre.

Tous les semis se font en pépinière, sur des terres bien ameublies, exposées au midi et garanties des vents du nord et de l'est, si on les exécute à la fin de l'hiver ou au printemps, ou au nord, si on les fait pendant l'été. Quand le temps est sec, on doit les bassiner souvent et répandre, le matin et le soir, de la cendre non lessivée ou de la poudre de chaux vive, afin d'éloigner les *altises* des jeunes choux.

Quelquefois on hiverne sous châssis ou sous cloches les jeunes plants provenant de semis opérés au commencement de l'automne pour les mettre en place en février ou mars.

TRANSPLANTATION. — Lorsqu'on opère la mise en place des plants, on doit rejeter tous ceux qui sont coudés au-dessus du sol, qui ont leurs racines endommagées par les vers blancs, qui sont *borgnes* ou dont le cœur est avorté.

Les choux pommés hâtifs se plantent à $0^m.40$ environ de distance les uns des autres. Les choux pommés tardifs et les choux non pommés doivent être plantés à une distance de $0^m.65$ à $0^m.75$ en tous sens.

SOINS D'ENTRETIEN. — Pendant le cours de la végétation, on pratique les binages nécessaires, et *on arrose aussi souvent que la température l'exige*. Les choux-fleurs d'été **doivent être arrosés tous les jours.**

On rend plus blanches les têtes des choux-fleurs en les couvrant pendant plusieurs jours, avant de les livrer à la vente, avec une ou deux feuilles de choux.

Lorsque les choux pommés doivent passer l'hiver en pleine terre, on doit, avant la plantation, disposer la couche arable en petits talus successifs. La pente de ces talus doit être inclinée au midi. Les choux sont plantés au milieu des talus. Cette disposition a un autre avantage ; elle garantit les choux des vents du nord, et elle force la neige à s'amasser contre la pente opposée à celle du sud.

INSECTES NUISIBLES. — Les choux sont attaqués par l'*altise* (ALTICA BRASSICÆ) et les larves de la *piéride du chou* (PIERRIS BRASSICÆ).

On empêche les altises de manger les jeunes plants situés dans les pépinières en répandant sur leurs feuilles, le matin avant la disparition de la rosée, des *cendres de bois* ou de la *poussière de chaux vive*.

Les chenilles de la piéride perforent les feuilles extérieures et celles des pommes. Quand elles sont nombreuses, on doit les ramasser le soir en s'aidant d'une lumière. Les volailles sont friandes des chenilles de ce papillon, qui a les ailes blanches avec deux taches et l'angle extérieur et supérieur noir.

Le *ver gris* ou larve de la *noctuelle des moissons* (AGROSTIS SEGETUM) ronge aussi les racines des choux mais sa destruction est difficile.

Récolte.

Les *choux cabus hâtifs* forment leurs pommes en avril, mai et juin. Les *choux cabus de moyenne saison* peuvent être consommés en juillet, août et septembre. Les *choux cabus tardifs* donnent leurs pommes en septembre, octobre et novembre, et peuvent être conservés jusqu'en décembre et quelquefois en janvier. Ces choux cabus et principalement ceux connus sous les noms de *chou quintal d'Alsace, chou quintal d'Auvergne, chou de Brunswick, chou Schweinfurt*, servent à fabriquer la *choucroute*.

Les *choux Milan hâtifs* produisent leurs pommes en mai et juin ; les *choux Milan de seconde saison*, en juillet, août et septembre ; les *choux Milan tardifs*, depuis le mois de novembre ou décembre jusqu'en février.

Les choux sont très cultivés aux environs de Paris, sur les terres argileuses mais fertiles de Gonesse, Saint-Denis, Aubervilliers, Vaugirard, Palaiseau, Chambourcy, Rosny, Noisy-le-Grand, Bagnolet, etc.

Les *choux non pommés* fournissent des feuilles pendant l'hiver et le commencement du printemps.

Le *chou-fleur tendre* peut être consommé en juillet et août ; le *chou-fleur demi-dur* en septembre ou octobre, et le *chou-fleur dur* en novembre, décembre et janvier.

Les *brocolis hâtifs*, cultivés à Roscoff, Saint-Pol de Léon, etc., sont expédiés à Paris, au Havre et en Angleterre vers la fin de l'automne et durant l'hiver ; les *brocolis tardifs* sont vendus de février à avril à raison 12 à 15 francs le 100.

Les plants de choux pommés donnent lieu à Saint-Brieuc, à Angers, etc., à un commerce très important.

Conservation des choux cabus.

Les choux cabus, qui pomment en automne, peuvent être conservés jusqu'au milieu de l'hiver. A cet effet, on arrache, à la fin d'octobre ou pendant la première quinzaine de novembre, tous les choux qui ont des pommes encore entières, et on les replante les uns à côté des autres, dans des rigoles peu profondes, en ayant soin d'incliner les têtes vers le nord. A l'approche des grands froids, on les

couvre de longue paille pour les garantir des gelées, et
pour que la neige ne s'introduise pas entre les feuilles extérieures. Quand il survient des beaux jours, on les découvre
pour les aérer. La paille doit être replacée, dès que le
temps menace de pluie ou qu'il présage de la gelée ou de
la neige. On peut aussi les transplanter à la base d'un mur
exposé au nord et les abriter par des paillassons (fig. 110).

Fig. 110. — Choux abrités par des paillassons.

Quelquefois, pendant cette conservation, les feuilles extérieures s'altèrent et pourrissent; mais les pommes sont
ordinairement saines, et leurs feuilles n'ont aucune saveur
désagréable.

Les choux pommés et les choux-fleurs sont livrés à la
vente après avoir été débarrassés de leurs feuilles extérieures.

Les choux pommés sont vendus, suivant les saisons, de 6
à 15 francs le 100. Le plus généralement les prix des choux-
fleurs et des brocolis varient à Roscoff de 10 à 15 francs le
100.

Paris reçoit annuellement beaucoup de choux-fleurs d'Angers, Avignon, Cavaillon, Lauris, etc.

Les choux-fleurs et les brocolis qu'on expédie au loin de Roscoff, de Saint-Pol-de-Léon, de la baie du mont Saint-Michel, de Saint-Omer, des hortillonages d'Amiens, etc., sont récoltés avec une grande partie de leurs feuilles et emballés avec précaution dans de grandes caisses à claire-voie, qui sont ensuite couvertes de paille de seigle maintenue au moyen de ficelles. Les feuilles de ces choux protègent leurs têtes pendant les transports.

Les choux-fleurs d'été, en général, sont peu cultivés dans les contrées du Midi. On n'y connaît pour ainsi dire que les choux-fleurs d'hiver.

La cuisson des choux-fleurs doit être faite à grande eau et rapidement; ainsi, on ne les met dans l'eau que lorsque celle-ci est bouillante et on les retire aussitôt qu'ils sont cuits pour les couvrir et les priver de l'action de l'air ou les plonger dans l'eau froide. C'est en agisant ainsi que les choux-fleurs conservent leur belle couleur blanche.

CHAPITRE VII

L'OSEILLE

(Rumex acetosa, L.)

Plante dicotylédone de la famille des Polygonées.

Anglais. — Sorrel. *Italien.* — Acetosa.
Allemand. — Sauerampfer. *Espagnol.* — Acedera.

L'oseille, que l'on nomme aussi *surelle*, est vivace ; ses feuilles radicales sont ovales, oblongues, en flèche et longuement pétiolées ; ses feuilles supérieures sont plus étroites et sessiles ; les fleurs sont petites, rougeâtres et disposées en panicules ; les graines sont petites, lisses et triangulaires.

1° L'*oseille commune* a des feuilles de moyenne largeur et très acides, surtout pendant les grandes chaleurs de l'été.

2° La variété la plus remarquable est l'*oseille de Belleville* (fig. 111), que l'on nomme aussi *oseille blonde, oseille large de Belleville, oseille blonde de Sarcelles.* Ses feuilles sont beaucoup plus larges et cloquées et moins acides que celles de l'*oseille commune.*

L'oseille n'est véritablement productive que lorsqu'elle occupe des terrains argilo-sablonneux, profonds et fertiles ou bien fumés. Les terres fraîches à sous-sol perméable situées dans les vallées lui sont très favorables.

On la propage par ses graines qui sont petites, triangulaires, brunes et luisantes et qui pèsent 625 grammes le

litre. Les semis se font en septembre dans les contrées méridionales et en février, mars ou avril dans les régions du
Centre et du Nord. Le terrain est disposé en planches ayant
1ᵐ.50 à 1ᵐ.75 de largeur et séparées par des sentiers. Les
semences se répandent à la volée ou en lignes distantes les
unes des autres de 0ᵐ.25 à 0ᵐ.30. On recouvre légèrement
les semences. Les semis en lignes rendent les binages faciles et expéditifs.

Les semis en bordures ne sont utiles que dans les jardins.

Quand l'oseille a plusieurs feuilles, on repique des plants

Fig. 111. — Oseille de Belleville.

sur les endroits vides et on espace les pieds trop nombreux
en opérant un éclaircissage de manière que les plants soient
éloignés de 0ᵐ.10 à 0ᵐ.15 les uns des autres, suivant la
fertilité du sol, puis on exécute les binages nécessaires.

La première récolte n'a lieu que vers la fin de juin ou
de juillet, c'est-à-dire après dix à douze semaines ou quand
les feuilles ont atteint leur entier développement. La cueillette terminée, on répand du fumier à demi consommé sur
toute la surface du terrain. On fait une deuxième et souvent une troisième récolte avant les gelées.

Les maraîchers de Paris font cueillir l'oseille feuille à feuille en récoltant toujours les plus belles ; ils ont constaté que la production est alors plus abondante que quand on opère la récolte avec un couteau et qu'on enlève à tous les pieds les feuilles petites et grandes.

Pendant l'hiver, lorsque le temps est beau, on bine les intervalles des lignes avec une serfouette. Les fortes gelées interrompent seules la végétation de cette plante. On peut l'abriter contre le froid par des paillassons (voir page 298).

L'oseille, pendant la belle saison, manifeste une *disposition à monter* qui doit être combattue par de fréquents arrosages et par le retranchement des tiges à mesure qu'elles se montrent.

On renouvelle ordinairement les cultures tous les trois ou quatre ans lorsqu'on veut avoir des feuilles larges et en grand nombre.

Les *limaces* causent de grands dommages dans les cultures d'oseille lorsque les printemps et les automnes sont très pluvieux. On en détruit beaucoup en répandant le soir très tard de la poudre de chaux vive sur les pieds qu'elles attaquent. On redoute aussi la larve d'une chrysomèle, mais on l'arrête dans les ravages en opérant des seringages avec une dissolution de sulfo-carbonate de potassium.

J'ai dit qu'on propageait l'oseille à l'aide de ses graines. On peut aussi la multiplier en divisant ses touffes, mais ce dernier procédé est peu en usage dans la culture légumière.

L'oseille est vendue sur les marchés au prix de 10 à 12 francs les 100 kilog. Celle qu'on cueille pendant l'hiver sur des pieds situés à bonne exposition à la base d'un mur, se vend ordinairement à un prix assez élevé.

Les feuilles de cette plante servent à l'aide de la cuisson à faire des conserves. La cuisson leur fait perdre les deux tiers de leur poids. Elle est faite dans des bassines à double fond et chauffées par la vapeur. D'après M. Berthelot, la

conserve d'oseille renferme 24 pour 100 de matières albu-
minoïdes. 100 kilog. de feuilles se réduisent par la cuisson
à 30 kilog.

On cultive aussi dans les jardins :

1. L'*oseille vierge* (RUMEX MONTANUS). Ses feuilles sont
aussi très larges et moins acides que les feuilles de l'oseille
ordinaire. Cette espèce ne produit pas de graines ; on la
multiplie par éclats de pieds. Elle est lente à monter.

Cette oseille a produit une race qui se distingue par la
largeur de ses feuilles qui sont cloquées et que l'on nomme
à cause de cela *oseille vierge à feuilles cloquées*.

2. L'*oseille épinard* (RUMEX PATIENTIA). Cette espèce est
précoce ; ses feuilles, qui sont peu acides, sont de moyenne
dimension, mais elles sont nombreuses. On la propage par
ses graines, qui sont plus grosses que les semences de l'o-
seille commune.

On récolte les feuilles de cette espèce à la fin de l'hiver,
huit à dix jours avant celles de l'oseille de Belleville.

CHAPITRE VIII

LE PERSIL

(APIUM PETROSELINUM ; PETROSELINUM SATIVUM.)

Plante dicotylédone de la famille des Ombellifères.

Anglais. — Parsley.	*Espagnol.* — Perejil.
Allemand. — Petersilie.	*Portugais.* — Selsa.
Italien. — Prezzemolo.	*Danois.* — Petersilje.

Le persil, bien connu par ses feuilles, ses tiges et ses graines aromatiques, est très employé par l'art culinaire. Il est bisannuel, c'est-à-dire monte à graines la seconde année.

Il se distingue par ses feuilles, qui sont deux à trois fois divisées, laciniées et d'un vert foncé. Ses fleurs sont en ombelles; ses graines sont trigones, grisâtres et marquées de cinq côtes saillantes; elles conservent leur faculté germinative pendant trois à quatre années.

L'espèce principale, le *persil commun*, est connu dans toute l'Europe, mais ses feuilles planes ont une si grande analogie avec les feuilles de la *petite ciguë* (ÆTHUSA CYNAPIUM), plante vénéneuse qui appartient aussi à la famille des Ombellifères, que souvent on le remplace par deux races à *feuilles frisées* connues sous les noms de :

1° *Persil double ou persil frisé.*

2" *Persil nain très frisé* (fig. 112).

Ces deux variétés, lentes à monter, sont remarquables par

la finesse des divisions crispées de leurs feuilles. Celles-ci sont aussi parfumées que les feuilles du persil commun; elles sont très recherchées pour la garniture des plats.

Le persil demande un sol sain, profond, bien fumé et convenablement préparé.

On le sème depuis le mois de mars jusqu'en septembre,

Fig. 112. — Persil nain très frisé.

soit en bordure, soit en planche. Dans ce dernier cas, les rayons sont espacés de $0^m.25$ à $0^m.30$ les uns des autres. Les semences exigent de 25 à 30 jours pour germer. Les semis exécutés vers la fin de l'été passent l'hiver sous un abri et produisent abondamment au printemps suivant. On peut au besoin planter les pieds qu'ils fournissent dans du sable déposé dans une serre à légumes.

Les semis qu'on exécute à la fin d'août peuvent être faits à la base d'un mur exposé au midi.

Le persil est un peu sensible au froid. Il est souvent

utile, à l'approche de l'hiver, de le garantir des fortes gelées par des paillassons (fig. 113 et 114) ou des châssis.

Cette plante se vend à un prix peu élevé pendant la
belle saison, parce qu'elle est très commune partout à cette
époque de l'année ; mais elle est souvent vendue à un prix
élevé pendant l'hiver, surtout lorsque les gelées sont intenses. Son prix atteint alors souvent 5 et 10 francs le kilog.

C'est bien à tort, qu'on récolte les feuilles du persil en

Fig. 113. — Persil abrité par un mur et un paillasson.

Fig. 114. — Persil abrité par des paillassons.

se servant d'un couteau. C'est à l'aide de la main, et en
opérant successivement feuille par feuille, que doit être
faite la récolte pour qu'elle soit véritablement productive
dans un temps donné.

La Provence, et principalement Barbentane, expédie
du persil pendant l'hiver à la halle de Paris.

Les semences du persil mûrissent assez tardivement.
Les ombelles récoltées alors qu'elles sont encore un peu
verdâtres, doivent être suspendues dans un local aéré pour
qn'elles se sèchent ou terminent leur maturité. On les
égrène quand elles sont vert blanchâtre.

CHAPITRE X

LE CHAMPIGNON COMESTIBLE

(AGARICUS CAMPESTRIS.)

Plante acotylédone de la famille des Champignons.

La culture du champignon comestible a une grande importance dans les environs de Paris, principalement à Vaugirard, Arcueil, Montrouge, Villemonble, Gentilly, Ivry, Chaville, Charenton, Houilles, Bougival, etc.; on l'exécute dans des caves très saines et très obscures ou dans *d'anciennes carrières*. Une obscurité complète est nécessaire pour que les champignons se développent aisément et qu'ils conservent leur blancheur native.

Fig. 115.
Champignons comestibles.

Le champignon comestible (fig. 115) se compose de deux parties : du *pédicelle* ou pied qui est cylindrique et renflé à sa base ; du *chapeau* ou réceptacle qui est garni en dessous de lamelles rayonnantes. Ce champignon est blanc rosé. Tel qu'on le livre à la consommation, il pèse, en moyenne, de 16 à 20 grammes.

Le *mycélium* qui sert à le propager est appelé *blanc de champignon*. C'est un véritable réseau de *byssus* ou filaments ramifiés et blanchâtres qui conserve pendant plusieurs années toutes ses propriétés végétatives quand il est déposé dans un endroit très sec.

Locaux ou champignonnières.

Les galeries dans lesquelles a lieu cette culture artificielle sont situées à des profondeurs qui varient depuis 10 jusqu'à 50 mètres. Les plus profondes sont ordinairement les plus tempérées. Il est très important que la température y oscille entre 15 et 20 degrés, qu'elle ne s'abaisse pas au-dessous de 10 degrés et qu'elle n'excède pas 30. Les carrières ou les caves dans lesquelles règne un grand courant d'air sont regardées comme peu favorables à cette culture.

Fumier et meules.

La première opération à exécuter et la plus importante, consiste à préparer le fumier qui doit servir à *monter les meules* (fig. 116). Voici comment on opère : on secoue avec une fourche le fumier de cheval qu'on doit employer, afin de le rendre homogène, on le met en tas régulier en le tassant assez fortement et on l'arrose plus ou moins selon sa nature. Le point essentiel dans ce travail est d'opérer de manière que la fermentation continue pendant quelques jours et qu'elle devienne très active.

Le *fumier de cheval* est celui qu'on regarde comme le plus favorable. On l'emploie à sa sortie des écuries. Celui qui est très pailleux a l'inconvénient de fermenter lentement. Ce fumier ne doit être ni trop chaud ni trop froid. Plus il est tassé et plus il fermente rapidement.

Au bout de huit à dix jours, quand le fumier fermente bien, on démonte la meule pour la reconstruire une seconde fois. Quand le fumier fermente de nouveau le moment est

arrivé d'établir définitivement la meule. Voici comment on
procède :

Sur l'endroit choisi, on nivelle et on piétine le sol. Alors

Fig. 116. — Carrière occupée par des champignonnistes.

on apporte du fumier qui a été préparé et on l'étend sur la
place nivelée en une couche ayant $0^m.30$ environ d'épais-

seur qu'on foule ensuite avec les pieds pour lui donner de
la consistance. Ceci fait, on applique une nouvelle couche
de fumier sur la précédente en opérant de la même manière.
Les meules sont en dos d'âne ; elles ont ordinairement 0^m.50
à 0^m.65 de largeur et de hauteur. Leur longueur varie selon les circonstances. Pendant le *montage d'une champi-
gnonnière*, on arrose légèrement le fumier si cela est nécessaire. Le meilleur moment d'opérer est le mois de septembre.

Quand une meule est ainsi montée, on attend de six à
huit jours pour y mettre le *blanc de champignon*. Avant de
l'abandonner à elle-même, on la peigne avec un râteau pour
que très peu de brins de paille dépassent les parois.

Lorsque après une semaine de fermentation la meule a
jeté son feu, on s'assure à l'aide du thermomètre de son degré de température, qui peut varier entre 20 et 30 degrés
centigrades.

Lardage et goptage des meules.

Lorsqu'on constate que la meule existe dans de bonnes
conditions de chaleur et d'humidité, on prépare le *blanc
de champignon* qui est ordinairement sec. Alors on l'hu-
mecte légèrement, en évitant d'employer de l'eau froide, et
on amoncelle les plaques de fumier les unes au-dessus des
autres pour qu'elles prennent un peu de moiteur et donner
au blanc de champignon la fraîcheur qu'il a perdue et
qu'il doit posséder pour entrer en végétation.

Cette préparation terminée, on procède au *lardage* de la
meule, opération qui consiste à y introduire le *mycélium*
sous forme de petites *galettes* ou *plaquettes* épaisses et
grandes comme la main. C'est en soulevant un des lits de
fumier avec la main gauche qu'on introduit dans la meule
avec la main droite les *lardons* ou galettes précitées qui
doivent servir de support et de racines aux champignons

qu'on désire voir se développer. Ces *mises* sont placées parallèlement les unes au-dessus des autres et forment sur chaque côté deux lignes distantes l'une de l'autre de 0ᵐ.25. Ces lardons ne doivent pas dépasser le fumier ; dans les meules bien préparées, ils existent dans un milieu chaud et humide ou frais.

Quand une meule a été lardée, on l'abandonne une seconde fois à elle-même pendant huit à dix jours. Au bout de ce temps on la visite et on remplace, s'il y a lieu, les *lardons* qui ne sont pas entrés en végétation.

Au bout de vingt à vingt-cinq jours, quand le blanc est bien attaché au fumier ou quand le mycélium a végété et envahi la meule, on procède à son *goptage*, opération qui consiste à la couvrir d'une couche de terre calcaire bien salpêtrée et passée à la claie ou au tamis ayant à peine 0ᵐ.02 d'épaisseur. La meule est préalablement et très légèrement humectée. L'ouvrier qui exécute ce travail doit avoir le soin de battre la terre avec le dos d'une pelle en fer pour bien couvrir les parois latérales de la meule. Quand on constate que cette terre ou *chemise* est sèche, on opère un arrosage modéré avec un arrosoir à pomme percée de.très petits trous.

Récolte des champignons.

Quand la meule a réussi, au bout de quinze à vingt jours, on voit apparaître sur sa surface des granulations ou points blancs qui grossissent de jour en jour et qui donnent naissance à des champignons rappelant la blancheur de la neige (fig. 117).

Les premiers champignons sont bons à être récoltés environ vingt à vingt-cinq jours après le goptage. Il est très utile de ne pas attendre que les lames qui existent sous le chapeau du champignon soient ouvertes. Les champignons trop avancés en végétation ont moins de valeur commerciale. On les détache avec la main droite en opérant une torsion de gauche à droite et en récoltant toujours les **plus** gros.

Après chaque cueillette, on doit combler ou boucher avec du terreau tamisé les petites cavités qu'on observe sur les parois de la meule. De temps à autre, quand cela est utile, on opère de légers arrosages. Ces bassinages doivent être faits avec une grande attention, afin que l'eau n'entraîne

Fig. 117. — Meule de champignons en végétation.

pas la terre qui couvre le fumier et que cette enveloppe ne rende pas les champignons terreux.

Une meule bien faite et en pleine végétation produit des champignons pendant deux et trois mois, et même quatre mois lorsque la cave ou la carrière n'est ni trop humide ni trop sèche.

A Arcueil, une meule bien réussie fournit 3 kilog. de champignons par mètre courant.

Toutefois, il n'est pas indispensable pour avoir des champignons d'opérer en grand dans une ancienne carrière ou dans un souterrain. On peut aussi monter une petite meule sur une tablette située dans une cave bien saine ou **dans** un baquet placé dans un cellier non humide mais obscur ; nonobstant, ces moyens ne peuvent être adoptés par le cultivateur qui se propose d'alimenter un marché de champignons comestibles.

Le champignon comestible se distingue par sa forme et sa couleur blanc rosé. On doit rejeter le blanc ou mycélium qui produit des champignons ayant une nuance grisâtre, parce qu'ils ont le défaut de brunir les sauces. Il est utile, dès que les champignons ont été récoltés, de couvrir d'un linge le panier qui les contient, afin d'empêcher l'air et la lumière de diminuer leur couleur blanc rosé.

Les *limares grises* et les *cloportes* sont de véritables ennemis pour les champignonnistes. Il importe de les détruire par tous les moyens possibles. Il en est de même pour les *rats* et les *souris*.

Les champignons sont vendus à la halle de Paris de 0 fr. 70 à 2 francs le kilog., suivant les saisons et leur qualité. Un maniveau contenant 12 à 15 champignons, pèse environ 250 grammes.

Le fumier provenant des meules épuisées est vendu comme engrais. Il a une valeur fertilisante secondaire, mais il peut servir à faire de bons paillis.

Le blanc de champignon se vend de 1 fr. 50 à 2 fr. 50 le kilog.

CINQUIÈME DIVISION

PLANTES CULTIVÉES POUR LEURS FRUITS (1)

CHAPITRE PREMIER

LE MELON

(CUCUMIS MELO, L.)

'*Plante dicotylédone de la famille des Cucurbitacées.*

Anglais. — Melon.   *Italien.* — Popone.
Allemand. — Melone.   *Espagnol.* — Melon.

Le melon est originaire de l'Asie. Il faisait les délices de Tibère, empereur romain. Il est connu en Chine et dans les Indes depuis les temps les plus reculés.

Il est annuel. Ses tiges sont sarmenteuses et traînantes, longues de $1^m.20$ à $1^m.65$, rudes et garnies de vrilles; les feuilles sont pétiolées, cordiformes-lobées, à lobes arrondis, sinués et denticulés; les fleurs sont monoïques axillaires, jaunes; les fleurs mâles sont à cinq pétales étalés et soudés avec le calice; les fleurs femelles renferment un style trifide et des stigmates bifides; les fruits sont à écorce épaisse, lisse ou verruqueuse, et à côtes presque nulles ou plus ou moins saillantes.

---

(1) Les variétés mentionnées dans cette division sont celles qu'on cultive en dehors des jardins et dont les produits sont destinés à l'approvisionnement des marchés.

Les *melons* ont une écorce toujours ornée de broderies plus ou ou moins apparentes ; ils varient à l'infini quant à leur forme.

Les *cantaloups*, variétés d'une culture plus difficile et à chair plus sucrée, ont des côtes bien accusées et une peau verruqueuse ; leur forme varie aussi ainsi que la coloration de leur écorce. Ils sont connus en Europe depuis 1470 ; ils sont originaires de l'Arménie.

Toutes les variétés de melon et de cantaloup dégénèrent ou se modifient aisément.

Variétés cultivées.

Les variétés de melon et de cantaloup qu'on cultive ordinairement en pleine terre sont au nombre de treize, savoir :

1. Melon de Cavaillon.

Fruit oblong, broderie grisâtre à côtes assez apparentes, jaune orange ; chair vert pâle, un peu grossière, mais sucrée et parfumée.

Cette variété (fig. 118) est cultivée chaque année, très en grand dans le Comtat et la Provence ; elle est rustique et un peu tardive ; elle est très connue sur le marché de Lyon.

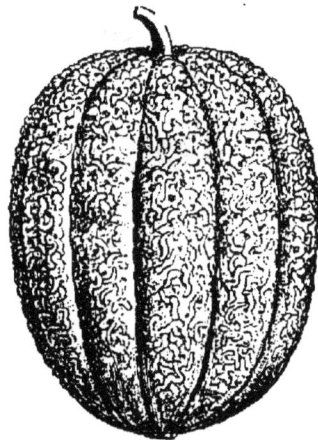

Fig. 118.
Melon de Cavaillon.

2. Melon maraîcher.

Fruit arrondi, côtes peu prononcées, à broderies très fines sur une peau jaune verdâtre ; chair rouge, peu sucrée.

Cette variété, appelée aussi *melon commun*, est un peu

tardive, mais sa culture est facile. Ses fruits pèsent de 2 à 3 kilogrammes.

3. Melon de Honfleur.

Fruit développé, allongé, brodé, à côtes assez marquées, vert pâle ; chair rouge orange, un peu grossière et un peu fade.

Ce melon est cultivé avec succès en pleine terre bien exposée sur les côtes de Normandie ; il est très rustique mais un peu tardif.

Fig. 119.
Melon sucrin de Tours.

4. Melon sucrin de Tours.

Fruit sphérique, vert foncé avec grosses broderies ; chair rouge vif, sucrée, un peu fade.

Cette variété (fig. 119) est demi-tardive, mais elle est productive et estimée ; sa culture est facile. On le nomme aussi *melon de Tours, melon de Langeais, melon d'Angers.*

5. Melon sucrin à chair verte.

Fruit oblong, moyen, à côtes régulières et brodées, vert tendre, mais passant au jaune à la maturité ; chair blanc verdâtre, fondante et sucrée.

Cette excellente variété d'été est demi-hâtive. Elle réussit très bien dans les contrées méridionales, où elle est très cultivée. En Égypte, où elle est très appréciée, elle est connue sous le nom de *menhennaouwi.*

6. Melon de Malte d'hiver.

Fruit oblong ; écorce vert lisse ; chair blanc verdâtre, juteuse.

Cette variété est rustique et fertile ; elle se conserve jusqu'à la fin de l'hiver. On la cultive surtout dans l'Europe méridionale, où elle est appelée souvent *melon de Candie, melon de Morée*. La variété dite *melon de Malte d'hiver à chair rouge* est de moins longue garde.

7. Melon blanc d'hiver.

Fruit ovoïde, assez court, lisse, blanc mat, chair verte, sucrée, saveur agréable.

Cette variété, appelée aussi *melon d'Antibes*, réussit très bien en pleine terre dans la zone du littoral en Provence.

8. Cantaloup noir des carmes.

Fruit sphérique, très moyen, à peau vert très foncé, à écorce mince et à chair très rouge, sucrée et parfumée.

Cette variété est très hâtive et d'une culture facile.

9. Cantaloup prescott fond blanc.

. Fruit très beau à côtes bien marquées et blanc jaunâtre ; chair orangée très parfumée.

Ce cantaloup est le meilleur de tous. Il demande un abri.

10. Cantaloup de Vaucluse ou de Cavaillon.

Fruit très déprimé, petit, à côtes très apparentes, écorce vert pâle passant au jaune à la maturité ; chair rouge, moyennement sucrée.

Cette race végète bien en pleine terre dans la région méridionale ; elle est très précoce ; comme le melon de Cavaillon, elle est cultivée à l'arrosage.

11. Cantaloup sucrin.

Fruit presque sphérique, côtes peu apparentes, peau unie, gris argenté, chair orangée, épaisse, sucrée et parfumée.

Cette race (fig. 120) est franchement de pleine terre.

12. Cantaloup d'Alger.

Fruit un peu oblong ayant des gales nombreuses d'un vert presque noir; chair juteuse, parfumée et très sucrée.

Cette race (fig. 121) est demi-hâtive. M. de Vilmorin le

Fig. 120. —Cantaloup sucrin.   Fig. 121. — Cantaloup d'Alger.

regarde comme comme un des melons d'été les plus rustiques.

13. Cantaloup de Bellegarde.

Fruit oblong, obtus à ses extrémités, un peu galeux; chair rouge orange sucrée, parfumée.

Cette variété (fig. 122) est précoce et d'une culture facile.

Culture.

La culture des melons en pleine terre en assez facile, si on se rappelle que ces plantes redoutent l'ombre et demandent beaucoup de soleil et qu'elles craignent les vents froids.

Suivant les régions, on sème les graines en février, mars ou avril, soit sous châssis (fig. 123), soit dans des fosses remplies de fumier et de terreau et espacées de 2 mètres environ, soit sur une couche sourde, soit, enfin, dans des

Fig. 122. — Cantaloup de Bellegarde.

pots qu'on enterre sur des côtières abritées des vents du Nord par une haie ou une palissade, ou qu'on place sous châssis.

Les graines de melon pèsent 360 grammes le litre.

Fig. 123. — Coffre à 3 châssis.

On protège les semis, surtout la nuit, contre le froid ou

les grandes pluies, avec des cloches ordinaires, des cloches économiques (fig. 124 à 127), des châssis mobiles ou des paillassons. On donne de l'air le plus souvent possible,

Fig. 124.
Charpente de la cloche.

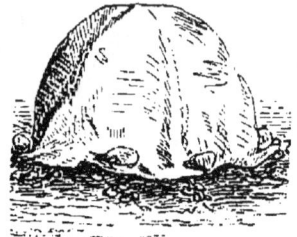

Fig. 125.
Cloche en papier huilé.

quand le temps est beau, à l'aide des crémaillères (fig. 127).

Quand les semis doivent être faits sur des couches sourdes, on ne les opère que douze à quinze jours après qu'elles ont été confectionnées, c'est-à-dire quand elles ont jeté *leur feu*.

Lorsque les plants ont quatre à cinq feuilles, on opère

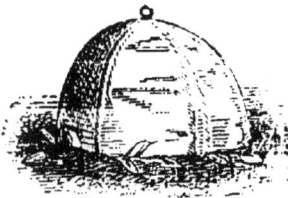

Fig. 126.
Cloche en calicot huilé.

Fig. 127.
Cloche soulevée à l'aide de crémaillères.

la *première taille* ou le *premier pincement*, dans le but de faire développer deux branches principales.

Quand les semis n'ont pas eu lieu en place, et lorsque

les plants ont deux à trois premières feuilles bien développées, on dépote et on plante à demeure, dans des fosses ayant environ 0ᵐ.30, au carré, ou sur buttes, de 0ᵐ.25 à 0ᵐ.30 de hauteur, ou sur ados exposés au midi. On lève les plants avec une spatule ou une truelle. On les abrite, pendant quelques jours, si cela est nécessaire, aussitôt après cette mise en place. Lorsque les semis ont été faits sur place, on ne laisse, dans chaque fosse, que les deux plants les plus vigoureux. Cette mise en place se fait à la fin d'avril ou au commencement de mai. On a alors des plantes trapues et vigoureuses. Les lignes des plants sont espacées de 1ᵐ.20 à 2 mètres les unes des autres, suivant la fertilité et la fraîcheur du terrain.

Plus tard, quand les fruits sont bien noués, on taille une deuxième fois pour supprimer toutes les branches gourmandes, c'est-à-dire celles qui dépensent inutilement la sève.

Quelquefois, on fait une taille intermédiaire entre les deux précédentes; alors, celle exécutée, quand les fruits sont formés, devient la troisième.

En général, les fruits provenant des plants qu'on a pincés sont plus gros, mais moins bons que ceux produits par les plantes qui ont végété normalement.

On arrose quand cela est utile. On doit éviter de donner beaucoup d'eau inutilement. Des arrosements trop copieux et trop fréquents nuisent à la vigueur des plantes et à la qualité des fruits. Lorsque les melons occupent la base de petits ados séparés par des rigoles d'arrosement (fig. 128 et 129), les sommets de ces billons sont occupés par l'artichaut, l'aubergine ou le piment.

On ne doit laisser sur chaque plante que trois à cinq fruits, suivant la variété cultivée et la force végétative des plantes.

La culture en pleine terre sous le climat breton et le

18

climat girondin, ne donne pas toujours des résultats sa-
tisfaisants.

Les melons et les cantaloups comme les autres cucurbitacées, sont exposés à prendre le *blanc*, maladie, ou, pour
mieux dire, champignon qui se développe sur les feuilles
sous forme de poussière blanche. On prévient ou on arrête
le développement de cet *érésiphé*, en enlevant les feuilles

Fig. 128. — Ados de la culture de Cavaillon.

Fig. 129. — Ados de la culture de Cavaillon.

attaquées et en protégeant les plantes contre les nuits
froides.

Récolte.

Les melons qu'on a ainsi cultivés mûrissent leurs premiers fruits du 10 au 15 juillet, dans la Provence, à Châ-
teaurenard, Salon, Barbentane, dans le bas Languedoc
et le Roussillon.

Dans le but de récolter des fruits ayant beaucoup de qualité, on cesse ordinairement les arrosages huit jours environ avant la récolte.

Chaque pied produit de trois à quatre fruits.

La récolte des melons commence à Cavaillon, Lauris,

vers la fin de juillet. On n'attend pas la complète maturité des fruits. Un melon ou un cantaloup est presque complètement mûr quand sa queue est cerclée d'une petite gerçure, lorsqu'il exhale une forte odeur agréable et que sa coloration rappelle celle qu'il aura à sa complète maturité. Cette cueillette est faite dans la soirée du jour qui précède la vente ou l'expédition. On les vend, en gros, de 3 à 6 francs la douzaine; ils pèsent, en moyenne, de 3 à 4 kilogrammes. Au mois d'août dernier, on les vendait à la halle de Paris de 50 à 50 francs le 100.

La race appelée melon de *cavaillon à chair verte* est très cultivée dans le Midi; elle se vend facilement sur les marchés du bas Languedoc, de la Provence et sur ceux de l'Italie et de l'Espagne, parce que sa chair est sucrée, parfumée et rafraîchissante.

Cette race et celle connue sous le nom de *melon de Malte à chair verte* végètent mal sous le climat de Paris.

Les melons expédiés, en 1864, par la gare d'Avignon, avaient une valeur commerciale de 1 800 000 francs.

Les *melons d'hiver* à chair rouge et à chair verte doivent être conservés dans des locaux ni trop secs ni trop humides.

CHAPITRE II

LA PASTÈQUE OU MELON D'EAU

(CUCURBITA CITRULLUS, L.)

Plante dicotylédone de la famille des Cucurbitacées.

Anglais. — Water-melon.
Allemand. — Wassermelone.
Égyptien. — Battikh.

Italien. — Anguria.
Espagnol. — Sandia.

La pastèque, ou *melon d'eau,* ou *melon d'Amérique*, est très cultivée dans la Provence, en Grèce, dans la Thessalie et l'Épire, en Afrique, dans le Zambèze, le Soudan et en Égypte. On la cultive aussi dans l'Asie Mineure, la Syrie, aux Antilles, au Chili, au Brésil, au Pérou, au Sénégal, etc. Les Cafres et les Arabes en consomment beaucoup.

A la Plata, on l'appelle *scandillas;* au Sénégal, *detch;* aux îles Rienzi, *semankas;* dans l'Afrique australe, *lekatoni.* Dans le Darfour (Afrique centrale), *abb-el-awi.*

La pastèque a des feuilles plus épaisses et plus raides que celles du melon; son fruit a une forme elliptique ou sphérique, une écorce lisse, verte panachée de blanc, et une chair rouge ou blanc verdâtre, fondante, rafraîchissante, mais ayant un goût un peu fade.

Les graines des variétés connues en Europe sont noires, rouges ou blanches bordées de noir. On cultive dans l'Afrique australe des pastèques à graines jaunes et à graines vertes.

Fig. 130. — Pastèque à graine rouge.

Fig. 131. — Pastèque à graine noire.

Les variétés les plus cultivées et les plus estimées en Europe, en Afrique et en Asie, sont la *pastèque à graine rouge*,

18.

et la *pastèque à graine noire* (fig. 130 et 131.) Les États-Unis en possèdent un grand nombre de variétés. Cette cucurbitacée est aussi cultivée dans la Russie méridionale.

La pastèque se sème à la fin de l'hiver, en Europe comme au Sénégal.

Dans le midi de la France, en Italie et en Afrique, ces semis se font sur une couche ordinaire, située à bonne exposition, ou sous cloches ou sous châssis froid. En Égypte, on les exécute sur les bords du Nil pendant les basses eaux ou sur les terres arrosées. Dans les pays tropicaux, on recherche, de préférence, les terrains sablonneux et frais.

Les plants provenant de semis faits en pépinière sont transplantés en mars ou avril dans de petites fosses remplies de terreau, et qui sont espacées de 1^{m}.50 à 2 mètres. On pince ou on *étête* les plants quand ils ont deux à trois feuilles. En Égypte, les fosses dans lesquelles se font les semis à demeure sont espacées de 1 mètre ; on les fertilise avec de la fiente de pigeons ou colombine. Quelquefois, on protège ces fosses contre l'ardeur du soleil par des palissades faites avec du jonc sec. Chaque pied produit trois à quatre pastèques.

Quand les plantes présentent plusieurs fleurs mâles et femelles, on supprime les tiges qui paraissent inutiles, puis on les laisse végéter en liberté.

Pendant leur végétation les pastèques demandent, dans le midi de l'Europe, en Afrique et en Asie, des arrosages fréquents.

Les fruits de ces cucurbitacées sont mûrs en Europe en août, septembre et octobre.

Les pastèques, arrivées à maturité, sont mangées comme les melons. Leur chair est très rafraîchissante et très agréable ; celle de la *pastèque à graine rouge* sert principalement à faire des confitures. A Nice et à Gênes, une tranche de pastèque se vend 5 centimes.

La pastèque est très peu cultivée dans les environs de Paris, parce que le climat ne répond pas à ses exigences. En général, cette cucurbitacée exige une plus grande somme de chaleur que le melon et le cantaloup.

Au Sénégal, les noirs mangent les fruits quand ils sont encore peu développés, après les avoir fait cuire dans du couscous. Lorsque ces fruits sont mûrs, ils les pétrissent avec des *niébés*, pour en faire le mets appelé *diaga*.

Ces fruits prennent un grand développement en Afrique.

Les graines de pastèques sont les semences oléagineuses que les Sénégaliens appellent *beraf* ou *beref*.

CHAPITRE III

LE CONCOMBRE

(CUCUMIS SATIVUS, L.)

Plante dicotylédone de la famille des Cucurbitacées.

Anglais. — Cucumber.
Allemand. — Gurken.

Italien. — Cocomero.
Espagnol. — Cohombro.

Le concombre est très cultivé dans le midi de l'Europe comme plante alimentaire ; c'est un véritable fruit d'été. Sa culture est aussi très répandue en Égypte, dans l'Inde, en Chine et en Amérique.

Ses tiges sont anguleuses, sarmenteuses, velues, rampantes ; ses feuilles sont cordiformes, palmées et rudes au toucher ; ses fleurs sont aussi axillaires, monoïques, avec une corolle jaune découpée en cinq divisions ; ses fruits sont pulpeux, de forme et de couleur variables. Pelés, ils contiennent 2 p. 100 de glucose et 96 p. 100 d'eau. En Égypte, on le nomme *khyar*.

Variétés.

Les variétés les plus méritantes comme plantes pouvant être cultivées sans abris artificiels sont au nombre de quatre :

1. Concombre blanc long.

Fruit blanc verdâtre, lisse, allongé, légèrement anguleux.

Cette variété est plus tardive que le *concombre jaune hâtif de Hollande* et le *concombre blanc hâtif,* variétés très cultivées dans les jardins, mais elle est un peu plus hâtive que le *concombre blanc de Bonneuil* qui est ovoïde, un peu aplati, plus développé, et qui est spécialement cultivé pour la parfumerie ou la pharmacie.

2. Concombre blanc de Bonneuil.

Fruit ovoïde, renflé à la partie médiane et souvent aplati sur plusieurs faces.

Cette race (fig. 132) produit des fruits qui pèsent de

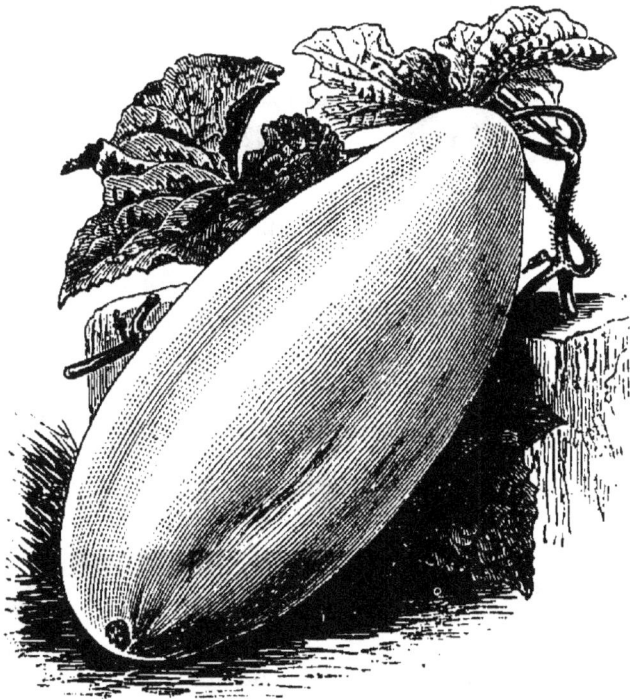

Fig. 132. — Concombre de Bonneuil.

1 k. 500 à 2 kilog. et qui sont recherchés par les parfumeurs.

2. Concombre jaune hâtif de Hollande.

Fruit allongé, lisse et mince, et plus petit que le fruit de concombre de Russie dont les fruits ont la grosseur des œufs de poule.

Cette variété (fig. 133) est moins productive que le

Fig. 133. — Concombre jaune hâtif.

concombre jaune gros. Ses fruits sont jaunâtres et ensuite jaune orangé.

3. Concombre vert long.

Fruit vert quand il est formé, mais prenant une nuance jaune brun en mûrissant ; chair croquante excellente consommée en salade.

Cette variété est aussi tardive ; elle est recherchée en Angleterre

Le concombre vert long d'Athènes (fig. 134) devient jaune brun à la maturité ; sa chair est blanche. Il est de moyenne précocité et réussit très bien en pleine terre.

4. Concombre à cornichon.

Tiges de 1m.80 à 2 mètres. Fruit vert pâle quand il commence à se former, lorsqu'il est garni d'aspérités ou de protubérances épineuses, jaune foncé et presque lisse quand il est mûr.

Cette variété vigoureuse est celle qui fournit les con-combres qu'on fait confire dans le vinaigre quand ils n'ont encore que la grosseur du doigt.

La race appelée *cornichon de Meaux* produit des fruits

Fig. 134. — Concombre vert long.

très verts beaucoup plus longs et moins épineux. Elle est très rustique, très productive et végète très bien en pleine terre.

Culture.

Les concombres doivent être cultivés dans des terrains légers, substantiels et frais. C'est dans de tels sols qu'on les cultive avec succès à Palaiseau, Verrières, et sur d'au-tres points dans les environs de Paris.

Dans le midi de l'Europe, où ces plantes sont toujours

cultivées à l'arrosage, on les sème sous châssis en janvier
ou février, et en pleine terre, en mars, avril ou mai. On a
le soin, dans ce dernier cas, de choisir des terrains abrités
des vents du nord, et de protéger les jeunes plantes par
des cloches ou des paillassons lorsqu'on redoute des gelées
tardives.

Quelquefois, on sème les graines dans de petits pots
qu'on enterre dans les endroits les plus chauds et les mieux
abrités. Quand les plantes ont quelques feuilles, en avril ou
mai, on les dépote et on les met en pleine terre. Les plantes ainsi cultivées fournissent en Algérie des concombres
blancs en juin et des concombres verts en juillet.

Les plants provenant de semis exécutés sur des côtières
sont mis en place quand la température est douce.

Le concombre à cornichon se sème toujours en place, en
avril et mai.

Un litre de graines de concombre pèse 500 grammes.
On espace les poquets d'un mètre en tous sens.

Ces augets sont de petites fosses carrées remplies de fumier de bêtes bovines à demi décomposé. Cet engrais a l'a-
vantage de conserver pendant l'été une fraîcheur bienfai-
sante dans les terrains où les arrosages ne sont pas faciles.

On taille ou on pince les plants au-dessus du deuxième
œil, et les branches secondaires vers le cinquième et le
sixième nœud.

En Égypte, on fait annuellement deux semis : le premier
en mars et le deuxième en juillet.

Comme toutes les autres cucurbitacées, les concombres
demandent beaucoup d'engrais et des arrosages lorsqu'ils
occupent les terrains secs.

On récolte les fruits des concombres cultivés en pleine
terre avant qu'ils soient mûrs. La cueillette commence en
juillet ou au mois d'août.

Les cornichons se récoltent en juillet, août et septembre,

lorsqu'ils sont bien formés, mais avant qu'ils soient très développés ; ils ont alors une couleur vert un peu clair ou une nuance foncée, et la grosseur du petit doigt.

Les fruits des concombres ordinaires sont mangés crus, salés ou coupés par tranches, et assaisonnés avec de l'huile et du vinaigre.

La pommade de concombre est préparée principalement avec le *concombre blanc de Bonneuil;* elle se compose du suc exprimé et de graisse de veau.

Les concombres expédiés de Valence et Murcie à Paris au commencement du printemps, sont regardés à bon droit comme des primeurs. Dans le midi, les premiers concombres apparaissent sur les marchés en avril, mais c'est en juin qu'on commence la cueillette des fruits dans les cultures de pleine terre.

Les concombres verts fins se vendent à la halle jusqu'à 40 et même 50 francs les 100 kilog. Le prix des concombres blancs varie de 20 à 40 francs les 100 kilog.

CHAPITRE IV

LA COURGE ET LE POTIRON

(CUCURBITA.)

Plante dicotylédone de la famille des Cucurbitacées.

Anglais. — Squash.   *Italien.* — Zucca.
Allemand. — Kürbiss.   *Espagnol.* — Calabaza.

Les courges et les potirons sont cultivés, dans diverses contrées, pour l'alimentation des villes. Ces deux cucurbitacées paraissent être sorties du même type. Leurs tiges, leurs feuilles et leurs fleurs ont une certaine analogie avec les mêmes organes appartenant aux genres melon et concombre.

Les fruits des courges sont le plus ordinairement cylindriques; ceux des potirons sont généralement sphériques.

Les courges sont très cultivées dans les pays méridionaux; Espagne, Turquie, etc. En Égypte, on les nomme *kara*.

Espèces et variétés cultivées.

A. — Les COURGES (CUCURBITA PEPO et MOSCHATA).

Les plus cultivées sont au nombre de huit, savoir :

1. Courge d'Italie.

Fruit cylindrique, très allongé, à 5 côtes peu apparentes; écorce panachée de jaune et de vert; chair jaune.

Cette variété, très cultivée en Italie et appelée souvent *coucourzelle,* a des tiges non coureuses; on doit manger ses fruits quand ils sont encore peu développés.

2. Courge blanche non coureuse.

Fruit allongé, sans côtes saillantes; écorce blanc jaunâtre; chair blanc jaunâtre.

Les fruits de cette variété (fig. 135) doivent être mangés avant leur complète maturité.

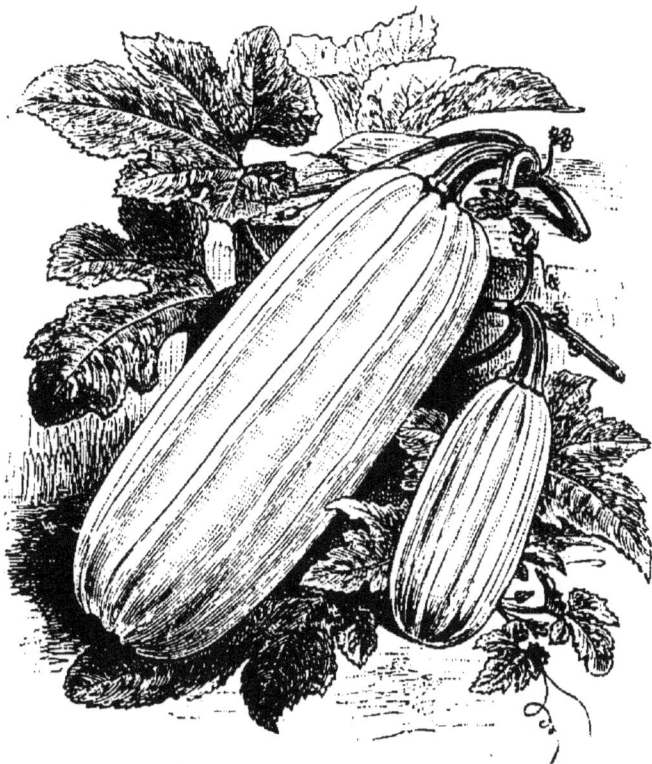

Fig. 135. — Courge blanche non coureuse.

3. Courge à la moelle.

Fruit oblong, presque cylindrique, à 5 côtes; écorce jaune; chair blanc jaunâtre.

Cette courge produit beaucoup; on doit manger ses fruits avant leur complète maturité. Elle est appelée souvent *courge blanche des Indes*.

4. Courge pleine de Naples.

Fruit volumineux, allongé, renflé en calebasse vers les extrémités; écorce vert foncé passant au jaune à la maturité; chair rouge pâle.

Cette variété, très estimée et d'une bonne conservation, est connue aussi sous les noms de *courge d'Afrique, courge de la Floride, courge pleine d'Alger, courge à la violette*. On la regarde comme la meilleure des courges musquées pour les pays chauds.

5. Courge de Valparaiso.

Fruit développé, obovoïde; écorce blanc de crème unie ou brodée; chair jaune-orange très sucrée.

Les fruits de cette courge sont d'excellente qualité, mais ils ne se conservent pas facilement.

6. Courge de l'Ohio.

Fruit moyen, ovoïde plus ou moins prolongé en pointe; écorce jaune saumoné; chair jaune orangé très féculente.

Cette courge est très cultivée en Amérique.

7. Courge marron.

Synonymie : Courge châtaigne, — Potiron de Corfou.

Fruit moyen, déprimé; écorce rouge sanguin nuancé de jaune; chair jaune-orangé épaisse et très sucrée.

Cette variété, appelée parfois *courge châtaigne, potiron de Corfou*, mérite d'être propagée. Ses fruits se conservent bien.

8. Courge musquée de Provence.

Fruit presque sphérique, à côtes presque nulles; écorce vert clair jaspée de vert pâle et de jaune rougeâtre; chair très rouge et musquée.

Cette variété est répandue dans la Provence où elle est aussi appelée *courge des Antilles, courge melonnée, courge musquée, courge de Marseille;* elle ne peut être cultivée avec succès que dans les contrées méridionales. On la cultive aussi en Italie, en Afrique et dans l'Amérique méridionale.

B. — Les POTIRONS (CUCURBITA MAXIMA).

Les plus répandus sont au nombre de cinq, savoir :

1. Potiron jaune gros.

Fruit très gros, sphéroïde, mais souvent déprimé; écorce brodée à la maturité, jaune rougeâtre ou saumoné; chair jaune orange ou jaune vif.

Les fruits de cette variété acquièrent souvent un très grand poids. Les fruits qui sont très volumineux sont ordinairement les plus creux.

Un beau potiron pèse, en moyenne, 25 kilog.

2. Potiron blanc.

Fruit arrondi, à écorce lisse, blanc de crème; chair jaune pâle, sucrée, riche en fécule.

Cette variété est souvent regardée comme supérieure en qualité au potiron jaune gros. Elle est peu connue dans le nord de l'Europe. On la nomme aussi *potiron de Naples.*

3. Potiron vert ou potiron gris.

Fruit arrondi, de forme variable, de grosseur moyenne, à écorce vert foncé marbrée de vert pâle ou de gris et souvent brodée.

Cette variété est estimée, mais elle est moins appréciée

que le *potiron vert d'Espagne,* qui est aplati et dont la chair est jaune-orangé, très sucrée et peu aqueuse.

4. Potiron rouge vif d'Étampes.

Fruit moins large, moins volumineux et plus aplati que le potiron jaune gros ; écorce jaune-orangé, lisse ; chair colorée.

Cette excellente variété (fig. 136) est celle qui est la plus cultivée dans les environs de Paris.

Fig. 136. — Potiron rouge vif d'Étampes.

5. Giraumon.

Fruit arrondi, déprimé, rouge brique, surmonté d'une excroissance arrondie en cône très élargi et panachée de vert, de jaune et de blanc ; chair jaune-orangé et sucrée.

Le fruit du giraumon est d'excellente qualité et de bonne garde. On le nomme souvent *potiron turc, potiron turban, potiron couronné, Giraumont turban.*

Le potiron est très cultivé dans les environs de Paris, à Étampes, Linas, Montlhéry, Saint-Michel-sur-Orge, etc.

Culture.

Les courges et les potirons exigent des sols très fertiles et frais.

On les sème en pleine terre et en place en mars ou avril dans les pays méridionaux et la région du Sud-Ouest et en avril ou mai dans la région septentrionale, c'est-à-dire lorsqu'on ne craint plus de gelées, dans des fosses espacées de 2 mètres en moyenne. Un litre de semence pèse 400 grammes.

On met 2 à 3 graines par fosse; chaque poquet doit être *rempli de fumier et de terreau*. Plus tard, on ne laisse en place que le pied le plus fort.

Les *variétés à tiges non coureuses* peuvent être cultivées dans des sillons espacés de 1^m.50 les uns des autres.

On arrose quand les plantes sont arrêtées dans leur dé-

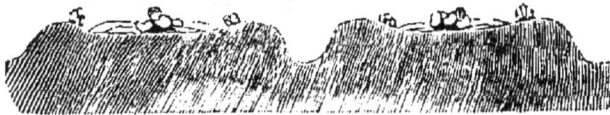

Fig. 137. — Planches séparées par des rigoles d'arrosages.

veloppement par la sécheresse. On bine lorsque cela est nécessaire.

Le plus ordinairement on n'opère aucune taille quand on cultive ces plantes en dehors des jardins.

Quand on est forcé de transplanter de jeunes plants, il est utile, si le soleil est ardent, de les couvrir avec des pots ou de larges feuilles pendant un jour ou deux.

Dans le midi de l'Europe, les arrosages se font toujours par infiltration; l'eau circule dans les *rigoles qui séparent* les planches (fig. 137).

On récolte les fruits des potirons et des courges, sauf ceux des courges d'Italie, de Virginie et à la moelle, qui doivent être mangés à l'état de *courgerons*, avant les premiers froids d'automne. On les conserve dans des locaux très sains et à l'abri de la pluie, en ayant la précaution de bien les couvrir de paille pendant les gelées.

Le *potiron vert d'Espagne* et le *potiron vert ordinaire* se conservent très bien jusqu'à la fin de l'hiver quand ils ont été déposés dans un local non humide et à l'abri de la gelée.

Les potirons jaunes cultivés avec beaucoup de fumier, et qu'on arrose souvent, produisent des fruits qui pèsent souvent de 60 à 100 kilogrammes. Un hectare comprend 2 500 pieds.

Les maraîchers des environs de Paris accordaient autrefois la préférence au potiron jaune gros. De nos jours, ils cultivent de préférence le potiron rouge vif d'Étampes qui est à écorce lisse.

Les courges constituent un bon légume. On en mange beaucoup en Italie et en Orient, soit en salade, soit farcies ou en beignets.

Les courges et les potirons servent à faire d'excellents potages : leur chair bien cuite a une odeur et une saveur agréables. Leurs graines donnent une huile comestible par expression.

Les courges et les potirons se vendent à la pièce.

Les graines de concombre, melon, potiron sont prises dans des fruits bien mûrs et qui caractérisent très exactement la variété qu'on désire conserver. Après les avoir lavées, on les fait sécher et on les conserve dans un local non humide.

CHAPITRE V

LA TOMATE

(Solanum lycopersicum, L; Lycopersicum esculentum, Mil.)

Plante dicotylédone de la famille des Solanées.

Anglais. — Love apple. *Italien.* — Pomo d'oro.
Allemand. — Liebesapfel. *Espagnol.* — Tomate.

La tomate est originaire de l'Amérique intertropicale. Elle est cultivée très en grand dans toutes les contrées méridionales de l'Europe, aux États-Unis, en Afrique, en Asie et dans l'Océanie. Elle est connue en Europe depuis 1596.

On l'appelle vulgairement *pomme d'amour*, *pomme du Pérou.* Au Mexique, on la nomme *tomati* et en Égypte *toumaten.*

La tomate se distingue par les caractères suivants :

Tige annuelle haute de 0^m.75 à 1^m.75 et revêtue de poils ; feuilles irrégulières, pennatiséquées, un peu glauques en dessous ; fleurs jaune verdâtre réunies au sommet des pédoncules ; baie irrégulière, lisse, à lobes arrondis, sillonnée, presque sphérique ou bosselée et un peu velue, et remplie d'une pulpe aigrelette.

Aux Canaries et en Égypte la tomate cultivée en pleine terre végète tout l'hiver.

19.

Bien mûres, les tomates contiennent les éléments ci-après :

Albumine	1,4
Cellulose et pectose	1,3
Acide malique	0,7
Sucre	6,0
Matières minérales	0,8
Eau	89,8
	100,0

Les fruits de la tomate servent à faire des sauces ou on les emploie comme assaisonnement. On les mange aussi après les avoir farcies et fait cuire avec de l'huile d'olive. Les tomates servent encore à faire des conserves qu'on prépare selon la méthode Appert, c'est-à-dire qu'on garde dans des flacons qui ont été bien bouchés et soumis ensuite à l'action d'un bain-marie.

En Égypte, dans l'intérieur de l'Afrique, aux Canaries où elles sont très recherchées, on en consomme toute l'année. Les Arabes les mangent crues. Leur saveur aigrelette plaît beaucoup aux populations méridionales.

Variétés.

Les variétés cultivées en dehors des jardins sont au nombre de quatre, savoir :

1. Tomate rouge grosse.

Fruits sillonnés, très beaux et à peau lisse.

Cette belle variété est un peu tardive. On l'appelle aussi *tomate ordinaire*. Elle a produit une race qui est appelée *tomate rouge grosse bayonnaise* qui est à côtes peu apparentes.

2. Tomate grosse rouge hâtive.

Fruits de moyenne grosseur et d'un beau rouge.

Cette variété (fig. 138), appelée aussi *tomate quarantaine*, est précoce et productive ; ses fruits sont plus recherchés que les fruits de la variété précédente. Elle a donné nais-

Fig. 138. — Tomate rouge grosse.

sance à une race appelée *Reine des hâtives* (fig. 139), qui est d'un beau rouge écarlate et qui se conserve longtemps.

3. Tomate très hâtive de pleine terre.

Fruits un peu inégaux, un peu aplatis, rouge écarlate.

Cette variété n'est pas délicate sur la nature du sol et végète très bien en pleine terre.

4. Tomate mikado.

Fruits très gros, lisses, arrondis et d'un beau rouge vif.

Cette variété est rustique, vigoureuse et productive.

Les variétés à *fruits jaunes* et celles dites *tomate cerise* et *tomate poire* ne sont cultivées que dans les jardins.

Culture.

La tomate est cultivée pour fournir des fruits de *première*, de *seconde* et de *troisième* saison.

Dans toutes les contrées, cette plante exige des terres excellentes et fraîches et beaucoup de chaleur.

PREMIÈRE SAISON. — Dans la basse Provence et le

Fig. 139. — Tomate reine des hâtives.

comté de Nice, la culture de la tomate est faite dans de grandes bâches à deux versants non chauffées ayant 1ᵐ.50 à 2ᵐ.50 de largeur et 0ᵐ.65 de hauteur sur les côtés.

Les semis ont lieu à l'air libre en août ou au plus tard au commencement de septembre. Lorsque les plants ont de 4 à 5 feuilles, on les met en place dans les bâches précitées sur des rigoles qui ont été remplies de fumier et de très bonne terre. Ces fosses ont 0^m.50 de profondeur et 0^m.33 de largeur; elles sont distantes les unes des autres de 0^m.50; les tomates y sont espacées de 0^m.35 à 0^m.45. L'hiver, pendant le jour, on aère les bâches toutes les fois que le temps le permet. La nuit, on les protège eontre le refroidissement, et le jour, contre le soleil quand il est ardent, par des paillassons ou des toiles. Les tomates, après avoir été pincées, sont attachées à des roseaux maintenus horizontalement à l'aide de piquets et formant treillage.

Fig. 140.
Cloches abritées par des paillassons.

Les fruits que fournissent les tomates ainsi cultivées sont livrés à la vente pendant les mois de février, mars et avril au prix moyen de 90 à 110 francs les 100 kilog. Celles qu'on importe d'Alger en décembre sont vendues à Paris 65 à 80 francs les 100 kilog.

DEUXIÈME SAISON. — Dans le bas Languedoc, le Comtat et la basse Provence, on sème souvent la tomate sous châssis pendant les mois d'octobre et de novembre pour la repiquer en décembre, janvier ou février sous bâches, ou au pied d'un mur exposé au midi. Dans ce dernier cas on la protège la nuit contre le froid à l'aide de paillassons (fig. 140 et 141).

Les tomates ainsi cultivées fournissent des fruits qui

sont vendus en juin au prix moyen de 25 à 32 francs les
100 kilog.

TROISIÈME SAISON. — Aux mois de janvier ou de février, dans les contrées méridionales, et aux mois de mars
ou d'avril dans la région septentrionale, on sème la tomate
sous cloche ou sous châssis situés à bonne exposition ou
sur couche sourde abritée pendant la nuit par des paillassons. Les semis en pleine terre, dans les contrées méridionales, ne peuvent être faits qu'en avril.

On doit éclaircir les jeunes plants si le semis est épais.

Fig. 141 — Cloches exposées au midi et garanties du nord.

Vers la mi-avril dans le Midi, et en mai dans le Nord,
lorsque la température est douce, on repique les plants
en pleine terre en les espaçant de 0^m.65 à 0^m.80 suivant le
développement qu'ils peuvent prendre. On doit, autant
que possible, opérer cette transplantation sur un terrain
exposé au midi et abrité du vent du nord. On peut en
mars ou avril repiquer les plants sous châssis en les levant
en motte, et en donnant chaque jour le plus d'air possible.

Lorsque les plantes ont 0^m.30 à 0^m.40 de hauteur

qu'elles commencent à se ramifier, on *pince* la tige principale de chaque pied pour l'empêcher de s'élever rapidement. On répète cette opération une ou deux fois pendant la végétation. On a soin, chaque fois, de couper l'extrémité des tiges principales au-dessus des fleurs. Souvent, surtout lorsque la tomate est cultivée à l'arrosage dans les contrées méridionales, en temps utile et selon le besoin, on pince aussi les extrémités des ramifications secondaires.

On soutient les tiges des tomates à l'aide d'échalas plus ou moins élevés, selon les contrées et la richesse et la fraîcheur des terres, ou au moyen de palissades faites avec des treillages ou des tiges de l'*Arundo donax* ou *roseau*.

Pendant les grandes chaleurs, et lorsque les fruits sont noués, on arrose au moins une fois par semaine. Dans les contrées méridionales où les arrosages doivent être copieux, on plante la tomate sur des ados et on fait arriver l'eau dans les sillons qui limitent à droite et à gauche ces billons : elle imbibe alors facilement la couche arable.

Il faut éviter avec soin les arrosages abondants pendant les premiers jours qui suivent la mise en place des plants. La culture de première saison demande peu d'eau.

Les tomates ainsi cultivées sont toujours moins grêles et plus chargées de ramifications et de fruits que les plantes que l'on a abandonnées à elles-mêmes après leur transplantation.

Dans le midi de l'Europe, où les tomates ont souvent 1 mètre à 1^m.50 de hauteur, on espace les billons les uns des autres de 1 mètre à 1^m.30, et on opère le premier pincement 20 jours environ après la mise en place des plants. Les autres étêtages se font au-dessus du quatrième ou du cinquième bouquet.

En Espagne, dans les parties méridionales, on sème la tomate en pépinière au mois de septembre pour la mettre en place en octobre sur des terrains bien exposés et qu'on peut au besoin irriguer. Les tiges abandonnées à elles-mêmes sont rampantes à la surface de sol. Les tomates que produisent les plants ainsi cultivés, sont livrées à la vente depuis Noël jusqu'à la fin d'avril.

Depuis une vingtaine d'années, la tomate pendant l'été est attaquée par un champignon appelé *Phytophora infestans* qui se développe principalement sur les feuilles et qui noircit celles-ci. On prévient l'apparition de ce parasite en opérant tous les 20 ou 30 jours un seringage avec la *bouillie bordelaise*. La première mouillure doit être faite après la mise en place des plants et lorsque leur reprise a eu lieu.

La tomate bien cultivée est productive. Dans les cultures convenablement dirigées, elle fournit ordinairement de 3 à 4 kilog. de fruits par pied.

A la Floride, on évalue son rendement à 350 hectolitres par hectare.

Commerce.

Dans les localités méridionales, on met en vente les premières tomates fournies par la pleine terre pendant la seconde quinzaine de juin, et les dernières en octobre.

Les premiers fruits n'ont pas toujours une belle couleur rouge. Cette coloration n'est parfaite que depuis le 15 juillet jusqu'au 1er septembre.

Dans le centre et le nord de la France, on ne récolte les tomates que quand elles sont bien mûres et bien colorées. Dans ces contrées, lorsque les fruits sont parvenus à la moitié de leur grosseur, on effeuille plus ou moins et on retranche toutes les dernières pousses, dans le but de hâter la maturité des tomates. Cet effeuillage est surtout indispensable en septembre, quand les nuits sont déjà froides.

Les *tomates hâtives* arrivent de la Provence, d'Algérie et

d'Espagne à Paris en mars et avril. On les expédie dans des petites caisses qui en contiennent douze et qui sont vendues à la halle de 3 à 5 francs. Celles qui viennent d'Algérie en décembre sont vendues 80 à 100 francs les 100 kilog.

La tomate expédiée de Marseille, de Toulon, etc., à Paris pendant les mois de mai et de juin, est vendue de 90 à 120 francs les 100 kilog. Celle qu'on y vend de juillet à octobre provient de Barbentane, de Tarascon, d'Avignon, de Bordeaux, de Bagnols, de Bourg-Saint-Andéol, etc., et des environs de Paris. A cette époque de l'année, son prix dépasse rarement 20 à 30 francs les 100 kil.

En général, comme pour les petits pois, les haricots verts, etc., la valeur commerciale de la tomate s'abaisse à mesure que la production s'accroît par suite de l'élévation de la température du sol et de l'atmosphère.

La vente cesse ordinairement en avril et mai, mais elle reprend en juin avec les tomates importées de la Provence, qui valent alors de 75 à 100 francs les 100 kilog. En novembre, les tomates du Midi se vendent 30 à 35 francs à la halle de Paris, alors que celles récoltées dans les environs ne valent que 20 à 40 francs les 100 kilog.

On cultive la tomate avec succès à Palaiseau, Longpont, Lonjumeau, etc., dans les environs de Paris.

Les tomates qu'on expédie au loin dans les paniers doivent être récoltées avant leur parfaite maturité. Pendant leur transport, elles achèvent de mûrir et prennent une belle couleur rouge.

On doit éviter, dans les expéditions, d'emballer les fruits que les pluies ont fait éclater.

CHAPITRE VI

L'AUBERGINE

(Solanum melongena, L.; Solanum esculentum, D.)

Plante dicotylédone de la famille des Solanées.

Anglais. — Egg-plant.
Allemand. — Eierpflanze.
Égyptien. — Bydingân.

Italien. — Marmigiani.
Espagnol. — Berengena.
Japonais. — Nasu.

L'aubergine est orginaire de l'archipel Malais. Elle est connue en Europe depuis 1597. On la nomme souvent *melongène, plante aux œufs* et *albergine*. A Saint-Domingue, on l'appelle *béringène*.

Cette plante est annuelle; ses tiges sont droites, rouges et épineuses; ses feuilles, d'abord rondes, deviennent grandes, ovales, anguleuses, sinueuses, tomenteuses, blanchâtres en dessous et d'un vert foncé en dessus; les fleurs sont grandes, violettes et marquées de taches jaunes ou blanches; ses baies sont glabres, lisses, luisantes, rondes ou oblongues.

L'aubergine est surtout cultivée dans le midi de l'Europe, en Sicile, en Espagne, en Afrique, au Chili, au Japon et dans les régions équatoriales. En Égypte, elle est vendue sur les marchés à toutes les époques de l'année.

Son fruit devient comestible par la cuisson; on l'assaisonne de diverses manières. Il est très recherché par les Provençaux, les Espagnols les Égyptiens et les Américains. Sa chair est blanche, spongieuse et accompagnée de graines tendres.

Bien cultivée, l'aubergine donne des fruits nombreux et très beaux pendant tout l'été dans les contrées méridionales, mais elle craint les sécheresses.

Un litre de graines pèse 500 grammes.

Variétés.

L'aubergine a produit diverses variétés à fruits violets et blancs.

Dans toutes les contrées, les *aubergines violettes* ou *noirâtres* sont beaucoup plus estimées que les *aubergines blanches*.

Les aubergines les plus cultivées sont les suivantes :

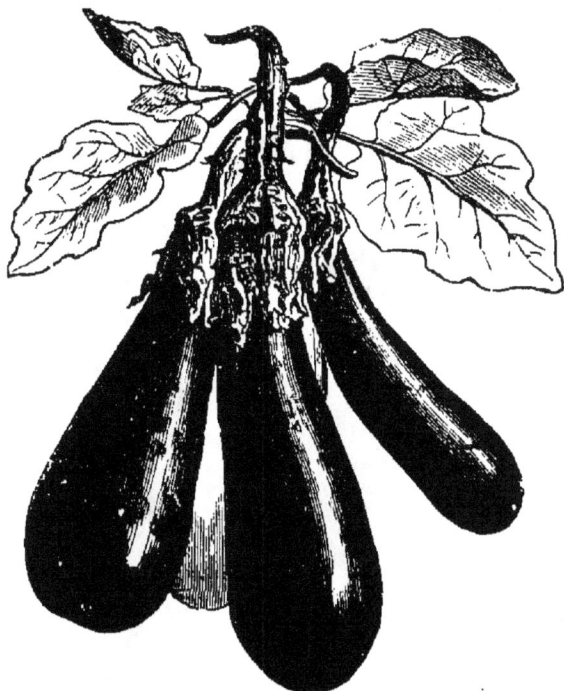

Fig. 142. — Aubergine violette longue.

1. Aubergine violette longue.

Fruit très allongé en forme de massue, très beau, pourpre violac.

Cette variété (fig. 142) est la plus commune et la plus cultivée.

La race appelée *aubergine violette longue hâtive* végète très bien sous le climat de Paris.

2. Aubergine longue hâtive de Barbentane.

Fruit allongé, un peu renflé à sa partie médiane, violet foncé.

Cette variété (fig. 143) se distingue de la première par sa grande précocité.

Fig. 143. — Aubergine de Barbentane.

3. Aubergine violette ronde.

Fruit obrond, ovoïde ou pyriforme, aminci près du pédoncule, d'un beau violet.

Cette variété est répandue dans le midi de l'Europe. Elle est plus hâtive que l'aubergine violette longue.

4. Aubergine blanche.

Cette variété n'est pas cultivée comme plante alimentaire. Ses fruits ovoïdes servent à décorer des corbeilles de fruits variés.

Culture.

La culture de l'aubergine est moins facile que la culture de la tomate.

On la sème sur couche ou sous cloche vers le 15 février, et on repique les plants en mars sous châssis en donnant chaque jour le plus d'air possible. En Italie et en Espagne, les semis se font le plus ordinairement sur une plate-bande bien exposée au midi ou sur une couche sourde protégée au nord par un mur, une palissade ou une haie vive.

Dans le midi de la France, on ne peut semer l'aubergine en pleine terre que pendant les mois d'avril et de mai ; encore faut-il souvent l'abriter pendant la nuit avec des paillassons ou des cloches économiques (voy. *Tomate*).

Vers la fin d'avril ou au commencement de mai, on lève les plants en motte pour les mettre en pleine terre à bonne exposition. Les plants ont alors la grosseur d'un crayon et $0^m.15$ à $0^m.20$ de hauteur ; cette mise en place a lieu sur de petits ados de $0^m.65$ à $0^m.75$ de largeur. Les plantes doivent être éloignées les unes des autres de $0^m.50$ à $0^m.65$.

On réussit beaucoup mieux quand on repique les jeunes plants dans des pots lorsqu'ils n'ont que quelques feuilles. Les aubergines ainsi repiquées restent sous le châssis ou sur la couche jusqu'au moment où l'on peut les dépoter et les livrer à la pleine terre.

L'aubergine craint les temps froids quand elle est jeune. Elle demande pendant l'été, pour bien se développer, beaucoup d'engrais et de chaleur, une vive lumière, des arrosements fréquents et des binages répétés. Il est souvent utile de couvrir le sol d'un bon *paillis*.

Les aubergines qui végètent avec vigueur sont remarquables par la beauté de leur feuillage; leurs tiges ont de 0^m.60 à 0^m.75 de hauteur, selon la richesse et la fraîcheur de la couche arable.

Récolte.

Les fruits arrivent à maturité dans le Midi et en Algérie, depuis la fin de juin ou la première quinzaine de juillet, jusqu'en octobre ou novembre.

En Italie, dans le midi de l'Espagne et dans le comté de Nice et à Hyères, on récolte les premiers fruits pendant la seconde quinzaine de mai ou au commencement de juin. Ils proviennent de plantes qui ont été semées sous châssis en décembre ou janvier ou abritées contre les froids par des abris artificiels.

C'est à la fin de juin ou au commencement de juillet qu'on récolte les premières aubergines sur les plantes qui, dans la Provence, ont été mises en place en pleine terre à la fin d'avril ou dans les premiers jours de mai.

Lorsque l'aubergine est cultivée à l'arrosage sur des terres très fertiles, il y a lieu souvent de supprimer les ramifications qui se sont développées à la base des tiges principales et de pincer les extrémités des rameaux. Ces deux opérations ont pour but favoriser le développement des fruits.

On doit récolter les fruits un peu avant leur parfaite maturité. Les aubergines qui souffrent de la sécheresse ont une grande tendance à produire des fruits qui rappellent par leur forme un œuf de poule. De tels fruits sont toujours moins estimés parce qu'ils durcissent beaucoup avant de mûrir.

Chaque pied en pleine végétation peut donner, en moyenne, de 10 à 15 fruits et quelquefois plus.

Commerce.

Le plant d'aubergines est vendu dans le Midi 20 francs le 1.000; les fruits ordinaires ont, pendant l'été, une valeur moyenne de 0 fr. 20 à 0 fr. 30 la douzaine.

En général, les aubergines sont mangées farcies, frites, grillées ou rôties. Elles sont à la fois nutritives et rafraîchissantes.

Les aubergines qu'on vend à Paris pendant les mois de juin et juillet viennent de l'Algérie et du midi de la France. On les vend à la douzaine. Au mois d'août, leur prix est, en moyenne, de 10 francs le 100.

Paris reçoit encore des aubergines de Vaucluse et de Barbentane à la fin d'octobre. Ces fruits, à cette époque, sont vendus de 5 à 9 francs le 100, suivant leur grosseur et leur degré de maturité.

CHAPITRE VII

LE PIMENT

(CAPSICUM.)

Plante dicotylédone de la famille des Solanées.

Anglais. — Pepper. *Italien.* — Pepe.
Allemand. — Pfeffer. *Espagnol.* — Pimiento.
Égyptien. — Filfil-ahmar. *Chilien.* — Ajis.

Cette plante est originaire du Travancore et du Malabar (Inde). Elle est connue en Europe depuis 1548. On la nomme aussi *poivre long, poivron, poivre de nègre, poivre de Guinée, poivre d'Espagne, poivre de Portugal.* Elle est annuelle et herbacée ou vivace et ligneuse, selon les espèces cultivées.

Le fruit du piment est une baie peu succulente ; il contient un principe âcre qui le fait rechercher comme condiment. Il excite l'appétit quand il est mêlé à d'autres aliments, mais seul il fait éprouver dans la gorge une chaleur piquante et parfois douloureuse. Il entre dans la composition des *achars.* On le mange cru ou confit.

Le piment est très cultivé dans le midi de l'Europe, en Afrique, dans les Indes et l'Amérique méridionale. Les Japonais le nomment *togarashi.*

Espèces et variétés.

On cultive deux espèces de piments : l'une qui est annuelle et herbacée, et l'autre qui est vivace et semi-ligneuse.

1. — PIMENT ANNUEL.

(CAPSICUM ANNUUM.)

Tige herbacée haute de 0ᵐ.50 à 0ᵐ.80; feuilles elliptiques, luisantes; fleurs blanches; fruits lisses, de formes et de couleurs variables.

1. Piment gros carré doux.

Fruit très gros, terminé par quatre proéminences, pendant, rouge corail.

Le fruit de cette variété (fig. 144) a une saveur douce.

Fig. 144. — Piment gros carré doux.

2. Piment doux d'Espagne.

Fruit très gros, long, terminé en cône obtus ou tronqué, pendant, rouge corail.

Le fruit de cette variété a aussi une saveur douce; comme le précédent, sa maturité est un peu tardive. On le nomme souvent *piment monstrueux*.

20

3. Piment tomate rouge.

Fruits arrondis à côtes comme le fruit de la tomate rouge ordinaire, déprimé, rouge corail.

La saveur de ce piment est douce. Les Égyptiens le nomment *awata*.

4. Piment rouge long.

Fruit conique allongé pendant, terminé par une pointe repliée en partie sur elle-même, rouge corail.

Ce fruit (fig. 145) a une saveur piquante. On le nomme

Fig. 145. — Piment rouge long.

souvent *poivre long, piment commun*. Ce piment est très

cultivé dans les contrées méridionales pour la fabrication des conserves. En Hongrie, on le nomme *paprika*.

5. Piment violet.

Fruit de forme conique, obtuse, violet noirâtre d'un côté et rougeâtre de l'autre.

Ce fruit a une saveur très piquante.

Cette variété produit au Mexique des *fruits presque noirs* et qui ont une saveur brûlante.

6. Piment jaune long.

Fruit conique, allongé, jaune vif.

La saveur de ce fruit est assez piquante.

7. Piment tomate jaune.

Fruit arrondi, torruleux, jaune foncé.

Ce fruit a une saveur douce. Sa maturité est tardive.

Le *piment cerise* (CAPSICUM CERASIFORME), est peu cultivé en dehors des jardins. Ses fruits, d'une saveur piquante, ont la grosseur d'une cerise.

II. — PIMENT ARBRISSEAU.

(CAPSICUM FRUTESCENS, L.)

Tige ligneuse à la base, haute de 1 mètre à 1^m.30, rameuse vers son sommet.

1. Piment de Cayenne.

Fruit allongé, petit, conique, aigu, courbé à son extrémité, rouge corail.

Cette espèce sous-ligneuse est très cultivée dans l'Inde, à Siam, dans l'Amérique méridionale. On la nomme aussi *piment enragé*, *piment caraïbe*. Les Égyptiens l'appellent *chilita*. Son fruit lisse a une saveur très brûlante.

2. Piment pyramidal.

Fruit oblong, pyramidal, érigé et jaune, d'abord vert noirâtre, puis rouge vif.

Cette espèce est cultivée en Égypte ; elle est fructifère.

3. Piment du Chili.

Fruit ordinairement dressé, petit, pointu, rouge écarlate.

Cette espèce est précoce et productive. Son fruit a une saveur brûlante.

4. Piment long noir du Mexique.

Fruit long de 0^m.15 à 0^m.20, très étroit, un peu ondulé et noir brillant.

Ce piment, par sa saveur très piquante, a les propriétés du *piment de Cayenne*.

Culture.

Les piments exigent beaucoup de chaleur et de lumière pour végéter, développer et mûrir leur fruit. Ils ne fructifient qu'à l'époque des grandes chaleurs.

On sème les variétés herbacées sur couche, en janvier, février ou mars. On repique les jeunes plants sous un châssis froid si on craint des gelées, ou sur une côtière. Quand ils ont 4 à 6 feuilles, on les met en pleine terre en avril ou mai, dans un sol de bonne qualité, bien abrité et exposé au midi. On espace les plants de 0^m.50 à 0^m.60 les uns des autres.

Les semis en pleine terre, dans le midi de l'Europe, ne peuvent être faits qu'en avril ou mai.

On bine et on arrose souvent pendant le développement des plantes, surtout lorsque les fruits se développent.

Les espèces ligneuses se sèment dans les pays chauds, à

la fin de l'hiver sur des terrains abrités. Quand les plants ont environ 0ᵐ.15 de hauteur, on les repique en pépinière pour les mettre en place à l'automne suivant. Leurs fruits, bien connus par leur saveur âcre, ne doivent pas être confondus avec les fruits de l'*Eugenia pimenta*, qui constituent le *poivre de Guinée* ou le *piment de la Jamaïque*.

Les fruits sont mangés dans le midi de l'Europe lorsqu'ils sont encore petits et verts. On les désigne alors plus particulièrement sous le nom de *poivrons*. On les utilise aussi quand ils ont acquis la nuance brillante rouge vif ou jaune d'or qui les caractérise lorsqu'ils sont arrivés à maturité.

C'est en juillet que les Provençaux et les Espagnols consomment les premiers *poivrons*.

Les piments encore verts ou mûrs sont utilisés comme condiments dans l'art culinaire. Employés à petite dose, ils facilitent la digestion. On les fait aussi confire dans le vinaigre, où on les mêle aux cornichons et aux achars. Dans les Indes orientales et en Amérique, lorsqu'ils sont secs, ils servent à assaisonner les viandes et remplacent souvent le poivre.

On les vend à l'état frais (verts ou rouges) à la halle de Paris, de 30 à 40 fr. les 100 kilog., depuis le mois d'août jusqu'en novembre.

La *poudre de piment fort* excite des éternûments violents et même dangereux; elle est vendue sous les noms de *piment de Cayenne, poivre de Cayenne*. La *poudre du piment doux* est très utilisée en Espagne.

CHAPITRE VIII

LE FRAISIER

(FRAGARIA.)

Plante dicotylédone de la famille des Rosacées.

Anglais. — Strawberry.
Allemand. — Erdbeere.
Italien. — Fragola.

Espagnol. — Fresa.
Portugais. — Moranguoiro.
Danois. — Iordbeer.

La culture du fraisier a, de nos jours, une grande importance dans les environs de Paris, Angers, Brest, Niort, Bordeaux, dans le Comtat et la basse Provence, et en Angleterre dans les comtés de Kent et d'Aberdeen. Elle a lieu ordinairement en pleine terre et très exceptionnellement sous bâche ou sous châssis.

Le *fraisier des Bois* (FRAGARIA VESCA) est connu dans toute l'Europe et l'Asie depuis les temps les plus anciens. Son fruit est petit, globuleux, rouge foncé, mais très parfumé. Depuis un siècle, on l'a abandonné pour cultiver :

1° Le *fraisier des Alpes* qui est remontant et qui produit des fruits pendant six mois ;

2° Les variétés qui produisent des fraises remarquables par leur grosseur et leurs qualités.

Espèces et variétés.

Les espèces, assez différentes les unes des autres, ont permis d'établir deux divisions bien distinctes :

La première comprend les petites fraises et la seconde les grosses fraises.

I. — FRAISIERS A PETITS FRUITS.

Le *fraisier des Alpes à fruits rouges, fraisier des quatre saisons, fraisier de tous les mois,* ou *petite fraise* (FRAGARIA ALPINA ou SEMPERFLORENS) (fig. 146) est connu depuis 1754. Il est originaire du Mont-Cenis. Son fruit rouge est plus allongé, plus gros que la *fraise des bois;* il pèse jusqu'à 3 et 4 grammes. Cette espèce, très parfumée et à saveur très agréable, produit des fruits depuis le printemps jusqu'en automne, mais elle donne peu pendant les fortes chaleurs de juillet et d'août.

Elle a donné naissance à deux races intéressantes : la première, appelée *Belle de Meaux*, a des fruits plus gros et d'un rouge plus foncé; la seconde, connue sous le nom de *Belle de Montrouge,* produit des fruits plus allongés et d'un rouge vif.

Fig. 146.
Fraisier des Alpes.

Ces deux races sont très cultivées pour la halle de Paris.

Le *fraisier des Alpes à fruits blancs,* variété qu'on rencontre çà et là dans les jardins, est peu cultivé pour les marchés. Il en est de même du *fraisier Gaillon,* ou *fraisier buisson,* ou *fraisier des Alpes rouge sans filets,* qui ne peut être multiplié qu'à l'aide de ses graines ou en divisant ses touffes.

II. — FRAISIERS A GROS FRUITS.

1. Le *fraisier du Chili* (FRAGARIA CHILENSIS) a été introduit du Chili en France en 1714. Son *feuillage est très*

velu; son fruit est gros, souvent irrégulier avec un fond blanc saumoné lavé de vermillon ; sa saveur est excellente, mais elle est peu parfumée.

Cette espèce tardive est peu rustique ; elle demande un climat marin. Elle est très cultivée dans les environs de Brest, à Plougastel, et à Plérin, dans le département des Côtes-du-Nord, sur le bord de la mer. Croisée avec les *fraisiers ananas, Victoria,* etc., elle a produit des races qui sont très appréciées pour leur excellente qualité.

2. Le *fraisier ananas* (FRAGARIA GRANDIFLORA), appelé quelquefois *fraisier de la Caroline,* a un fruit gros, arrondi ou allongé, rosé ou rouge saumoné ; sa chair est blanche, ferme et parfumée.

Cette espèce à grande fleur est trapue et vigoureuse ; son feuillage est très développé. Elle est cultivée à Hyères.

3. Le *fraisier capron* (FRAGARIA ELATIOR) est rustique et d'une culture facile, mais il a perdu de son importance. Son fruit est rouge vineux sur le côté exposé au soleil ; il contient beaucoup d'eau et est souvent creux.

Cette ancienne espèce à feuilles grandes plissées et velues, a produit le *capron framboisé.* Le fruit de cette race est presque arrondi, ovale, rouge violacé ; sa chair est pleine, fondante, blanche, un peu jaunâtre avec une saveur qui rappelle celle de la framboise.

Cette variété tardive a donné naissance à la race appelée *Belle Bordelaise,* dont le fruit est très sucré et très parfumé.

4. Les *variétés hybrides* sorties du fraisier ananas sont aujourd'hui très nombreuses. Les plus cultivées en France pour l'approvisionnement des marchés sont au nombre de dix, savoir :

1. Princesse royale.

Variété très hâtive. — Fruit gros, allongé, conique, rouge vif, très beau. Chair ferme-rouge, juteuse, un peu parfumée. Race rustique, fer, tile, arrivant à maturité en avril dans la région méridionale. Très cultivée pour les marchés. Son fruit supporte bien les transports (fig. 147).

2. Marguerite.

Variété très hâtive. — Fruit gros, conique, rouge vermillon ou vif. Chair rose, fondante, très juteuse, mais peu sucrée et peu parfumée. Race robuste, très productive et très cultivée.

3. Vicomtesse Héricart de Thury.

Variété très hâtive. — Fruit moyen, conique, rouge foncé ou vif ; chair fine, rouge, sucrée et parfumée. Race rustique, fertile, très appré-

Fig. 147.
Princesse royale.

Fig. 148.
Vicomtesse Héricart de Thury·

ciée sur les marchés, où elle est souvent désignée sous le nom de *Ricart*. Cette variété mûrit en avril dans le Midi (fig. 148).

4. Victoria.

Variété hâtive. — Fruit gros, très court, bien fait, rouge vermillon. Chair rose très fondante, sucrée, parfumée. Race très fertile, excellente et très cultivée. Elle est souvent appelée *miss Trolop* (fig. 149).

5. Docteur Morère.

Variété hâtive. — Fruit très gros, un peu court, souvent irrégulier,

Fig. 149. — Victoria.

rouge foncé. Chair rose fondante, sucrée, parfumée. Race vigoureuse, rustique, fertile, d'une vente facile sur les marchés, supporte bien les transports (fig. 150).

6. La Châlonnaise.

Variété demi-tardive. — Fruit ovoïde, moyen, allongé, rouge vermillon. Chair blanche, ferme, pleine, sucrée, juteuse, très parfumée. Une des meilleures. Très cultivée pour les marchés.

7. Sharpless.

Variété hâtive. — Fruit gros, arrondi, rouge foncé; chair rouge, ferme, sucrée, de bonne qualité et se transportant bien. Variété vigoureuse et excellente pour l'approvisionnement des marchés.

Fig. 150. — Docteur Morère.

8. Jucunda.

Variété demi-tardive. — Fruit très gros, arrondi, rouge écarlate.

Chair rouge, juteuse, parfumée. Race vigoureuse, rustique, très productive. Très cultivée pour les marchés (fig. 151).

9. Lucie.

Variété très tardive. — Fruit très gros, ovoïde, rouge vermillon.

Fig. 151. — Jucunda.   Fig. 152. — Lucie.

Chair blanche, sucrée, assez parfumée. Race vigoureuse et productive (fig. 152).

10. Elton.

Variété très tardive. — Fruit gros, allongé, rouge foncé ; chair rouge, sucrée, excellente. Variété vigoureuse très recommandable.

Multiplication et culture.

Le fraisier est une plante stolonifère qui exige des terrains très riches en humus et un peu frais.

Les *filets* ou *coulants* qu'il produit sont des rameaux allongés portant un ou plusieurs bouquets de feuilles sur les points où il existe un renflement ou un nœud.

Les filets apparaissent au printemps ou durant l'été au

détriment de la vigueur et de la productivité des pieds. Aussi est-il indispensable de les supprimer à mesure qu'ils apparaissent. Ils servent à propager les espèces et les races, à l'exception de la variété appelée *fraisier des Alpes sans filets*.

Ces jeunes fraisiers sont séparés des pieds mères à la fin de juin ou en juillet et plantés aussitôt en pépinière, après avoir été débarrassés de leurs coulants.

C'est en septembre ou au plus tard au commencement d'octobre qu'on les plante à demeure, sur un terrain bien préparé ou divisé. On les arrose de temps à autre, dans le but d'accroître leur vitalité.

Le fraisier doit être cultivé dans des terres saines, de consistance moyenne, profondes et très fertiles. Cette rosacée est très exigeante et vorace ; elle redoute les fortes chaleurs.

Chaque planche est occupée par trois ou quatre lignes de plantes espacées les unes des autres de $0^m.40$ à $0^m.50$. Les fraisiers sur ces lignes sont éloignés les uns des autres de $0^m.25$ à $0^m.30$ ou $0^m.35$, suivant le développement que peuvent prendre les variétés.

Dans la basse Provence, les pieds plantés en pépinière au commencement de l'été ne sont souvent mis en place qu'en janvier ou février. De jeunes fraisiers plantés aussi tardivement dans la région septentrionale, ne donnent pas toujours des fruits pendant le printemps suivant. La meilleure époque pour opérer cette transplantation dans la région septentrionale, est évidemment la fin de l'été.

Les agriculteurs qui, dans la région du Midi, veulent pouvoir récolter des fraises de première saison, protègent les terrains occupés par de jeunes fraisiers contre les vents froids du nord et contre le *mistral* par des paillassons ou des palissades en roseau (*Arundo donax*), ou ils établissent leurs cultures à la base de murs dirigés de l'est à l'ouest.

Une bonne exposition méridionale accélère sensiblement la végétation des fraisiers pendant l'hiver dans la Basse-Provence, le Roussillon et la vallée du Rhône.

Chaque année, avant l'arrivée des fortes gelées, on supprime les derniers coulants et on applique un bon *paillis* (fumier à demi décomposé) dans le but de *bien fertiliser le sol* et de protéger les fraisiers contre les froids intenses. A la fin de l'hiver, on opère un labour et *on applique de nouveau un paillis.* Puis, pendant le printemps et l'été, on exécute les *arrosages* nécessaires en opérant de préférence le soir. Il est très utile de ne pas oublier que le *fraisier exige des engrais en abondance et beaucoup de fraîcheur* pendant sa végétation et surtout durant la saison estivale.

Le *paillis* a des effets très utiles : il maintient plus de fraîcheur dans la couche arable et empêche les fraises d'être chargées de parties terreuses lorsqu'il survient de la pluie ou quand on opère des arrosages. Il ne faut pas oublier que le fraisier a une tendance à se déchausser.

Le fraisier a pour ennemis le *ver blanc*, les *loches*, les *limaces* et le *lérot* ou *petit loir*.

Lorsqu'on constate qu'un fraisier se fane malgré les arrosages, on doit fouiller le sol et écraser le ver blanc qui s'est attaqué à ses racines. C'est le soir et le matin à la pointe du jour, qu'on peut détruire les loches blanches ou noires qui mangent les fraises. J'ai fait connaître, il y a longtemps, qu'on peut en détruire un grand nombre en plaçant çà et là de petites planchettes sur lesquelles on a étendu de la graisse ou du beurre rance. C'est à l'aide de pièges qu'on détruit les lérots. On prévient et on arrête le développement du *blanc* causé par le *Peronospora fragaria* en arrosant les feuilles avec de l'*eau céleste.*

Comme le recommande la Quintinie, il est très utile, aussitôt après la récolte des fraises, de *supprimer tous les filets ou coulants et d'enlever les feuilles mortes.*

Récolte et commerce des fraises.

La cueillette des grosses fraises dans les cultures bien conduites dure ordinairement de cinq à sept semaines. Dans la région méridionale, elle commence pendant la seconde quinzaine d'avril ou au commencement de mai. La beauté des fruits d'une variété donnée est toujours en rapport avec la fertilité et la fraîcheur de la couche arable. Les fraises abondent à Paris pendant le mois de juin ; elles viennent d'Avignon, de Carpentras, d'Angers, de Saumur, de Bordeaux, des environs de Paris, etc.

Les fraises des Alpes sont récoltées à la fin du printemps et en septembre.

Les fraises, suivant les contrées où elles ont été récoltées, sont expédiées dans des paniers ronds ou carrés contenant 4 à 5 kilog. de fruits, dans des corbeilles ou caissettes de bois blanc renfermant 1 kil. 500, 2 kilog. et 2 kilog. 500 de de fruits.

La cueillette des fraises doit être faite le matin à la rosée.

Les prix des fraises sont très variables. Suivant leur beauté et leur précocité, on les vend sur les lieux de production depuis 20 fr. jusqu'à 400 fr. les 100 kilog. Les fraises de première saison sont vendues en mars ou avril de 5 à 10 fr. le kilog. Les fraises de Bordeaux, d'Angers, etc., qui se vendent au commencement de mai de 1 fr. 50 à 2 fr. 50 le kilog., sont livrées en juin au prix de 50 à 120 fr. les 100 kilog. A la halle de Paris, au 15 août, les fraises expédiées de Niort dans des corbeilles contenant 500 grammes, sont vendues 1 fr. 80 à 2 fr. le kilog.

Les fraises arrivent à maturité en Algérie pendant les mois de janvier, février et mars.

Un mètre carré de fraisiers bien cultivés et en plein rapport produit, *en moyenne*, suivant les variétés, 400, 500 et 600 grammes de fraises, soit par are 40, 50 à 60 kilog. qui sont vendus de 0 fr. 50 à 0 fr. 90 le kilog. Le revenu brut par hectare s'élève donc à 3.000, 3.700 et 4.500 fr.

La culture forcée du fraisier est plus facile et plus assurée dans la Basse-Provence que dans les environs de Paris, parce que cette plante ne fructifie bien pendant l'hiver que lorsque ses fleurs subissent l'action d'une vive lumière solaire.

Les belles fraises obtenues par cette culture pèsent chacune de 15 à 20 grammes. On en expédie jusqu'en Russie dans des boîtes contenant chacune 20 à 30 fruits emballés dans du coton. Ces fraises sont vendues de 25 à 30 fr. le kilog.

Les fraisiers qui fournissent ces fruits de décembre à mars sont plantés en juillet dans des godets remplis de bonne terre, rempotés en septembre et placés sous bâche ou sous châssis en octobre ou novembre. Chaque pied ainsi cultivé et appartenant aux variétés appelées *Marguerite* et *Vicomtesse Héricart de Thury,* produit à Saint-Giniez, près Marseille, de 10 à 25 fruits.

Le département du Var et celui de Vaucluse expédient chacun annuellement plus de 800.000 kilog. de fraises. La quantité consommée chaque année à Paris est considérable.

La culture du fraisier a une grande importance en France, en Autriche, à Valence et à Murcie (Espagne) et dans les États de Californie et de Minnesota (États-Unis). Cette plante occupe de grandes surfaces à Hyères, Plougastel près de Brest, à Bagnolet, Montreuil, Palaiseau, Fontenay-aux-Roses, Clamart, Igny, Bièvres, Châtillon, Verrières, etc., dans les environs de Paris, à Bordeaux, Angers, Orléans, etc.

Les fraises qu'on récolte à Plougastel de mai à juillet sont vendues 20 fr. les 100 kilog. On les expédie dans des caissettes ou des paniers blancs carrés de 2 à 2 kil. 500.

En général, les fraises comme les choux-fleurs ne supportent pas toujours très bien les voyages, surtout quand elles sont très mûres et qu'elles ont été mal emballées.

Toute culture doit être renouvelée tous les deux ou trois ans. C'est en agissant ainsi qu'on a toujours des fraisiers productifs.

Les fraises qu'on expédie d'Hyères à Toulon et à Mar-

Fig. 153. — Pots servant au transport des fraises.

seille sous le nom de *fraises de Valette* sont rondes, rouges et très parfumées. Elles sont transportées dans des vases en terre cuite poreuse, allongés, à ouverture étroite et fermée avec du papier (fig. 153). Ces véritables Alcarazas permettent aux fraises de conserver leur fraîcheur pendant 24 à 48 heures après qu'elles ont été récoltées ; ils contiennent les uns 500 grammes et les autres 1 kilog. de fruits.

TABLE ALPHABÉTIQUE

DES PLANTES LÉGUMIÈRES

MENTIONNÉES DANS CE VOLUME

———〜w〜〜———

Les noms scientifiques des plantes légumières sont en *italiques.*

FIN DE LA TABLE ALPHABÉTIQUE DES PLANTES LÉGUMIÈRE